● 山苦瓜

● 黄秋葵

U0394998

● 冰菜

● 豌豆苗

● 鱼腥草

● 香椿

● 土人参

● 龙须菜

● 地参

● 芦笋

● 少花龙葵

● 守宫木

● 马齿苋

● 苦菜

● 菜用枸杞

● 守宫木套种豌豆苗

● 超市野特菜展区

● 山苦瓜茶片

● 山苦瓜茶

● 黄秋葵干蔬

● 黄秋葵酱菜

● 黄秋葵茶

野特菜栽培

赖正锋　洪建基　等　编著

中国农业出版社

北　京

图书在版编目（CIP）数据

野特菜栽培/赖正锋等编著 . —北京：中国农业
出版社，2022.8
ISBN 978-7-109-29764-7

Ⅰ．①野…　Ⅱ．①赖…　Ⅲ．①野生植物－蔬菜－蔬菜
园艺　Ⅳ．①S647

中国版本图书馆 CIP 数据核字（2022）第 137089 号

野特菜栽培
YETECAI ZAIPEI

___

中国农业出版社出版
地址：北京市朝阳区麦子店街 18 号楼
邮编：100125
责任编辑：孙鸣凤
责任校对：刘丽香
印刷：中农印务有限公司
版次：2022 年 8 月第 1 版
印次：2022 年 8 月北京第 1 次印刷
发行：新华书店北京发行所
开本：880mm×1230mm　1/32
印张：8.75　插页：4
字数：260 千字
定价：85.00 元

___

资 助 项 目

农业部种子管理项目"物种品种资源保护费"（项目编号：301354052062、111821301354052031）、福建省公益类科研院所专项"原生蔬菜种质资源收集、鉴定与安全性评价"（项目编号：2018R1024-2）、福建省农业科学院项目"野特菜栽培实用技术"（CBZX2017-2）。

　　随着生活水平的提高和保健意识的增强，人们对饮食的需求已从量的满足转向对质的重视；原先用来充饥的野菜和一些当地少见的特色蔬菜被人们作为高档蔬菜搬上了餐桌，并成为一种时尚，从侧面显示了人类返璞归真、追求自然的生活需求。

　　野特菜，即野菜和特菜。野菜（wild vegetable）资源丰富多样，种类分布极广，处于野生或半野生状态，可采数量众多，利用历史悠久；特菜（special vegetable）是一类因特殊功能需求而开发利用的食用植物，在中国直到改革开放后才受到人们重视，虽发展时间短，但开发的品种种类、数量和种植区域、消费群体有不断扩大趋势。

　　野特菜主要具有以下四个特点：一是非人为筛选物种，未经过度改良；二是栽培方式传统、自然、粗放；三是生长势强，通常有很好的抗病虫害能力；四是环境适应性较强，对环境逆境耐受力较大；五是具有特殊功能性成分或特殊风味，污染少，健康安全。福建省农业科学院亚热带农业研究所从1993年至今一直从事野特菜的研究与开发，目前已收集、引进并保存国内外野生特色蔬菜80余种。通过多年对野特菜的人工栽培及示范推广，已筛选出叶用枸杞、黄秋葵、山苦瓜、龙须菜、马齿苋、苦菜、紫背天葵、人参叶、守宫木等20多种野特菜资源供应市场。

　　本书主要根据福建省农业科学院特色蔬菜课题组多年的实

践经验，同时借鉴前人的经验与成果编著而成。全书由赖正锋、洪建基撰写纲目和内容，并负责统稿，李洲、鞠玉栋、吴松海、练冬梅、姚运法、林碧珍、林一心参与撰写部分内容。

　　本书分上、下两篇，上篇为总论，介绍野特菜栽培学的概念、特点及范围，野特菜栽培生理学基础，野特菜引种驯化，野特菜的田间管理以及野特菜采后处理及贮藏加工技术等内容。下篇为各论，甄选了27种福建省开发较为成功的野特菜，包括山苦瓜、黄秋葵、黄花菜、龙须菜、番杏、冰菜、紫背天葵、土人参、叶用甘薯、鱼腥草、蒌蒿、守宫木、菜用枸杞、四棱豆、马齿苋、绿青葙、一点红、苦菜、羽衣甘蓝、中叶茼蒿、茭白、芦笋、豌豆苗、少花龙葵、香椿、地参、木槿花，从生物学特性、栽培技术等方面对这些野特菜进行详细阐述，对野特菜开发者具有较为实用的参考价值。

　　由于编著者水平有限，本书内容有不足之处，敬请读者批评指正。

编著者
2022 年 3 月

C O N T E N T S　　　　　>>> 目 录

目　录

上篇

总论

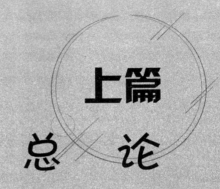

第一章 野特菜概述

第一节 野特菜的概念、特点及范围

一、野特菜的概念

野特菜，即野菜、特菜，是指在特定地区自然形成或由其他地区引入经过驯化的食用植物，有些已经栽培成蔬菜作物，也有些仍处于半野生状态的植物。

1. 野菜

狭义：指野外自然生长，未经人工栽培，其根、茎、叶或花、果实等器官可供作食用的野生植物，即所谓正宗的野菜。

广义：既包括野生状态下，未经人工栽培用作蔬菜的野生植物，又包括人工栽培驯化的半野生植物。

人们通常在房前屋后、田间地头或是人工特意垦辟的土地上能看到这类野菜，如紫背天葵、苋菜、鱼腥草、茼蒿、蕨菜、荆芥、菊花脑、马齿苋等。

2. 特菜

特指在一定范围的地区，在某一个时期内，为满足人类营养、保健、观赏、美化等一定特殊功能需求而开发利用的食用植物。

狭义：特指某些本地野菜在异地衍生、发展为珍稀蔬菜。

广义：习惯上对非本土、非本季节种植以及某些珍稀蔬菜的统称。

它来源于国外引入、野生植物驯化、药用植物转化、引进异地栽种等4个方面，形成了洋菜中种、南菜北种（或北菜南种）、夏菜冬种（或冬菜夏种）、野菜家种、特菜特种的栽培技术，出现新、稀、奇、特的蔬菜产品。

追溯我国特菜栽培历史，国外引种方面，20世纪80年代中期从国外引入的特菜有青花菜（绿菜花）、生菜（结球生菜、散叶生菜）、西洋芹菜、根芹菜、香芹菜、荷兰豆、芦笋、菊苣、紫甘蓝、紫茎蓝、欧洲防风、牛蒡、黄秋葵等；90年代中期引进的特菜有樱桃番茄、樱桃萝卜、香蕉西葫芦、飞碟瓜（西葫芦的一种）、千叶红（叶甜菜）、羽衣甘蓝、抱子甘蓝、球茎茴香、番杏、彩色甜椒、食用仙人掌等；近年引进的特菜有金丝瓜、黑苦瓜、紫薯、白蛋茄、五彩辣椒、菜用枸杞、辣椒叶、罗勒（又称九层塔）、玉丝菜、白玫瑰（即日本小白菜）、竹芥、日本芥蓝、叶用萝卜等。野生和药用植物开发的特菜有四川西昌渡口、云南昆明、贵州等地的鱼腥草，湖北十堰的荆芥，江苏南京的蒌蒿、菊花脑和马兰头，吉林延边、黑龙江双鸭山的蒲公英，辽宁台安的苣荬菜，河北保定的地肤、承德的蕨菜，内蒙古的发菜等。异地栽种的特菜有南方引入北方种植的蕹菜、苋菜、菜心、芥蓝菜、大叶茼蒿、佛手瓜、苦瓜、丝瓜、瓠瓜等。此外，我国近年发展的芽苗类菜（种芽菜、体芽菜），即利用种子或营养贮藏器官中的营养，在适宜的温度、湿度和光照下直接生长出可供食用的嫩芽、芽苗、芽球、幼茎、嫩梢，也归类为特菜。

本书所指的特菜，即在此基本原则基础上，适度扩大范围，包括了部分引入新品种和新技术培育出的产品，即特指某些本地野菜在异地的衍生和非本土引种发展起来的珍稀蔬菜。

二、野特菜的特点

1. 野菜的特点

野特菜中的野菜有以下5个特点：非人为筛选物种，未经过度改良；栽培方式传统、自然、粗放；生长势强，通常有很好的抗病虫害能力；环境适应性较强，对逆境耐受力较大；风味独特，具有高营养成分或功能性成分，污染少，健康安全。

2. 特菜的特点

野特菜中的特菜对品种、环境和栽培技术措施要求较高，有以下 3 个特点：特种，即品种特别、新颖，可以是也可以不是非人为筛选、未经过度改良物种；种植条件特殊，需要一定设施或反季节栽培等；风味独特，含有高营养或功能性成分，污染少，健康安全。

三、野特菜的范围

1. 野菜的范围

据报道，中国野生蔬菜有 6 000 余种，常见者多达 300 余种，常被零星采食的多达 150 余种，分属 30 余科。按照植物的基本属性，分为木本类、草本类、野生或半野生、真菌、藻类、调料 6 大类；按食用部位和器官的不同，可分为茎菜、叶菜、花菜、果菜、根菜和菌菜 6 大类。其中，南方常见的品种为大叶茼蒿、紫背天葵、香芋（菜用土栾儿）、荆芥、假人参、叶用甘薯（蔬菜皇后）、藤三七、青葙等；北方常见的品种为荠菜、马齿苋、苦荬菜、菊花脑、马兰、桔梗等。

2. 特菜的范围

特菜的种类呈现一定的地域性。如芦笋，原产地中海东岸，20 世纪初传入中国，它在国外是大路菜，在中国是特菜；80 年代中期后，随着时间的推移，在南方是大路菜，在北方是特菜；目前，在中国南方和北方均可种植，产量和消费量大，现在成了大路菜。特菜还呈现一定的时间性。如番茄，在国外很早就是大路菜，而在我国 50 年代才普遍发展起来，刚开始是特菜，现在已是大路菜。特菜还有栽培特殊性。如一些种类为了反季节生产和供应，需要一定设施条件才能满足生产要求。由于有上述地域性、时间性和栽培特殊性的限制，特菜的范围、种类和数量往往难于确定。

第二节 野特菜栽培学的概念、特性及任务

一、野特菜栽培学的概念

野特菜栽培学是研究野特菜、环境、措施三者关系的一门学科。

这三者间，野特菜（作物）包含器官发育、产量形成和品质形成；环境是指光、温、水、气、营养和生物要素；措施为品种、整地、播种、密度、施肥、灌排水、施药、田间管理和收获。若它们之间的关系处理得当，作物就能实现高产、优质、降低成本；反之，则产量降低、品质差、成本高。

二、野特菜栽培学的特性

1. 综合性

野特菜栽培学涉及众多的学科，如植物学、植物生理生化、生态学、土壤学、植物营养、气象学、设施学、植物保护学、遗传育种学、生物工程学、商品学、市场经济学，甚至涉及建筑学、材料学。

2. 季节性

野特菜器官、产量和品质形成受气候影响较大。不同季节，光、温、水、气、营养和生物要素不一样，会极大地影响作物生长和发育。季节适宜，作物可能获得高产、优质；季节不适宜，则可能减产，严重时甚至绝产绝收。

3. 区域性

各地气候条件与技术传统的差异，导致栽培条件和采取的措施不同。

4. 变动性

随着时间的变化，一些品种从野特菜演变成大路菜，如20世纪80年代引入的特菜已为广大生产者和消费者所熟悉，最终退出

特菜行列；90年代引入的特菜部分品种也因种植面积不断增加，正走向大路菜之列。同时，科技的进步推进了传统栽培技术和模式的更新，如大棚设施栽培，使得异地种植、反季节栽培、周年生产和均衡供应成为可能。

5. 可持续性

野特菜，尤其野菜，是一种宝贵和有限的植物资源，只有实行有计划、有限制的采收，创新技术、综合开发利用才能进入良性循环；同时用地与养地结合，利于野特菜保护地可持续性生产，确保形成可持续发展的野特菜产业。

三、野特菜栽培学的任务

根据野特菜作物的生长发育规律和对环境条件的要求，确定合理的栽培制度和管理措施，创造适宜野特菜生长发育的环境，以获得高产优质、品种多样并能保证市场产品的均衡供应。

简言之，就是要保证野特菜产品数量充足、品质优良、种类多样、供应均衡，实现高产优质高效、无公害或绿色食品级、标准化生产。

第三节 野特菜在生产生活中的地位与作用

一、野特菜在人民生活中的地位与作用

野特菜含有维生素、矿物盐、碳水化合物及其他营养物质，对人体营养健康具有极其重要的意义，它不仅是人体维生素、热能、矿物质的重要来源，还具有维持人体内酸碱平衡、促进消化等作用，是人们生活中不可缺少的产品。野特菜作为蔬菜中的一类，具有以下几个显著特点：

1. 绿色

大多数野菜绿色天然无污染，不受农药、化肥和"三废"的污染，很少或没有病虫为害，是真正意义上的无公害蔬菜，甚至是天

然的绿色食品；特菜通常特种，对环境和农药、化肥的要求严格，生产出的产品也往往是真正意义上的无公害蔬菜。

2. 营养丰富

我国营养学家对全国各地的近百种野菜进行了化学成分分析，发现其营养价值比许多人工栽培的蔬菜高出几倍甚至几十倍。研究表明，野菜能提供大量的氨基酸和种类齐全的优质蛋白质，如苦荬菜、野苋菜、苜蓿等，以干重计算，其蛋白质含量都在20%以上；野菜中含有丰富的维生素，据《中国野菜图谱》记载，已测定的234种野菜中，每100g鲜品含胡萝卜素高于5mg的有88种；含维生素 B_2 高于5mg的有87种；维生素C含量高于50mg的有67种，高于100mg的有80种，其中，维生素C含量在100～150mg的有紫萁、荚果蕨、苹、何首乌、华北大黄、藜（灰菜）、苋菜、牛膝、兴安升麻、鸡眼草、歪头菜、决明、刺五加、龙葵、海乳草、鸭跖草、玉竹、虎杖、金荞麦等，维生素C含量在151～250mg的有东亚唐松草、地榆、铁刀木、北锦葵、桔梗、树头菜、二裂委陵菜、金露梅、美丽胡枝子、长叶铁扫帚、山黎豆、草木樨、野豌豆、狼尾花，维生素C含量超过250mg的有白鹃梅、委陵菜、长萼鸡眼草、朝天委陵菜、苁芒香豌豆、天蓝苜蓿、叉分蓼、鸡蛋花、木鳖，尤以腊肠树的维生素C含量最高，其嫩叶为1 228mg、花2 352mg。可见，大部分野菜中维生素的含量都比一般栽培蔬菜高得多。此外，野菜中还含有钾、钙、镁、铁、锰、锌等多种人体必需的矿物元素和一般植物所没有的维生素D、维生素E、维生素 B_6、维生素 B_{12} 等。一些特菜如黄花菜，因其花瓣肥厚，色泽金黄，香味浓郁，食之清香、鲜嫩，爽滑同木耳、草菇，营养价值高，被视作"席上珍品"。黄花菜味鲜质嫩，营养丰富，含有丰富的花粉、糖类、蛋白质、维生素C、钙、脂肪、胡萝卜素、氨基酸等人体所必需的营养成分，其所含的胡萝卜素甚至超过西红柿的几倍。黄花菜含有丰富的卵磷脂，有较好的健脑、抗衰老功效，被人们称为"健脑菜"。黄秋葵嫩荚富含有维生素A、胡萝卜素以及维生素C、维生素E等，尤其是维生素 A 与胡萝卜素含量在目前发现的动植物中位列第一。黄秋葵嫩荚含有丰富的果胶、膳食纤维，其果胶的黏稠状态是植物界非常少见的。

3. 食疗价值高

有些野菜含有对人体有益的能发挥药理作用的物质，具有药用价值，能清热解毒、杀菌防病、健体强身。如荆芥可治感冒止咳，菊花脑能清热祛暑，马齿苋含多种药用成分并富含钾，可解毒通淋，治白痢疾、赤白带下等疾病。蕨菜甘寒滑，去暴热，利水道，补五脏不足，通脉络。黄精被誉为"佛家珍品"，食之能延年益寿。另据研究表明，黄花菜能显著降低血清胆固醇的含量，有利于辅助高血压患者降压，可作为高血压患者的保健蔬菜。黄花菜中还含有效成分能抑制癌细胞的生长，丰富的粗纤维能促进大便的排泄，因此可作为防治肠道癌瘤的食品。黄秋葵嫩荚的黏液能很好地帮助胃肠蠕动，分泌的黏蛋白可保护胃壁、促进胃液分泌，提高食欲，改善消化不良，降低胆固醇，预防心血管疾病，慢性胃病及"三高"者食用最合适。黏稠液质除果胶，还含有丰富的 LM 的物质（一种类似于天然荷尔蒙的物质），能强肾补虚，是一种适宜的补肾保健蔬菜。

4. 满足更高层次精神文化生活的需求

近年，随着我国经济快速、平稳发展，人们生活水平也随之提升，由最初追求蔬菜的数量到注重蔬菜的质量，现在又开始追求蔬菜的保健性、观赏性、美化性、独特性等来满足其精神文化生活的需求，于是野菜和特菜应运而生。在海南省，野菜与休闲旅游结合在一起，已经成为海南餐饮业一张独特的名片，为海南十大美食之一；此外，特菜品种色彩鲜艳、形状新奇，迎合了现代人时尚消费心理，受到小康消费者的青睐。

5. 食用讲究

野特菜食用方法较多，既可生食，又可熟用。但不论哪种食用方式，都要讲究安全性和可口性。虽然大多数野菜是可以食用的，但它具有食物、药物、毒物多重性，在食用过程中都应注意其安全性。这种安全性和它的食用部位、食用季节、食用方法和食用量密切相关，倘若误食会对人体造成危害，所以在开发利用过程中需要广泛宣传，普及野菜知识，以便更科学而安全地开发利用。如何利用特菜奇特的外形、艳丽的色彩、良好的口感、独特的风味烹调出可口的菜肴，吃好特菜，是推动发展特菜的重要因素之一。

二、野特菜在蔬菜生产中的地位和作用

蔬菜是人们日常生活中最重要的食品之一，蔬菜生产对于提高人们生活、安置农村剩余劳动力、增加农民收入水平以及增加外汇都有着重要的作用。

1. 有利于农业产业结构调整

我国蔬菜总产值在种植业中仅次于粮食位居第二，蔬菜产业在农业产业结构调整中居首要地位。野特菜作为我国蔬菜的组成部分，是一种近天然、少污染的绿色食品，近年日益受到人们的青睐，它的开发利用已经成为 21 世纪蔬菜生产中的热点。它的种植与发展，不仅增加新的种类和品种，丰富了蔬菜市场，还可以就地解决劳动力就业，促进农业增效、农民增收；综合利用野特菜，开发有特色的深加工产品，还可以形成特色产业，促进地方经济发展。

2. 有利于消费结构转变

随着我国经济快速增长和居民生活水平的提高，全国城镇居民消费趋势在快速经历了数量型阶段和质量型阶段之后，开始进入了以"优质、营养、安全、方便"为标志的营养型阶段，野特菜经营由前几年的"卖方市场"已变为"买方市场"，消费者由原来"种什么吃什么"变为"想吃什么买什么"，由原来习惯于到市场上买普通的"大路菜"变为买"精细菜"，稀特蔬菜、净菜、精品菜、礼品菜、方便菜等需求增加。野特菜新奇特（异样化）、原质保持（天然无公害、功能因子保持）、追求高附加值（时尚化、文化化、高档化）适应了这种新的变化，符合大众消费需求，从而改变了消

费结构。

3. 有利于出口创汇

日本、西欧和东南亚等各国都把野菜誉为健康食品、天然食品，兴起了"野菜热"，对野菜需求日增。近年，我国有 10 多种野菜出口到 20 多个国家和地区。据专家分析，我国野生蔬菜开发有望成为外贸食品出口的重头戏，若开发现有可食性野菜资源的 5%，每年就可为国家创汇近 2 亿元。

4. 有利于蔬菜种质创新

野特菜是一个天然的巨大优质种质库，是培育野特菜新品种珍贵的原始材料。许多适应性强的野特菜品种常常具有栽培品种所不具备的抗病特性和优良品质，与栽培种杂交，是改良品种和拓宽种质的宝贵材料；在野特菜资源收集观察、驯化培育和生产示范过程中，分析种质资源的遗传多样性，充分挖掘利用其有利基因，对于培育野特菜新品种、改良现有的当家品种都具有重要的意义。

5. 有利于促进其他行业发展

从野特菜原料中提取天然色素、香料、果胶、调味剂、淀粉以及其他有效化学成分，可用于食品、医疗、化妆、印染、造纸、饲料等其他行业。

6. 有利于栽培技术创新

特菜栽培强调特种特种，对栽培技术要求高，利于新品种、新技术发展和推广。目前，我国种植的蔬菜品种结构单一，绝大部分都是外来品种，这要求我国农业科研工作者应当重视国外特菜的引入、现有野生蔬菜和本土蔬菜中特色种质资源的驯化培育等，加强新型野特菜种质资源的发掘，以培育适合我国国情的新品种；与此同时，必然要求开发质轻、保水保肥、清洁卫生、无病原菌、适合设施条件下野特菜生长的生态环保型再生有机基质以及肥料、农药等生产资料，研究出沙培、水培、大棚设施栽培的新技术，示范推广技术成熟、集成配套的无公害或绿色栽培技术规程，从而生产出安全、优质产品供应市场。

第四节　野特菜的种类及分布

一、野特菜的种类

1. 野菜的种类

分类依据主要有以下两种：

按照植物的类型，分为木本类、草本类、藤本类、蕨类、菌蕈类、藻类 6 大类，木本植物中分为灌木和乔木两种；按食用部位和器官的不同，可分根菜类、茎菜类、叶菜类、花菜类、果菜类、藻菜类、菌蕈菜类、蕨菜类及全株菜类及其他野特菜类 10 大类（表1-1）。

表 1-1　主要野菜分类

类型	代表种
藻菜类	发菜、地耳、野紫菜、海带、石花菜、鸡毛菜
菌蕈菜类	松乳菇、茯苓、木耳
蕨菜类	蕨菜、薇菜
根菜类	葛根、野萝卜、木防己、鱼腥草
茎菜类	山莴苣、黄精、水蕹、野藕、各种竹笋
叶菜类	枸杞、荠菜、紫苏、藤三七、苦荬菜
花菜类	百合、黄花菜、木槿花
果菜类	黄秋葵、山苦瓜、花椒、树番茄
全株菜类	蒲公英、苦菜、水芹、竹节参、马齿苋、车前、青葙
其他野特菜类	香椿、冰菜、紫背天葵、菊花脑、番杏

按野菜的食用部位分，全株菜类 110 种，占全部野菜种类的 46.60％；叶菜类 82 种，约占 34.8％，其中，食用竹笋资源 34 种；根茎菜类 31 种，占全部野菜种类的 13.1％；花果菜类 13 种，约占全部野菜种类的 5.5％。

按野菜的食用价值和开发利用现状可分为 3 类，第一类为较普遍食用且已被开发利用的优势种类，有 39 种，约占全部野菜种类的 16.5%；第二类为局部地区食用，但具有潜在发展优势的种类，有 73 种，占全部野菜种类的 31.0%；第三类有 124 种，占全部野菜种类的 52.5%，为仅在民间食用，有待进一步研究开发的种类。

其中，南方常见的品种为中叶茼蒿（光杆茼蒿）、香芋（菜用土栾儿）、荆芥、假人参、菜用甘薯（蔬菜皇后）、青葙等；北方常见的品种为荠菜、苦荬菜、马兰、桔梗等。

2. 特菜的种类

特菜种类繁多，目前主要有按色形味养和来源划分两种划分方式。

（1）按色、形、味、养划分。

①酸甜苦辣香蔬菜。甜：叶用甜菜、萝卜等；酸：野生番茄、酸浆等；苦：山苦瓜、苦荬菜等；辣：辣椒、葱等；香：香芹、芫荽、茴香、薄荷、香茅、菊花脑、藿香、紫苏、球茎茴香、宽叶韭菜等。

②彩色蔬菜。红：红辣椒、红甜椒、红番茄、粉红番茄、多彩番茄、红香椿、千叶红甜菜、心里美萝卜、根甜菜、红萝卜、红色结球菊苣、红菜花等；黄：黄色甜椒、黄色番茄、黄香蕉西葫芦、黄花菜、软化菊苣、胡萝卜等；紫：紫色甜椒、紫菜豆、紫豇豆、紫甘蓝、紫叶生菜、红秋葵、紫圆茄、紫长茄、紫色莴苣、紫茎蓝等；褐：褐色甜椒、麻山药、马铃薯、芋头、牛蒡等；白：奶白色甜椒、白芦笋、白菜花、白黄瓜、大白菜、白茄等；绿：绿芦笋、绿菜花、塔菜花、青茄、绿番茄、绿色樱桃番茄等。

③迷你蔬菜：苦瓜、樱桃番茄（红、黄、绿）、迷你西瓜、樱桃萝卜、算盘子萝卜、抱子甘蓝等。

④象形与玩具蔬菜：飞碟西葫芦、佛手瓜、巨人南瓜、龙凤南瓜、羽衣甘蓝、抱子甘蓝、蛇瓜、鹤首葫芦、长柄葫芦、小葫芦、观赏蛋茄、五指茄、野红茄、观赏羽衣甘蓝等。

⑤营养保健蔬菜：南瓜、芦荟、食用仙人掌、首乌菜等。

⑥其他稀特蔬菜：落葵、丝瓜、金丝瓜、四棱豆等；茼蒿、乌

塌菜、韭葱、魔芋、草石蚕、香瓜茄、芽苗菜类等；甘薯叶、蕺菜、野苋菜、紫背菜、甜叶菊、马齿苋、紫背天葵、菊花脑等。

（2）按来源划分。

①较新引进的国外蔬菜（西洋蔬菜）。20 世纪 80 年代中期引进的有青花菜（绿菜花）、生菜（结球生菜、散叶生菜）、西洋芹菜、根芹菜、香芹菜、荷兰豆、芦笋、菊苣、紫甘蓝、紫茎蓝、欧洲防风、牛蒡、黄秋葵等。90 年代中期引进的有樱桃番茄、樱桃萝卜、香蕉西葫芦、飞碟瓜（西葫芦的一种）、千叶红（叶甜菜）、羽衣甘蓝、抱子甘蓝、球茎茴香、番杏、彩色甜椒、食用仙人掌等。

②新型芽苗类野特菜。种芽菜：黄豆、绿豆、赤豆、蚕豆、香椿、豌豆、萝卜、荞麦、蕹菜、苜蓿等；体芽菜：芽球菊苣、树芽香椿、花椒芽、枸杞芽等。

③异地引种栽培的山野菜。湖北十堰的荆芥，江苏南京的蒌蒿、菊花脑和马兰头，吉林延边、黑龙江双鸭山的蒲公英，辽宁台安的苣荬菜，河北保定的地肤，河北承德等地的蕨菜，内蒙古的发菜以及北方各地的荠菜、马齿苋、苦荬菜、菊花脑、马兰、桔梗等。

二、野特菜的分布

1. 野菜的分布

我国地域辽阔，南北跨度大，具有热带、亚热带和温带等多种气候区，分布有不同的野菜。

李国平等于 1999 年初步统计福建野菜共有 79 科 174 属 236 种，其中蕨类植物有 11 科 11 属 12 种，被子植物有 68 科 163 属 224 种。拥有较多野菜植物种类的科有：禾本科（35 种）、菊科（26 种）、豆科（13 种）、百合科（10 种）、蓼科（9 种）、十字花科（8 种）、伞形科（8 种）、唇形科（8 种）。有 141 种为福建全省分布，约占全部野菜种类的 60%。其中闽东南分布区 27 种，闽北分布区 24 种。据陈首光 1998 年报道，闽中山区野生蔬菜资源 33 科

57 种；据陈华 2006 年报道，闽东据初步统计，现有常见野菜共 36 科 70 多种，其中高等植物 28 科 60 多种、食用菌类 8 科 10 多种。

2002 年，黄勇等报道，经初步调查，山东省可作野生蔬菜的有 240 余种，根据营养价值、分布情况、生长量及民间采食习惯，较有开发价值的约有 30 种。

2002 年，党选民等报道，初步调查，海南岛野生蔬菜共有 267 种，分属 85 个科（不含野生菌及藻类），其中木本类 62 种、草本类 175 种、藤木类 30 种。

张汝霖等对贵州境内野生蔬菜进行了调查，按照植物分类法将这些野蔬分列成食用藻植物、食用真菌类植物、食用蕨类植物、食用陆生种子植物、食用水生种子植物、食用花类种子植物等 7 类，分属于 7 门 2 纲 9 类 163 科 386 属，共有 669 种。

云南农业大学园林园艺学院调查了云南民间常食的野菜各类及其食用方法，统计云南省常食野菜有近百种。

2. 特菜的分布

种植地主要集中在各城郊专业合作社或企业的基地。

第五节　野特菜生产发展的前景、挑战及对策

一、发展前景

20 世纪 80 年代以前，野特菜生产处于自然状态生长、农家房前屋后零星种植阶段。随着改革开放的深入和商品经济的发展，我国野特菜的开发利用逐渐受到重视。野菜由原来的农民自采自食转向市场销售，加工业也随之发展壮大，全国出现了好几处野特菜出口加工基地，使得我国的 10 多种野菜出口到 20 多个国家和地区，之后野菜的研究单位也不断增加。特菜的发展也由区域性迈向全国性，如南京的蒌蒿和贵州的鱼腥草不断扩向全国，同时期用绿豆做成豆芽的种芽菜特种技术也开始兴起。80 年代中期，我国引进的特色蔬菜有青花菜（绿菜花）、生菜（结

球生菜、散叶生菜）、西洋芹菜、根芹菜、香芹菜、荷兰豆、芦笋、菊苣、紫甘蓝、紫茎蓝、欧洲防风、牛蒡、黄秋葵等；90年代中期引进的樱桃番茄、樱桃萝卜、香蕉西葫芦、飞碟瓜（西葫芦的一种）、千叶红（叶甜菜）、羽衣甘蓝、抱子甘蓝、球茎茴香、番杏、彩色甜椒、食用仙人掌、芦笋、荷兰豆、黄秋葵、羽衣甘蓝等特菜得到示范推广。

90年代中期后，我国多地开始重视野菜，陆续进行种质资源收集、引种驯化和提纯复壮工作。李国平1999年报道被栽培上市销售的野菜有香椿、枸杞、番木瓜、落葵、葵菜、量天尺等10余种。而得到充分开发利用的种类并不多，一直局限于竹笋类、食用菌、芦笋，它们的栽培历史久远，区域广泛，面积较大，成为福建满足国内需要和出口创汇的拳头产品。李大忠2010年在《特菜野菜栽培》一书中，就目前种植较多的野生蔬菜品种，从品种特征特性、国内分布、营养及药用价值、栽培技术等几方面进行了归纳整理，同时还介绍了6种具有福建地方特色的野特菜品种特性及栽培技术要点。吴水金2011年报道，福建省市场上主要开发利用的野菜（特菜）资源有12科17属20种，苦菜、新西兰菠菜、山苦瓜、白茎马齿苋、叶用甘薯、黄花菜、龙须菜、白背天葵、观音菜、冬寒菜、土人参、叶用枸杞、一点红等20多个野菜品种。宋维文2012年《山菜良药》一书收载福建三明地区44科100种常见山菜。福建日报2013年报道，除了四方笋，在福建柘荣市场上走俏的野菜品种繁多，包括鼠曲草、马齿苋、蕨菜、苦菜、珍珠菜、紫云英等，尤以香椿芽最出名，经常供不应求。

大部分野菜品种仍以自然状态存在，以农家零星栽培、自采自收的野菜品种较为普遍，也有少部分品种人工栽培供应市场，人工种植面积较大的品种有鱼腥草、蒌蒿等。特菜种类多、种植面积和规模较大、生产量高，市场上常见的有叶用甘薯、叶用枸杞、龙须菜、羽衣甘蓝等叶菜类，黄秋葵、朝天椒、碟形南瓜、多彩椒、佛手瓜等果菜类，黄花菜、紫花椰菜、紫球青花菜、翡翠宝塔花菜等观花类，黄豆、绿豆、豌豆、萝卜、荞麦、蕹菜、苜蓿、芽球菊苣、树芽香椿等芽苗类。以黄秋葵为例，福建漳州地区年种植面积在 400hm² 左右，产量 15 000kg 以上。

从社会认识、生产条件、政策支持、市场供需等方面分析，我国野特菜产业发展前景广阔。

社会认识：随着经济发展和人民生活水平的提高，人们对野特菜的认识也在不断提升。野特菜已不是传统社会"土、贱、不得不吃"的概念，而是现代社会"天然、健康、保健、时尚"的代名词。

生产条件：我国幅员辽阔，跨经纬度广，既有像海南的热带气候，又有像"北极村"漠河的寒带气候，东部直面海洋，气候湿润，西部深入内陆，气候干燥。气候多样有利于形成农业的多样性，也形成了丰富的野特菜资源，适合多种野特菜的生长和人工栽培。可以预见，随着现代设施农业的深入发展，野特菜必将得到较大面积推广。

政策支持：农业农村部设立有中国农业技术推广协会野菜开发推广中心，曾组织召开第一、二届中国野菜专业会议和全国农展会议，推动我国野菜开发利用；在 2007 年发布的《特色农产品区域布局规划》中，农业部还把魔芋、莼菜、芋头、竹笋、黄花菜、百合、荸荠、松茸等 15 种特色蔬菜纳入规划，重点扶持发展。此外，在项目立项、资金支持、基地和平台建设、标准制订等相关方面给予配套，推进我国野特菜的科学发展。

市场供需：据中国农业技术推广协会野菜开发推广中心市场调查报告，2010 年我国野菜年投放量仅 10 万 t，但年需求量为 300 万 t，缺口 290 万 t，其中国际需求量每年 200 万 t，主要出口至东南亚、欧洲及我国港澳台地区，其中日本、韩国年进口 30 万～50 万 t，品种为蕨菜、龙须菜、山芥菜、树仔菜、四棱豆等。特菜无论是国内产量和需求量，还是出口量，都非常大。

因此，有理由相信，中国野特菜产业正迎来新的发展机遇，不断推陈出新、由小变大的野特菜市场将使人们的"菜篮子"越来越丰富，满足日益增长的物质和精神需求。

二、挑战及对策

（一）面临的挑战

1. 信息不明

调研发现，与野特菜生产相关的许多信息不清楚、不全面。开发利用情况：对目前野菜开发利用的资源数量、产量，特菜引进开发的品种、产量不太清楚。栽培情况：野菜和特菜人工栽培的种植区域、面积、技术水平、病虫害等生产问题无法全面了解。食用情况：关于口感、风味等，野特菜特别是野菜，食用品质与栽培的大宗蔬菜差异很大，同一种野生蔬菜，有人食用后感到鲜美可口，有人则认为有怪味而不习惯，如鱼腥草、土人参等；关于安全性，有的野菜有毒性，吃法得讲究，否则可能导致食物中毒，轻者腹痛、恶心、呕吐，重者可出现呼吸困难、心力衰竭、意识障碍，甚至死亡。所以，野菜知识的普及要加强。销售情况：有的野特菜出口量较大，如芦笋、蕨菜等，而有的只是在局部地区内销，需求量相对较小；特菜产品往往新奇，一般较少被消费者了解，要扩大宣传和影响。

2. 栽培技术水平提高和规程建立

野特菜种植面小、分布狭窄，尤其是野菜的人工栽培更少，仅有农户零星种植，称得上规模生产的很少。原因是多方面的，主要与生产者对品种习性、繁殖和引种驯化的技术不了解或技术应用不熟练有关；此外，对部分已经驯化且在生产上示范推广的品种，为确保产品质量，制定如无公害栽培技术规程、产品质量分级标准等相关的技术标准很有必要。

3. 种苗和生产基地建设滞后

野菜大面积人工栽培，需要大量优质种苗；只有实现规模化种植，才能保证野特菜生产的产品质量和经济效益，需要加强生产基地建设。我国野特菜生产在种苗和生产基地建设方面薄弱，迄今还没有一处野菜种苗基地。

4. 采后处理能力有待提升

大多数野特菜以嫩叶或嫩茎叶为食用器官，不耐贮藏与运输，如果产后处理跟不上，生产的发展也会受到极大限制。目前，野特菜采后处理以保鲜、冷藏、就地零散营销为主，加工企业少、产品种类相对单一。

5. 物流销售渠道有待打通

在小县城农贸市场，经常会看见农民挑着野特菜到市场外兜售，或者是小贩子到生产基地和批发市场购买，供应给大排档、快餐店或者超市。通过企业或者专业合作社进行产销对接，或产地的供应商直接向餐饮店、超市供应的现象较少。产品多次转手，中间环节多，成本高，物流渠道不顺畅、不利于销售，有待打通。

（二）对策

1. 加强信息平台建设，加大野特菜知识普及和宣传

野特菜有发展前景，但要发展得好、形成特色，信息平台建设是一项基础性、重要性、战略性的工作。必须对目前野特菜资源的种类、数量、分布、面积、产量、品种特性（生物学特性、适应性、安全性、抗性、品质成分）、开发利用状况、栽培方式、采收要求、食用和加工方法以及政策、科研、院校、企业等涉及产前、产中、产后以及产学研和管理机构的全方位数据进行收集、整理、分析，构建数据库，创建一个平台，一方面普及和宣传野特菜基本知识，另一方面指导和帮助生产，推进产业提质增效。

2. 加大科技投入，加强野特菜栽培技术创新和应用

立足科技创新，是野特菜产业发展的关键。各级各部门给予重视，加大科技投入，支持科研人员积极开发现有野菜资源和引进适销对路的名、特、优特菜新品种，探讨设施栽培的野特菜栽培新技术和模式，普及应用农业和生物防治相结合的生态化技术，推广施用有机和生物肥料以及研究产品深加工技术等；建立健全科技推广体系，加强野特菜栽培新技术和模式应用；建立健全野特菜产品质量标准和检测体系，制定质量安全地方标准、产地环境标准和农药残留及其他有毒物质的安全标准，加强从农田到餐桌的全程监控，

确保产品质量安全。

3. 推进基地建设，提高野特菜种苗及种苗产品数量和质量

必须构建适合野特菜种苗和商品生产经营体系。野菜、特菜种类多，大规模开发需要有充足的种源保证，才能稳定发展。所以，野菜、特菜种源是野特菜开发的重要物质基础。我国各个地区可根据自身气候特点，建立适合当地生产的野特菜种苗繁殖基地，进行育苗技术研究，加强野特菜示范推广工作。与此同时，建立商品生产基地进行适宜规模和集约经营，在有条件的生产基地，可率先建设设施栽培示范区，进行标准化生产，从而提高产量和质量。

4. 加强采后处理，提升野特菜加工技术和能力

根据野特菜市场的需要，除了做好保鲜、包装、贮存、运输等工作，还应当逐步建设必要的加工厂，从简易加工逐步到精加工、深加工，逐步提高加工水平，开发出系列加工产品，如保鲜、速冻、复合方便、罐头、菜汁、晶粉、脆片、营养口服液、保健食品等，使野特菜制品系列化和多样化，以扩大销路，提高野特菜的利用价值和经济效益。

5. 打通物流销售渠道，拓展野特菜销售渠道和市场

按照野特菜营销要求，在发展过程中应不断开拓市场。通过厂家直销、农超对接，减少物流中间环节、降低营销成本；通过组建产品的营销队伍，建立销售网络，形成营销网；邀请新闻媒体宣传报道产品品牌，拓展销售渠道，提高野特菜的市场知名度和经济效益。

第二章 野特菜生理学基础

第一节 野特菜的生长与发育

一、生长与发育的概念

野特菜植物要经过种子生根发芽、根茎叶生长、开花结实、形成产品等一系列过程。

1. 生长的概念

生长是植物直接产生与其相似器官的现象。生长是通过细胞数目的增加和体积的扩大来实现的，生长的结果是引起体积或重量的增加，如根、茎、叶体积和重量的增加，都是典型的生长现象。野特菜生产中，将生长称为营养生长。

2. 发育的概念

发育是植物通过一系列的质变以后，产生与其相似个体的现象。发育是通过细胞组织的分化来实现的，发育的结果是产生新的器官，即花、种子、果实。野特菜生产中，将发育称为生殖生长。

3. 生长与发育的关系

生长是量变，是基础；发育则是植株整体的内在的质变，是在生长基础上进行的更高层次的变化，植物只有开始生长后，才能进行发育质变，因此，生长和发育处于一个统一体中，两者紧密联系又重叠出现。

二、生长发育类型

大多数野特菜是用种子繁殖，也有相当一部分用无性繁殖。对于种子繁殖的野特菜，据生长周期的长短，可分成三类。

1. 一年生野特菜

它们在播种当年就可开花结实。如苋菜、菜用黄麻、黄秋葵等。该类野特菜的特点是幼苗生长不久就开始分化花芽。一年生野特菜在整个生长周期内，其营养生长和生殖生长几乎是同时进行的。

2. 二年生野特菜

它们在播种当年形成贮藏器官（肉质根、叶球等），经过一个冬季，到第二年抽薹开花、结实。如菊芋、羽衣甘蓝、春菊等。其特点是营养生长和生殖生长期有明显界线，生长周期跨越两年，在越冬期间（休眠或半休眠）进行花芽分化。

3. 多年生野特菜

它们在一次播种或栽植后，可多年采收。如石刁柏、金针菜、宽叶韭菜等。

而无性繁殖的野特菜，其生长过程是从块茎或块根的发芽生长到块茎或块根的形成，基本上都是营养生长，虽有的经过生殖生长时期，也能开花结实，但在栽培过程中，不利用这些生殖器官来繁殖，因为它们发育不完全，或是播种后需几年才能形成具有商品价值的产品器官。块茎或块根形成后到新芽发生，往往要经过一段时间的休眠期。

值得注意的是，一年生和二年生之间，有时是不易截然分开的，如番杏、春菊、羽衣甘蓝等。如果是秋季播种，当年形成叶丛、叶球和肉质根，越冬以后，第二年春天抽薹开花，表现为典型的二年生野特菜。但是这些二年生野特菜于春季气温低时播种，当年也可开花结实。由此可见，各种野特菜的生长发育过程，与环境条件密切相关。在野特菜生产中，要获得丰产，就必须掌握其生长发育的特点与对环境的基本要求。

三、生长发育时期

野特菜生长发育，通常是指从种子发芽到重新获得种子的整个过程，这个过程可分为种子期、营养生长期和生殖生长期三个时期。在每个不同的时期，又可分为几个生长期，每期都有它们各自的生长特点，对环境条件也各有其特殊要求。

（一）种子时期

从卵细胞受精到种子开始发芽为种子时期。此期又可分为以下三个时期。

1. 胚胎发育期

从卵细胞受精到种子成熟为止。受精以后，子房发育成果实，胚珠发育成种子。这一时期为营养物质合成和积累的过程，受外界环境条件的影响很大，在栽培中，应供给母体植株良好的营养条件，包括光合作用条件与肥水供应，以保证种子的健壮发育。

2. 种子休眠期

种子成熟以后即进入了休眠期。不同种类的野特菜种子，其休眠期的长短各不相同。有的种子休眠期较长，有的较短，有的几乎没有。休眠状态的种子，代谢水平很低，如果保存在冷凉而干燥的环境中，可以降低其代谢水平，保持更长的种子寿命。因此，种子寿命与贮藏条件有密切的关系。

3. 种子发芽期

种子经休眠后，遇到适宜的环境就会发芽。发芽时所需能量靠种子本身的贮藏物质，所以种子的大小、贮藏物质的多少对种子发芽快慢及幼苗生长影响很大。因此，在栽培上，要选择籽粒饱满且发芽能力强的种子，并给予最合适的发芽条件。生产中，播种前测定发芽率及发芽势是很有必要的。

上述胚胎发育期和种子休眠期这两个时期是在上一代（母体）中度过的，而种子发芽期则是从下一代（子体）开始的。

（二）营养生长期

主要进行根、茎、叶等器官的生长和营养物质的积累，可分为四个时期。

1. 幼苗期

从子叶或第一片真叶展开，即进入幼苗期，也是营养生长的初期。幼苗期，绝对生长量很小，但生长迅速，代谢旺盛，生命力很强。此时株体幼小，抗逆性差，对土壤水分、养分等环境条件极其敏感。果菜类野特菜，幼苗期开始分化花芽，故幼苗的好坏会影响花芽分化的早晚、数量和质量，对果菜类的早熟丰产有直接影响。

2. 营养生长盛期

一年生的果菜类，开花坐果前，枝叶及根系生长旺盛，为以后开花结实的养分供应打下基础。二年生的根茎叶菜类，在产品器官形成前，外叶或上部生长旺盛，成为以后叶球、肉质根形成的营养基础。

幼苗期与营养生长盛期的界限，是人为划分。

3. 产品器官形成期

产品（贮藏）器官形成期是二年生或多年生蔬菜所特有的一个时期。此时营养生长速度减缓，进入营养积累期，同化作用大于异化作用。苦菊等养分积累在叶球中；菊芋养分则积累在肉质根中。栽培上要将这一时期安排在气候最适宜的季节里，同时肥水要充足。

4. 贮藏器官休眠期

二年生或多年生蔬菜，在其产品（贮藏）器官形成后，进行休眠。有些野特菜休眠是自然生理休眠，如菊芋等，在其贮藏器官形成以后，必然有一段时间的休眠。在休眠期间，即使给予适宜的温度、水分等良好的外界条件，它们也不会发芽生长。大部分野特菜是强迫休眠，如菜用枸杞等，它们的贮藏器官形成后，一旦遇到适宜的生长条件，即可发芽或抽薹。贮藏器官休眠程度往往不及种子休眠深。

一年生果菜类，没有贮藏器官休眠期。二年生蔬菜中不形成明显贮藏器官的绿叶类蔬菜（番杏、羽衣甘蓝、春菊等）也没有这一时期。

（三）生殖生长期

可分为三个时期。

1. 花芽分化期

花芽分化到开花前的一段时间。一年生果菜类在幼苗期就开始花芽分化。二年生野特菜，通过阶段发育以后，在生长点开始花芽分化，再在温暖条件下现蕾、开花。

2. 开花期

从现蕾、开花到完成授粉、受精，是生殖生长的一个重要时期。这一时期，对外界环境的抗性较弱，对温度、光照及水分的反应敏感，如温度过高或过低，光照不足，或过于干燥等，都会影响授粉、受精，引起落蕾、落花。

3. 结果期

经过授粉、受精作用，形成果实，果实中的种子也在发育并逐渐趋于成熟。对果菜类来讲，这是形成产量的重要时期，尤其对于多次结果、陆续采收的山苦瓜、龙须菜、四棱豆等野特菜，一边开花结实，一边仍有旺盛的营养生长，所以栽培上需要充分供给肥水，以利果实和营养器官的正常生长发育，保证丰产。

以上所述是野特菜一般的生长发育过程。每种野特菜不一定都具备所有这些时期。如一年生果菜类，就没有贮藏器官形成期和休眠期。又如一些无性繁殖的野特菜，在栽培中没有种子时期。

四、发育特性及其利用

（一）野特菜的生长相关性

生长相关性是指同一植株的一部分（或一个器官）对另一部分（或一个器官）在生长过程中的相互影响关系。

1. 地下部生长与地上部生长相关

根系是吸收水分、养分的器官，叶片是进行光合作用的器官，二者相辅相成密不可分。例如早春育苗，采取温床育苗、护根育苗，而获得壮苗、大苗；定植后中耕、蹲苗措施，都是促根发达，而使地上部强壮。

2. 顶端生长与侧枝生长相关

植物都具有顶端优势特性。生产中采用去顶摘心的技术措施。如叶用甘薯、叶用枸杞、龙须菜、羽衣甘蓝等叶菜类，摘收主茎后还可收侧茎叶；如番杏、人参叶等，主枝摘心促侧枝发达。

3. 同化器官生长与贮藏器官生长相关

根菜类的地上部叶片、茎菜类的叶片、结球叶菜类的外叶，都属于同化器官，而相应的肉质根、肉质茎、叶球等都是贮藏器官。

4. 营养生长与生殖生长相关

果菜类开花结实需要的大量养分，都来自叶片光合产物，所以果菜类的营养生长就成为生殖生长的基础和条件。当茎叶过于贪长繁茂时，给果实的养分就大为减少，造成果实发育缓慢或停止，严重者造成落花、落果、落荚或化瓜。当植株结果太早、挂果过多，即负担过重的话，则营养生长衰弱，也会表现为落花、落果等。

（二）诱导野特菜生殖生长的条件

诱导野特菜植物从营养生长向生殖生长转变的条件，因种类而异。二年生野特菜的条件主要是温度和日照，即需要经过低温春化作用才能分化花芽，并在长日条件下抽薹开花，第一年冬天形成营养体，经过冬天低温和翌年春天的长日照即可抽薹开花，如羽衣甘蓝、春菊等野特菜。很多一年生野特菜在短日照下才能开花结实，故有春华秋实之说。另外，有些野特菜如果水分、氮肥供应不足，其花芽分化也会提早，如番杏。

第二节　野特菜生长发育对环境的基本要求

野特菜的生长发育，取决于内在的遗传特性与外界的环境条件。影响野特菜生长发育的主要环境因子有温度、光照、水分和养分等。与大田作物相比，野特菜对环境条件的反应更敏感。在栽培上既要了解各个环境因子的单独作用，又要了解它们的相互作用。栽培技术是为了调控环境因子，使之达到综合的总体，以满足野特菜发育和器官形成的需要，实现高产、优质、高效。

一、对温度的要求

温度是影响野特菜生长发育最敏感的环境因子。每种野特菜生长发育对温度的要求不同，都有生长温度的"三基点"，即最低温度、最适温度和最高温度。超出了最高、最低范围，野特菜生理活动就会停止，甚至死亡。

（一）野特菜不同种类对温度的要求

野特菜对温度的要求，是在自然进化中形成，与起源地有关。根据不同种类野特菜对温度的要求状况，可分为五类。

1. 耐寒多年生宿根野特菜

如黄花菜、宽叶韭菜等。地上部能耐高温，但到冬季地上部枯死，而以地下宿根越冬。能耐$-15\sim-10$℃低温。

2. 耐寒野特菜

如新西兰菠菜、野大蒜、鱼腥草、蒌蒿、冬寒菜等。能耐$-2\sim-1$℃低温，短期内可以忍耐$-10\sim-5$℃低温。

3. 半耐寒野特菜

如春菊、豌豆苗、羽衣甘蓝等。这类菜抗霜，但不能长期忍耐$-2\sim-1$℃低温，以$17\sim20$℃时光合作用最强，生长最快；超过20℃，光合作用减弱，超过30℃，光合产物几乎全为呼吸所消耗。

4. 喜温野特菜

如马齿苋、人参叶、紫背天葵、地瓜叶等。最适温度为$20\sim30$℃，超过40℃时生长几乎停止。温度在$10\sim15$℃时，授粉不良，引起落花。

5. 耐热野特菜

如山苦瓜、守宫木、香麻叶等。在30℃左右光合作用最强，生长最快。

（二）野特菜不同生育期对温度的要求

野特菜不同生育期对温度的要求有所不同。一般种子发芽期要求较高的温度。喜温野特菜种子发芽温度以$25\sim30$℃为宜，耐热野特菜种子发芽温度要稍高$2\sim3$℃，而耐寒野特菜的种子发芽温

度可以在 $10\sim15℃$ 或更低，半耐寒野特菜种子的发芽适温介于喜温野特菜与耐寒野特菜之间，一般为 $20℃$ 左右。

1. 幼苗期

最适宜的生长温度往往比发芽期低，苗期温度过高，易产生徒长。

2. 营养生长期

一般要求温度比幼苗期高。但二年生野特菜例外，在其营养生长后期，即贮藏器官形成时期，对温度的要求又低些。

3. 生殖生长期

即抽薹开花期，要求充足的阳光和较高的温度。

4. 种子贮藏及休眠期

要求较低的温度，尽量降低其生命代谢活动。

（三）温周期作用

自然环境的温度有季节的变化及昼夜的变化。一天中白天温度高，晚上温度低，植物生长适应了这种昼温夜凉的环境。白天有阳光，光合作用旺盛，夜间无光合作用，但仍然有呼吸作用。如夜间温度低些，可以减少呼吸作用对能量的消耗。因此一天中，有周期性的变化，即昼热夜凉，对作物的生长发育有利。这种周期性的变化，也称昼夜温差，热带植物要求 $3\sim6℃$ 的昼夜温差；温带植物为 $5\sim7℃$，而沙漠植物要求相差 $10℃$ 以上。这种现象即为温周期现象。

（四）低温春化作用

即低温对野特菜发育所引起的诱导作用。要求低温促进发育的一般是二年生野特菜，它们要经过一段低温过程才能开花结实。根据春化时期不同，大致可分以下两种类型：

1. 种子感应型

有些野特菜在种子萌动后的任何时期都可接受低温春化处理，顺利通过阶段发育，如香麻叶。

2. 绿体感应型

有些野特菜在接受低温处理时，要求有一定的植株大小；未达到一定大小，低温诱导不起作用，如中叶茼蒿。

（五）高、低温伤害

野特菜的生长发育，都有适宜的温度范围，过高或过低，会对蔬菜产生伤害，严重者可致死。如日灼、冻害等，都是高、低温所造成的伤害。防治措施：对低温，可采用保护地栽培，选用耐寒品种，加强抗寒锻炼；对高温，可选用抗高温品种，或采用架设荫棚、覆盖遮阳网等。

二、对光照的要求

野特菜生长发育所需的光照条件包括光照强度、光照时数（日长）和光照质量（光的波长组成），三者对生长发育既有单独的作用，也有共同的作用。

（一）野特菜不同种类对光照强度的要求

光照强度对产量影响最重要，若光照不足，光合作用会降低，造成徒长和减产。

光合作用的光饱和点和光补偿点是光照强度的重要指标。光饱和点是指某种作物光合作用对光照强度的最高要求，也就是说，高于这一界限的光强对光合作用已不再起作用。光补偿点是指某种作物光合作用对光照强度的最低要求，即若低于这一基点，植物生长发育就不能正常进行。光合作用的光饱和点和光补偿点是野特菜栽培中安排生产季节、决定种植密度和光照调节管理的依据。

不同野特菜作物光合作用所要求的光照强度有一定的差异，一般可分为三类。

1. 强光野特菜

如山苦瓜、守宫木、黄秋葵等，要求强光照，才能生长良好，如光照不足，常出现花粉不育或落花、落果等，产量明显降低。

2. 中等光强野特菜

如龙须菜、紫背天葵、马齿苋等，仅要求中等强度的光照。

3. 弱光性野特菜

如宽叶韭菜、苦菊等，要求在较弱的光照条件下生长。

（二）光照时数对野特菜生长发育的影响

光照时数，即日照长短，主要对二年生野特菜的花芽分化和抽薹开花有重要影响。通常依据野特菜对光照时数的反应，分为三类。

1. 长日照野特菜

在 12～14h 或以上的日照条件下能开花，而在较短的日照下，不开花或延迟开花。如番杏、羽衣甘蓝、春菊等，一般在春季长日照条件下才能抽薹开花。

2. 短日照野特菜

在 14～12h 或以下的日照条件下能开花结实，反之不开花或延迟开花结实。如马齿苋、土人参等，大都在秋季短日照条件下开花结实。

3. 中光性野特菜

对日照长短要求不严格。在较长或较短的日照下，都能开花结实。如四棱豆、山苦瓜等，只要温度适宜，它们一年四季都可开花结实。

（三）光照质量对野特菜生长发育的影响

光照质量主要对温室野特菜的形态发育和果实着色等产生影响，对产量、品质等影响不大。

红光和黄光等长波光能促进长日照蔬菜植物的发育，而蓝紫光能促进短日照蔬菜植物的发育。

日光中被叶绿素吸收最多的红光对植物光合作用的效率最大，黄光次之，蓝紫光最弱。如红黄光对植物的茎部伸长有促进作用，蓝紫光起抑制作用。

光照质量也影响野特菜的品质。强红光有利许多水溶性色素的形成，紫外线有利于维生素 C 的合成。

三、对水分的要求

野特菜产品组织中含水量高达 85%～95%，干物质比例不到 5%～15%。水是野特菜植株体内的重要成分，同时是体内新陈代谢的溶剂，没有水，一切生命活动都得停止。野特菜对水分的要求依不同种类、不同生育期而异。

（一）不同种类野特菜对水分的要求

根据野特菜对水分的要求程度不同，大致可分为五类：

1. 耐旱类野特菜

这类野特菜根系发达，吸水能力很强，是野特菜中最耐旱的一类。耐旱类野特菜可在山区和丘陵地区进行旱作栽培，这类野特菜叶片大，耗水较多，若能合理灌水，会获得较高的产量。如山苦瓜、龙须菜等野特菜。

2. 半耐旱类野特菜

这类野特菜主根较深，吸水能力较强，有一定的耐旱能力，而且叶片裂缺，叶片较小，蒸腾消耗水分亦较少，只要灌溉合理，可节省灌水量。如茄果类、豆类野特菜。

3. 喜湿耗水类野特菜

这类野特菜根系较浅，吸水能力较差，且叶面积较大，消耗水分较多，需经常浇水保持土壤湿润，是耗水量大而耐旱性较差的一类蔬菜。如黄秋葵、地瓜叶等野特菜。

4. 喜湿省水类野特菜

这类野特菜根系浅弱，吸水耐旱能力极差，需要较充足的土壤水分，但地上部叶面积小，且叶面被有蜡粉，蒸腾水量很小，所以虽喜土壤湿润，但较为省水。如葱蒜类野特菜。

5. 水生类野特菜

这类野特菜茎叶柔嫩，根系极不发达，根毛退化，吸收力很弱，而耗水量极大，必须在池塘或水田中栽培。如茭白、百合、莲藕、荸荠等野特菜。

根据野特菜对空气湿度要求的不同，可分四类：适于相对湿度85%～90%的白菜类、绿叶菜类、水生菜类，如豆瓣菜、绿青葙等。适于相对湿度 20%～80%的根菜类，如蒌蒿、鱼腥草等。适于相对湿度55%～56%的茄果类及喜温的豆类，如四棱豆、黄秋葵等。适于相对湿度45%～55%的龙须菜、守宫木等。

土壤湿度和空气湿度是相互影响的。在少雨情况下应适时灌溉，在多雨季节应加强排水。灌溉时，因蔬菜种类、气候状况、土壤保水能力等灵活掌握，对根系浅弱的蔬菜或土壤沙性大的地块，应小水勤浇；而对根系深广、耐旱力较强的蔬菜或土壤黏性大的地块，可加大灌水量、延长间隔时间。

（二）野特菜不同生育期对水分的要求

1. 种子发芽期

要求一定的土壤湿度，以利种子萌发和胚轴伸长。

2. 幼苗期

移栽后要浇水压蔸，使土地和根系密接，再按保持土壤湿润原则继续适量浇水。

3. 营养生长盛期和养分积累期

要求土壤含水量达 $80\%\sim85\%$，需及时满足水分的要求，保证植株旺盛生长和产品器官的形成。

4. 开花期

对土壤水分要求严格，水分过多或过少会引起落花、落果。

5. 种子成熟期

要求干燥的气候，如多雨潮湿，有的种子会在植株上发芽，给采种带来困难。

（三）创造野特菜适宜水分条件的措施

1. 改良土壤

深耕与增施基肥，对于改良土壤结构、提高土壤保水保肥能力起着重要作用。

2. 深沟高畦种植

除喜水和耐温野特菜，一般野特菜都不耐渍。实行深沟高畦种植，可在春夏多雨季节，排除明水，也可避免土壤暗渍伤根。

3. 地面覆盖栽培

地面覆盖既可在春夏多雨季节防止雨水冲洗畦面和土层过湿，又可在早秋干旱季节保持土壤墒情。

4. 看苗、看地、看天浇水

看苗：一般叶面下垂、萎蔫或叶色发暗、叶色灰蓝蜡粉较多、叶脆硬等，都是缺水表现，需立即灌水；反之叶色淡、不萎蔫，茎叶徒长，说明水分多，需排水晾晒。看地：根据土壤含水量浇水，含水量在 50%～60% 时应立即浇水。看天：根据天气变化情况进行灌溉。

5. 依各类野特菜需水特性进行浇灌

番杏、山苦瓜等根浅、喜湿、喜肥，应粪水勤浇；茄果类和豆类根系深，有一定抗旱能力，应见干见湿；对根深耐旱野特菜，应先湿后干；对速生菜应经常保持肥水不缺；对营养生长和生殖生长同时进行的果菜，避免始花浇水，要浇荚不浇花；对单纯生殖生长的采种株，应见花浇水，收种前干旱，做到浇花不浇荚。

四、对土壤与营养的要求

土壤条件，因地理、地块的不同，具有一定的差异。土壤条件包括土壤质地和土壤养分等方面。

（一）土壤质地

土壤质地是指土壤的沙黏、轻重程度，可将其粗略地分为沙壤土、壤土和黏壤土三类。

1. 沙壤土

土壤疏松、排水良好，不易板结开裂，升温快，但保水保肥能力差，有效的矿质营养少，植株易早衰。

2. 壤土

土壤松细适中，春季升温慢，保水保肥能力较好，土壤结构良好，有机质丰富，是栽培野特菜最理想的土壤。

3. 黏壤土

土质细密，春季升温缓慢，保水保肥能力强，含有丰富的养分，但排水不良，雨后易干燥开裂，植株发育迟缓，适于晚熟栽培。

土壤质地的好坏与野特菜的成熟性、抗逆性和产量有密切关系。栽培野特菜最适宜的是壤土或沙壤土，最理想的是三成沙七成黏的壤土，且最好是上层沙下层黏的土壤结构。这样的土壤，疏松通气，有利于根系发达，同时由于这样的土壤保肥持水能力较强，可保证蔬菜后期不脱肥，并具有一定耐旱能力。

（二）不同野特菜种类对营养的要求

野特菜与其他作物一样，最需的土壤元素也是氮、磷、钾，其次为钙、镁、硫、铁等元素，微量元素也需要。不同野特菜种类对氮、磷、钾三要素的要求有差别。

叶菜类野特菜中的小型叶菜，整个生长期需较多的氮肥，而大型叶菜除需较多氮肥，生长盛期还需较多的钾肥、少量磷肥。

根茎类野特菜幼苗期需氮较多，磷、钾较少，根茎肥大期需较多的钾、适量的磷和较少的氮，如后期氮素较高而钾供应不足，则生长受阻，产品器官发育迟缓。

果菜类野特菜幼苗期需氮较高，磷、钾吸收少，进入生殖生长期，对磷的需求激增，而氮的吸收略减，如果后期氮过多而磷不足，则茎叶徒长、影响结果；前期氮不足则植株矮小，磷、钾不足则开花晚，产量品质也随之降低。

（三）野特菜不同生育期对营养的要求

1. 种子发芽期

靠种子本身贮藏物质作营养，胚根伸长，从土中吸收矿物盐类。

2. 幼苗期

吸收少，要求供给少量容易吸收的养分，苗床宜施足有机肥，少施无机肥。

3. 营养生长盛期

需足够的养分，施肥量应逐渐增加。

4. 种子成熟期

营养物质转移到种子和贮藏器官，养分吸收量减少。

（四）土壤溶液浓度与酸碱度

1. 土壤溶液浓度

土壤溶液浓度与土壤组成有密切关系，含有机质丰富的土壤吸收能力强，土壤溶液浓度低；沙质土恰好相反。施肥时要根据野特菜种类、生长期、土壤质地及其含水量，确定施肥次数、施肥量，避免施肥过浓，造成土壤溶液浓度高于植株体内细胞液的浓度，而引起反渗透现象，致使蔬菜萎蔫而死亡。

2. 土壤酸碱度

土壤酸碱度对野特菜的影响也很重要。大多数野特菜适宜于中性或弱酸性（pH6.0～6.8）土壤中生长，但也有少量野特菜适于碱性土壤。调节方法：当土壤酸度过高时，应施石灰中和，并避免施酸性肥料；碱性过强时，可采用灌水冲洗或施石膏中和。

五、对气体条件的要求

气体条件，主要指氧气、二氧化碳和某些有害气体。氧气含量约 21%，可满足野特菜作物生长需要。

（一）对氧气的要求

野特菜作物进行呼吸作用必须有氧气的参与。大气中的氧气完全能够满足植株地上部的要求，但土壤中的氧气依土壤结构状况、含水量多少而发生变化，进而影响植株地下部（即根系）的生长发育。如土壤松散、氧气充足，根系生长良好，侧根和根毛多；如土壤渍水板结、氧气不足，易使种子霉烂或烂根死苗。因此，在栽培上应及时中耕、培土、排水防涝，以改善土壤中的氧气状况。

（二）对二氧化碳的要求

光合作用是绿色植物通过叶绿体利用光能，把二氧化碳和水转化成有机物，并且释放出氧的过程。二氧化碳是植物光合作用的主要原料之一。植株地上部的干重中，有 45% 是碳素，这些碳素都是通过光合作用从大气中取得的。大气中二氧化碳的含量为 0.03% 左右，而光合作用的浓度可高达 0.12%，因此大气中二氧化碳的浓度远不能满足光合作用的最大要求。上午 10：00—11：00，下午 2：00—3：00，由于光合作用大量消耗二氧化碳，使作物所处环境二氧化碳发生亏缺，由于光合源不足，影响光合作用效率的提高。因此，在生产上要想方设法增加作物群体内二氧化碳的浓度来增加光合作用强度，进而提高产量。目前野特菜生产主要是增施有机肥和加强中耕来增加植物周围空气中的二氧化碳浓度。

（三）有毒气体对野特菜的危害

危害野特菜气体，主要有空气中二氧化硫、氯气、乙烯、氨气、亚硝酸气体等。

1. 二氧化硫的危害

由于二氧化硫从叶片的气孔及水孔侵入，与体内的水化合成硫酸，毒害原生质，破坏叶绿素，使叶片气孔处形成褪绿斑，严重时全叶失绿。

2. 氯气的危害

氯气可使叶片绿色变淡、黄化、叶面呈现斑点等。氯气的毒性比二氧化硫大 2～4 倍。

3. 乙烯的危害

危害症状与氯气相似，叶均匀变黄。

4. 氨气的危害

氨气主要危害叶缘，先变色，逐渐变枯，最后枯死。在保护地栽培时使用大量有机肥或无机肥常产生氨气，使保护地野特菜受害。施尿素特别是施氨水作肥料，当氨气与作物接触时，常发生黄叶现象。

5. 亚硝酸气体的危害

主要危害叶肉，先呈斑点状，严重时，叶肉漂白致死。

预防有害气体，菜田要远离污染源；栽培上注意碳铵、硫铵等肥料的施用方法。尿素、硝铵也应开沟或开穴埋施，注意在密闭环境中施用。

第三节　野特菜的产量与品质形成

野特菜生产的最终目的，是获得高产、优质的产品器官。但由于野特菜种类繁多，其食用器官各不相同，根、茎、叶、花、果实、种子几乎都可以成为产品器官。这是野特菜与其他农作物的不同之处。

一、野特菜产量及其形成

（一）产量的含义

1. 生物产量

指某种野特菜一生中，由光合作用合成的物质（占 90%～95%）和根系吸收的物质（占 5%～10%）的积累总量，包括根、茎、叶、花、果实、种子等所有器官。实际生产中，一般以鲜物质产量表示。

由于野特菜的种类繁多，产品器官的含水量及化学组成不同，鲜物质产量相差很大。一般地说，产品中含水及糖含量高的鲜物质产量也高；含淀粉高的则鲜物质产量低些；而含脂肪及蛋白质都高的，鲜物质产量又更低些。虽然鲜物质产量相差很大，但如果以干物质来计算，差异就没有这样大。因为干物质产量比鲜物质产量能更正确地表示植物所合成的有机物过程。

2. 经济产量

野特菜所形成的生物产量，并非都有经济价值，有经济价值的只是其中一部分。通常将有经济价值的那部分产量，称为经济产量。如果菜类的果实等。

3. 经济系数

经济系数（K）＝经济产量/生物产量。一般而言，生物产量高，经济产量亦高；生物产量低，经济产量亦低。因此，要使根菜类的肉质根产量高，则其莲座叶生长要多；要使果菜类的果实产量高，则茎、叶的生长量也要高。只有在徒长的情况下，茎叶的生长量过多，果实的产量才会受到影响，经济系数 K 值也小。

（二）产量的计算方法

野特菜的产量可以单果重或单株重来计算，或以单体鳞茎、块茎或叶片来计算，但最普通的是以单位面积来计算，即每亩的产量。各种野特菜的产量构成如下：

果菜类：每亩产量＝每亩株数×平均单株果数×平均单果重×

采收率

　　结球叶菜类：每亩产量＝每亩株数×平均单叶球重×结球率

　　根菜类：每亩产量＝每亩株数×平均单株肉质根重

　　茎叶类：每亩产量＝每亩株数×平均单株茎叶采收重

（三）野特菜产量形成

　　在野特菜生产中，最大限度地利用太阳辐射进行光合作用的同时，如何更有效地促进光合作用产物向产品器官运输与分配也显得特别重要。野特菜干物质产量的 $90\%\sim95\%$ 是通过光合作用来形成的。从生物学角度看，产量形成的最基本的生理活动是光合作用。植物的所有的绿色部分（包括叶子、果实、茎等），都可以进行光合作用，大多数野特菜植物的茎及幼果都有叶绿素，大多数的情况下，叶片是最主要的光合作用器官。

　　叶面积大，表示接受阳光的容量大；叶面积小，则表示物质的生产容量小。此外，还要取决于单位叶面积干物质重的增加率（亦称净同化率）。净同化率表示干物生产的"效率"。因此，叶面积与净同化率是野特菜产量构成的两个最主要的生理因素。

1. 光能利用与产量形成

　　（1）光能利用率。光能利用率是指单位面积上，植物的光合作用积累的有机物占照射在同一地面上的日光能量的百分比。在实际大田条件下，并不是所有的太阳光均可被植物的叶片吸收并用于光合作用，一般丰产田的光能利用率不超过光合有效辐射能的 $2\%\sim3\%$，一般的田块只有 1% 左右。太阳光辐射到作物群体以后，在总的日射能中，有 20% 由叶面反射到大气中，有 $10\%\sim20\%$ 透过叶层而到地表，在这部分能量中，有 10% 由地表反射为植物所吸收，大部分为地面所吸收。这样，除去这些以后，太阳投射能量的 $60\%\sim70\%$ 为植物所吸收，但其中用于光合作用的只有 $1\%\sim4\%$，最多不超过 5%。其余大部分都作为"蒸发潜热"而消耗于叶面的蒸腾作用，小部分作为乱流的热交换或再反射消失于大气中。增加蔬菜作物的产量，最根本的因素是提高光能利用率。

（2）影响光合作用的因素。影响光合作用的因素主要有内因和外因。内因有叶龄（寿命）、叶的受光角度、叶的生长方向、植株的吸水能力和物质转运的库源关系。而外因有光照的强弱、温度的高低、CO_2 浓度、水分和养分的供应水平等，以及激素、农药、病虫害、风、污染、机械振动等其他因素。

①内因。植物本身的生长状态与光能利用的关系十分密切，不同叶龄的光合强度及呼吸强度相差很大。至于呼吸作用，则叶龄越小，呼吸作用越大；叶龄越大，呼吸作用逐渐降低。因此，在蔬菜生产上，要及时摘除丧失光合作用功能的老叶，并通过植株调整等手段把光合作用旺盛的叶片放在最佳的受光面上（叶的受光角度）。蔬菜作物的叶子是进行光合作用的主要器官，是物质生产的"源"，贮藏器官如果实、种子、块茎、球茎等是物质贮藏的"库"；由"源"运转到"库"的途径、速度及数量与源和库的大小有关。在生产上，增加"源"的数量（如增加叶面积，改进叶的受光角度等），往往是增加产量的主要因素。但库的大小也影响到源的强度，在一定范围内，库的增大会促进源（即光合作用）的提高。

②外因。植物的光合作用同温度和光照等环境条件有着密切的关系。生产上可通过加温或降温、遮光等措施来控制环境条件，使其尽量同植物本身的需要相吻合，从而提高光合作用，适当抑制呼吸作用。

光照：夏、秋季强光对蔬菜有光抑制，如采用遮阳网或防虫网遮光，就能避免强光伤害。

温度：早春采用塑料小棚育苗或大棚栽培蔬菜，能有效提高温度，促进棚内作物的光合作用与生长。

水分及养分：浇水、施肥是作物栽培中最常用的措施，其主要目的是促进光合面积的迅速扩展，提高光合机构的活性。

通过增施有机肥，实行秸秆还田，促进微生物分解有机物释放 CO_2 以及深施碳酸氢铵等措施，也能提高大田中作物冠层的 CO_2 浓度。在大棚和玻璃温室内，可通过 CO_2 发生器或石灰石加废酸的化学反应，或直接释放 CO_2 气体进行 CO_2 施肥，促进光合作用。

2. 叶面积与产量形成

在一定的范围内，叶面积与产量形成呈正相关，增加叶面积是增加产量的基本保证。低的产量，往往是由于叶面积不足、叶的同化时间短。

影响叶面积生长的因素很多，主要有温度、光照强度、水分、土壤肥力及栽培管理技术。温度对于叶面积的生长，有三基点的关系。即当温度低时，叶面积生长慢，温度升高，叶面积生长加快，但温度过高，生长又会缓慢。一般喜温蔬菜，叶面积生长的适宜温度多在 25～30℃，而许多喜冷凉的蔬菜，叶面积生长的适宜温度多在 20℃左右。光照强度对叶面积生长的影响，与温度不同，光照越强，单叶的生长并不是很快（如果温度相同）。一般光照减弱，叶片较薄而大些；光照增加，叶片较厚而单叶面积反而较小。土壤水分充足，叶面积生长迅速。对于几乎所有的蔬菜作物，氮肥充足都会促进叶面积的生长。栽培中所采取的各种农业措施的目的，主要是迅速增加叶面积，提高光合作用强度。

3. 群体结构与产量形成

野特菜作物的产量既然是以单位土地面积来衡量，在单位土地面积上的许多植株，就构成一个群体。这个群体虽然由单株所组成，但群体的产量，并不是单株产量的简单相加。因为群体的结构，不是个体结构的相加，光能利用的方式及利用率也不是单株的简单相加。因此，要获得高额的群体产量，还必须有良好的群体结构。

由单株组成群体之后，最大的特点是对光强度的改变。作为群体中构成单位的个体，不同于孤立的个体，形成群体发展以后，叶层相互遮阴，就会使群体下面的光强逐渐减弱。因而，在一个群体中不同层次的叶子所接受的光强不同，对产量所起的作用也不同，叶面积愈大，遮阴的程度也愈大。

在生产上必须了解不同种类的野特菜生长习性及其群体结构的发展过程，才能采取合适的密植度及栽培措施，达到高产的目的。适当密植是近年来推广的一项增产措施。精细的田间管理，可以增加栽培密植度。

　　采用间作、套种技术，可以在较小的面积上，截取更多的太阳能，提高单位面积产量。高秆与矮秆的间作，直立与爬地的间作，深根与浅根的间作，可以构成一个复合群体。

　　除了间作、套种，还可以利用植株调整，包括整枝、压蔓、摘叶等，使植株向空间发展，摘除过多的不必要的分枝及老叶，改善通风透光条件，减少不必要的养分消耗，同时这也是人为地控制营养生长与生殖生长的关系。

　　一般而言，湿度，在一个叶层中，越近地表面越大，越到叶层的上部越小，而到了群体叶层以上，则变动不大。

　　CO_2浓度，是影响光合作用的重要条件之一，把温室中的二氧化碳浓度增加到 $1\,200\mu L/L$，可以增加光合作用强度，进而增加产量，这是保护地野特菜栽培的主要增产措施之一。由于光合作用的需要，二氧化碳浓度在整个群体中数值最低，在近地面处会高些，而在叶层上部又逐渐增高。但在夜间，二氧化碳浓度则以近土表面的高些，群体上部低些。群体叶层内热的分布，则与二氧化碳的分布相反，叶层内的温度比叶层外高。但在夜间，群体内部温度的梯度较为平缓，群体内比周围温度稍低。

　　温度、二氧化碳浓度及湿度，都受风的影响。如果风速小，空气不流通，则群体中的湿度大，温度高，而二氧化碳浓度相对较低，对作物的光合作用及物质积累不利。如果有一定的风速，叶层中的湿度可以适当降低，温度也会低些。这对于夏季果菜更为重要。因为新鲜空气中的二氧化碳浓度比群体叶层内部的要高些，适当通风可以提高叶层中二氧化碳浓度，有利于光合作用；有一定的风速，还可以加大二氧化碳从叶层空间向气孔的扩散，降低扩散阻力。一般以风速 $2m/s$ 为宜。因此，通风、透光是合理密植、合理安排间作套种必须考虑的条件。

二、野特菜品质及其形成

(一)品质的内涵

　　野特菜的品质有内在和外在之分。内在品质为营养品质，主要是指营养成分，如维生素、矿物质、特殊芳香物质、蛋白质、脂肪及有机酸等的含量，以及有害物质残留量的有无和高低等，对人体健康具有重要的意义。外在品质为商品品质，侧重于外观的商品性状，如大小、形状、色泽、质地等，是商品分级的主要依据。

（二）品质的分类

野特菜品质可分为感官品质、营养品质、卫生品质和贮藏加工品质等方面。

感官品质是指野特菜产品的大小、形状、味道、色泽、口感、质地（硬度、脆度、坚韧性、黏度、有无胶状物、多汁性）、风味（酸、甜、苦、辣等）等，是影响消费者购买欲的直接因素，决定蔬菜的商品价值。

营养品质是指矿质营养元素（钾、镁、钠、钙、磷、铁、锌）、蛋白质、维生素（维生素 C、维生素 B_1、维生素 B_2、维生素 B_6、维生素 A、维生素 D、维生素 E、维生素 K）、碳水化合物和纤维素等物质的含量。

卫生品质也叫安全品质，主要是指蔬菜中的生物污染如病菌、寄生虫卵和化学污染（硝酸盐、亚硝酸盐累积）、重金属（铅、汞、镉）富集、农药残留等。

贮藏加工品质指蔬菜的耐贮存性和适于各种特殊用途的属性。

（三）品质的形成

野特菜品质既受遗传因素的制约，也受环境条件和栽培技术等因素的影响。

1. 遗传因素与品质的形成

遗传因素即蔬菜的品种特性，它是蔬菜品质的决定因子。品质的性状如形状、大小、色泽、厚薄等形态品质，蛋白质、糖类、维生素、矿物质含量及氨基酸组成等理化品质，都受到遗传因素的控制。

2. 环境因素与品质的形成

环境因素包括气候因子（温度、光照、降水等）和土壤因子（水分、养分状况等）。由于遗传因素对品质性状的影响大多数是多基因控制和累加性的，因此很多品质性状都受到环境条件的影响，人们可以通过改善野特菜的生长环境条件或改进栽培技术来提高野特菜的品质。通过协调和改善野特菜的营养构成，控制野特菜体内营养物质的新陈代谢平衡和库源关系，可以提高野特菜的适应性，有效地调节野特菜品质的改善、保持优质。

3. 栽培技术与品质的形成

在野特菜品种一定的情况下，施肥对野特菜品质调控有显著影响。与大田作物相比，野特菜作物营养特性有所不同，主要表现为喜肥性、喜硝（硝态氮）性、嗜钙性、需钾多、含硼量高、养分转移率低等。因此，结合野特菜的营养特性进行科学合理施肥，对提高野特菜的品质具有重大的作用。

（四）影响野特菜品质的主要因素

1. 空气污染

空气中的主要污染物，如二氧化硫、氟化氢、汽车尾气、灰尘等，对野特菜危害极大，尤其是对吸收氟、硫、氯的能力较强的叶菜类野特菜危害更大。

2. 土壤污染

土壤中的污染物主要是有害重金属和残留农药。重金属一般是通过工业"三废"、城市垃圾等进入土壤并不断积累。而农药如果大量超量地施用，其在土壤中的残留会日益严重，可对多种土壤生物产生毒性，影响其繁殖代谢，进而影响土质，抑制根系对营养的吸收。

3. 水体污染

灌溉水的污染源主要是工业废水、生活污水等，主要污染物有石油、挥发酚等，还有铅、铬、镉、汞、砷等重金属及氮、磷、硝酸盐。

4. 农药污染

包括用药后间隔期不够造成的污染，以及施用剧毒、高毒高残留农药造成的污染。一些国家明令禁止使用的农药如甲胺磷、氧化乐果等，由于其价格低、防虫杀虫效果好，部分菜农仍在使用。加之近年许多害虫抗药性增强，为杀死害虫，施药浓度也在不断增大。这些有害物质容易在蔬菜中残留，造成污染。

5. 化肥污染

野特菜生产过程中如过多施用或偏施某一种化肥，除容易造成土壤板结、有机质含量下降，也会影响野特菜品质。如过量偏施硝酸铵等氮肥，可使硝酸盐积累在野特菜中，人食用后可能引起亚硝酸盐中毒（亚硝酸盐是致癌物质）。

6. 农膜污染

农膜残留在土壤耕作层中，会严重影响作物根系的生长发育和土壤水肥移动；此外，农膜中的增塑剂毒性也很强。

（五）控制野特菜污染的主要措施

1. 保护空气、土壤和水源

选择符合环境质量标准的地块作为野特菜生产地，要有良好的生态环境，周围不能有工矿企业，并远离公路、机场、车站等，空气质量优良，灌溉水经检验符合国家标准才能使用。对已污染的土壤，应严格控制污染源，并采取增施有机肥、绿肥和生物肥，适量施用优质氮磷钾肥、微量元素肥。应及时清除残留在农田中的塑料薄膜，以减少农膜对土壤的污染。

2. 加强病虫害的综合防控措施

野特菜病虫害防控要优先选用农业措施和生物制剂，最大限度地减少农药用量，改进施药技术，减少污染和残留，将病虫害控制在经济阈值以下。选育栽培抗病虫的野特菜新品种，选择无公害农药，并注意农药安全间隔期。

3. 应用测土配方施肥技术

野特菜生产中应尽量控制化肥的施用量，提倡多施有机肥、沼肥。尤其要推广应用配方施肥技术，注意检测土壤中各种养分含量的变化，并及时补充不足的养分，也要适当监测其中有害物质（如铅、砷、汞、镉等）的含量，采取必要的措施控制污染，有效提高野特菜的品质。

第三章 野特菜引种驯化

第一节 野特菜引种驯化的概念、意义和任务

一、概念

野特菜引种驯化是指把国内异地或国外的野特菜新品种或品系，以及研究用的遗传材料引入当地，采用一些技术措施，改变其遗传性，以适应当地种植的过程。

二、意义

与其他育种方法相比，引种驯化所需的时间短、见效快，投入的人力物力少，因而是最为迅速而经济的丰富当地野特菜种类的一种有效方法。

引种驯化可使某些种或品种在引种地表现更为突出，提高作物产量和品质。

引种驯化可为育种提供新的材料，是创造新品种的重要手段。

三、任务

引种驯化当地稀缺且有消费量的品种。

引种驯化具有较好市场前景的品种。

引种驯化含有对人体有益营养成分的品种。

第二节　野特菜引种驯化的步骤和方法

一、步骤

1. 确定引种目标

根据引种驯化的原则和当地生态条件，首先应确定引种的方向和地区，要尽可能地收集较多的基因型不同的品种，以弥补当地资源和品种的不足。

2. 严格植物检疫

为防止为害植物的危险性病、虫、杂草传播蔓延，确保农业生产安全，引种驯化必须遵照国家《植物检疫条例》的有关规定，严格检疫。

3. 引进品种进行试种驯化

对引进的种质资源或品种，先在小面积上进行试种观察，选择对当地生态条件比较适应且表现优异的材料或品种，进行品种比较试验、多点试验、区域试验、生产试验，以进一步选择具有应用价值的品种。

4. 选择、提纯、繁殖

对试验表现良好、确有应用价值的品种，要按照原种繁殖程序选择、提纯、繁殖，为应用于生产做好准备。

5. 申请审定，而后推广应用

按照《中华人民共和国种子法》和《主要农作物品质审定办法》的有关规定，申请国家级或省级品种审定，以便经营推广；对有应用价值的非主要农作物品种，还应按照《中华人民共和国农业技术推广法》的有关规定，搞好试验、示范，然后再进行推广，以免造成生产损失。

二、方法

野特菜引种驯化的方法，主要有简单引种驯化法和复杂引种驯化法两种。

1. 简单引种驯化法

也叫直接引种法。是指在相同的气候带内或差异不大的条件下，进行野特菜相互引种。

2. 复杂引种驯化法

是指对气候差异较大地区的野特菜，在不同气候带之间进行相互引种。主要体现两个方面：实生苗多世代选择；逐步驯化。

第三节　野特菜引种驯化技术

一、材料的处理与繁殖

1. 材料的处理

从外地引进的新鲜种子、插条、接穗、根茎、球茎、鳞茎、块茎及其他繁殖材料，都必须按要求进行登记，经过检疫、消毒等处理，然后进行育苗繁殖。

2. 育苗繁殖

根据繁殖材料的不同，采用不一样的繁殖方式，可采用播种育苗、扦插繁殖和嫁接等。种子、根茎、球茎、鳞茎、块茎一般采用播种育苗方式，插条一般采用扦插繁殖方式，接穗一般采用嫁接方式。

二、幼苗锻炼与培育

播种育苗、幼苗锻炼、定向培育是引种驯化重要技术措施。育苗繁殖后，接着就要对幼苗进行锻炼与定向培育。

1. 幼苗锻炼

幼苗尤其是实生苗，容易适应改变了的新环境。当原分布地与引种地的生态环境差异较大时，野特菜一时难以适应，必须给以锻炼，使其逐步地适应。锻炼的方法随种类、迁移方向、引种目的不同而异。

（1）萌动种子与幼苗的低温处理。主要是在南种北移时，通过萌芽种子的低温处理可提高植株耐寒力。

（2）直播育苗，循序渐进。直播育苗目的是保护根系不受损伤，有了强大的根系，才能增强对新环境的适应能力。

原分布区与引种区间环境无过大差异，可引入幼苗进行逐步锻炼。幼苗在锻炼过程中还要按"顺应自然、改造本性"的原则，给以适当的顺应性培育，使锻炼与顺应相结合，既能保证基本生长又能得到锻炼。

2. 生长发育节律的调节与控制

当环境条件改变导致野特菜出现了多种不适应的现象时，必须了解与掌握它们的生长发育规律及其异常现象，根据生存条件进行控制与改变，按预定目的进行定向培育。一般的定向培育有调整播种期、光照处理、修剪摘心、控制肥水等。

3. 逐步迁移与多代连续培育

野特菜的定向培育往往不是在一个短期内或一两个世代中所能完成的，而是需要多地点、多世代才能完成。在引种驯化中有两种方法经常应用，即逐步迁移与多代连续培育。逐步迁移在我国的引种史上常见于南种北移或北种南植的过程中。采用逐步迁移的培育方法，南种北移时，可在分布区的最北端引种；北种南植时，可在分布区的最南端引种，容易获得成功。通过定向培育仅完成了一个世代，仍然得不到足够的适应类型，需要连续多代培育。从实生苗后代中选出适应性最强的植株种子，再在当地播种、培育、选择，这样一代代地延续，不断积累，以加强对当地生态环境的适应性。

三、小环境小气候的选择与建造

野特菜引种驯化过程中，小环境、小气候的作用是不可低估的，许多品种引入新地区后在一般大环境条件下不易成功，而选择了适宜的小环境、小气候，却能取得明显效果。

选择小环境、小气候，首先根据野特菜的习性而定。如南种北移时，应选择阳光充足的向阳地带；北种南引时，宜选择避免阳光直射的阴凉地带。对喜湿的野特菜，可以营造比较湿润的环境；对耐旱的野特菜，可以选择比较干旱的环境。选择小环境、小气候，还可利用一些与引种植物生态习性相近似的品种作指示品种。此外，还可利用局部地质和土壤的某些有利的生态条件。

在引种中，除了充分利用自然的小环境、小气候，还应利用人工建造的小环境，如利用建筑物四周、人造防护林、水库周围及人工模拟生态环境等。

当前，以塑料大棚为主的设施农业栽培正普遍展开。创造、利用其小环境、小气候，对野特菜引种驯化有很大帮助。

四、选择与杂交育种

从国内外引入的野特菜品种（品系），有许多经过试验与选择后可直接应用于生产，也有许多难以直接利用，必须通过选择与杂交育种才能应用于生产。

选择可以分为不同地理种源的选择和变异类型的选择两个方面。在引种试验时应注意不同种源的适应性观察，通过培育、观察，找出各个种源的差异及优良性状的植物，从而进行综合或单项选择。通过地理种源的比较试验，评比选优，可以得到良好的效果。另外，引入的植物经驯化后所产生的性状变化是多方面的，需要经过人为的单项或综合选择，把那些符合生产、生活需要的变化保留下来。性状变化的选择项目应包括生长发育的节律与抗性以及经济性状等。对少数表现优良的单株，可采用单株选择法，以培育新的类型。

在野特菜引种过程中，有些品种（品系）由于分布地与引种地之间生态条件差异过大，在引种地往往较难生长，或者虽可生长但却失去经济价值，若把它作为杂交材料，与当地品种杂交，则可以从中选择培育出既具有经济价值又能很好适应当地生态条件的类型。

品种的改良与创造，除了有性杂交育种，普遍应用的还有辐射育种、化学诱变育种、花粉单倍体育种及激光育种等。

第四章 野特菜繁殖与良种繁育

第一节 野特菜无性繁殖

野特菜的无性繁殖通常是以其营养器官为材料，利用不同野特菜的再生能力、分生能力等来繁殖和培育野特菜的新个体。野特菜的再生能力是指其某一部分能够形成自己所没有的其他部分的能力，如叶扦插后可长出芽和根，茎或枝扦插后可长出叶和根。野特菜的分生能力是指能够长出新的营养个体的能力，包括产生可用于无性繁殖的一些特殊的变态器官，如鳞茎、球茎、根状茎等。采用扦插、压条、分株及组织培养等方法繁殖的苗称为自根苗。

无性繁殖不是通过两性细胞的结合，而是由分生组织直接分裂的体细胞所得的新植株，故其遗传性与母体一致，能保持其优良性状。同时新植株的个体发育是在母体基础上的继续发育，发育阶段往往比种子繁育的实生苗高，有利于提早采收。如菜用枸杞、紫背天葵等野特菜用种子繁殖，生长慢、采收期晚。对无种子的、有种子但种子发芽困难的野特菜，采用无性繁殖则更为必要。但无性繁殖苗的根系不如实生苗的发达（嫁接苗除外）且抗逆能力弱，有些野特菜若长久使用无性繁殖易发生退化、生长势减弱等现象。因此在生产上应有性繁殖与无性繁殖交替进行。野特菜常用的无性繁殖方法有扦插、分离，组培、压条、嫁接等方法目前在野特菜繁殖中较为少见。

一、扦插繁殖

扦插繁殖经济简便，目前在野特菜的商品化生产中广泛使用，通过利用植株营养器官的均衡作用，自母体割取任何一部分（如根、茎、叶等），在适当条件下插入土、沙或其他基质中，利用其再生或分生能力，产生新的根、茎，成为独立的新植株。

（一）扦插的生物学基础

1. 不定根的形成

不定根由植株的茎、叶等器官发出，因发根位置不定而得名。不同植株的器官再生能力有很大差异，而同一植株的同一器官由于脱离母体的生长发育时期不同，其再生能力也有所差异。

枝（茎）插一般都带有芽，芽向上抽成枝，插条基部则向下分化出根，形成完整的植株。在此过程中，不定根的发生有两种情况：一种是由潜伏根原基发育形成根。潜伏根原基在枝条离体前已发生，只是处于休眠状态或者分化很慢。当枝条离体后则在适宜的温度和湿度条件下，潜伏根原基继续分化发育并很快形成根。一般来说，采用具有较多潜伏根原基的枝条扦插容易生根成活。另一种是诱导形成新根原基。插条经刺激和环境诱导，由具有分生能力的薄壁细胞（如愈伤组织）、形成层细胞、射线细胞、韧皮部薄壁细胞等分化形成根原基。这种生根方式需要时间相对较长，生根缓慢。植物扦插以后，两种生根方式经常并存。

2. 不定芽的形成

定芽发生于茎的一定位置，即节上叶腋间；而不定芽的发生则没有固定位置，在根、茎、叶上都可能分化发生，但大多数在根上发生。许多野特菜的根在未脱离母体时，特别是根受伤的情况下都容易形成不定芽。在年幼根上，不定芽产生于中柱鞘靠近维管束形成层的地方；而在老年根上，不定芽产生于伤口面或切断的根伤口处的愈伤组织里。

3. 极性

在扦插的再生作用中，器官的生长发育均有一定的极性现象。无论枝条还是根段，总是在下端发生新根，而在上端发出新梢，因此在扦插时应注意不要倒插。

（二）扦插生根成活的影响因素

1. 内在因素

（1）野特菜种类和插条的年龄及部位。插条生根成活首先取决于野特菜的品种（品系）。不同品种（品系）以及同一植株的根的不同部位，根的再生能力有很大差异，但总体来说，野特菜的枝插都比较容易生根，如菜用枸杞、紫背天葵、菊花脑、人参叶、守宫木等。插条年龄包括所采插条母株的年龄以及所采枝条本身的年龄。插条所选母株应采自年幼的植株。因为母株年龄越小，分生组织生活力和再生能力就越强，所采下的枝条扦插成活率就越高。插条的年龄，以一年生枝的再生能力最强。选择母株根茎部位的萌蘖条作为插条最好，因其发育阶段最年幼，再生能力强，易生根成活。而树冠部位的枝条，由于阶段发育老化，扦插成活者少，即使成活，生长也差。

（2）枝条的发育状况。枝条发育是否充实以及营养物质的含量，对插条的生根成活有很大影响。糖类和含氮有机物是发根的能源物质，插条内这些物质的积存量与插条成活率和苗株生长有密切关系。凡发育充实、营养物质丰富的插条，容易成活、生长也较好。正常情况下，守宫木、叶用枸杞等木本野特菜主轴上的枝条发育最好，其分生能力明显大于侧枝。在生产实践中，有些木本野特菜带部分二年生枝条，往往成活率较高，这与二年生枝条中贮藏有较多的营养物质有关。此外，插条的粗细、长短对于成活率和苗株生长也有影响。试验证明，年龄相同的插条越粗越好，而且要有一定的长度。因此在生产实践中，根据需要和可能，应掌握"粗枝短截，细枝长留"的原则。

插条上的芽是形成茎干的基础。芽和叶能供给插条生根所必需的营养物质和生长素、维生素等，有利于生根，尤其对嫩枝扦插更为重要。因此在生产实践中，在避免叶片过多而引起蒸发量过大的情况下，尽量保持较多的叶和芽，使其能制造养分供应生根。

2. 外界因素

（1）扦插基质。土壤质地直接影响到扦插枝条的生根成活。重黏壤土易积水、通气不良；而沙壤土孔隙大、通气良好，但保水力差，都不利于扦插。扦插地宜选择结构疏松、通气良好且能保持稳定土壤水分的三成沙七成黏的壤土。生产上采用蛭石、砻糠灰、泥炭等作扦插基质，就是为了既通气又保湿。

（2）温度。春季扦插时，气温比地温上升快。气温高，枝条易于发芽；但地温低不利于发根，往往造成枝条死亡。所以，扦插时提高地温，有利于插条生根成活。一般白天气温达 21～25℃，夜温为 15℃，土温为 15～20℃或略高于平均气温 3～5℃时，就可以满足生根需要。

（3）水分。扦插后，插条需保持适当的湿度。要注意灌水，使土壤水分含量不低于田间持水量的 60％～70％，大气湿度以80％～90％为宜，以避免插条水分散失过多而枯萎。目前有些条件好的地区采用露地喷雾扦插，增加空气湿度，大大提高了扦插成活率。

（4）氧气。氧气对扦插生根也很重要。如果扦插基质通气不良，插条会因缺氧而影响生根。

（5）光照。光照可提高土壤温度，促进插条生根。对于带叶的绿枝扦插，光照有利于叶进行光合作用制造养分，在此过程中所产生的生长激素有助于生根；但强烈的直射光照会灼伤幼嫩枝条，因此有时需要进行适当的遮阴。

（三）扦插时期

扦插时期，因植株种类、特性、扦插方法和气候不同而异。草本野特菜适应性较强，对扦插时间要求不严，除严寒或酷暑，其他季节均可进行。木本野特菜扦插可分为休眠期扦插和生长期扦插，落叶木本野特菜大多采用休眠期扦插，少数也可以在生长期扦插；常绿木本野特菜多在 6—7 月梅雨季节进行。

（四）扦插方法

1. 硬枝扦插

插条为已木质化的一年生或多年生枝进行的扦插是硬枝扦插。选择生长健壮且无病虫害的 1～2 年生枝条，一般于深秋落叶后至次年芽萌动前采集；冬季采穗翌年春季扦插的，可将接穗打好捆，挖坑沙藏过冬。根据木本野特菜种类的特点，选择枝条芽质最佳部位截成适宜长度的插穗。落叶木本野特菜一般以中下部插穗成活率高，常绿木本野特菜则宜选用充分木质化的带饱满顶芽的梢作插穗为好。每个插穗保留2～3个芽，有些生长健壮的也可以保留1个芽。除了要求带顶芽的插穗，一般木本野特菜的接穗上切口为平口，离最上面的芽1cm（干旱地区可为2cm）为宜。如果距离太短，则插穗上部易干枯，影响发芽。常绿木本野特菜应保留部分叶片。下切口的形状种类很多，木本野特菜多用平切口、单斜切口、双斜切口及踵状切口等。容易生根的树种可采用平切口，其生根较均匀。斜切口常形成偏根，但斜切口与基质接触面积大，有利于形成面积较大的愈伤组织，一般为先形成愈伤组织再生根的木本野特菜所采用，并力求下切口在芽的附近。踵状切口一般是在接穗下带2～3年生枝时采用。上下切口一定要平滑。接穗截好后，以直插或斜插方式插入已备好的基质。

2. 绿枝扦插

插条为尚未木质化或半木质化的新梢，随采随插的扦插就是绿枝扦插。草本和木本野特菜均适用，前者使用较多。插条最好选自生长健壮的幼年母株，并以开始木质化的嫩枝为最好，因为其内含充分的营养物质，生命活动力强，容易愈合生根，但过嫩或已完全木质化的枝条则不宜采用。不论是草本还是木本野特菜均可用当年生幼枝或芽作插条，5—7月扦插。为提高成活率，采下的嫩枝要及时用湿布包好、置阴凉处、保持新鲜状态，不宜放在水中。插条长度应依其节间长短而有所不同，一般每一插条须有3～4个芽，其长度一般是10～20cm，剪口应在节下，保留叶片1～2片，大叶片可剪去部分，以减少蒸腾。枝条顶梢由于过嫩，不易成活，不宜作插条，应当去掉。然后在整好的苗床上，用相当于插条粗度的枝条，按一定的株行距离插洞。洞的深度为插条长的2/3，随插洞插入插条，再用双手将插条两侧土按实，使之与土壤密贴，最后浇水并搭小塑料棚覆盖，以保持适当的温度、湿度，促进早日生根成活。

3. 根插法

根插法，又称分根法，是切取植物的根插入或埋入土中，使之成为新个体的繁殖方法。凡根上能形成不定芽的野特菜都可以进行根插繁殖，如地瓜叶、人参叶、苦菜、紫背天葵等野特菜均适用。根插的根条可从母树周围挖取，也可在苗木出圃时，收取修剪下来或残留在土中的根段作材料，一般随采随插。但冬季挖取的根条，应贮藏在沙中待翌春扦插。用作根插的根条，其直径应在 0.5cm以上，过细的根条出苗细弱，不宜选用。根条长度一般可剪成10～15cm。有的须根过长或过多，可适当剪除一部分，避免栽植时卷成一团，不利生长。为区别根条的上下端，根的上端可剪成平口，下端剪为斜口，随后在整好的苗床上开横沟，沟深8～12cm，沟距25～30cm，将根条按 7～10cm 株距，其上端朝一个方向稍低于土面斜倚沟壁，切勿倒插，最后覆土稍压紧，使根条与土壤密贴，浇水，并保持湿度。

（五）促进插条生根成活的方法

1. 机械处理

有剥皮、刻伤等方法，主要用于不易成活的野特菜扦插。

（1）剥皮。对枝条木栓组织比较发达、较难发根植物，插条前应先将表皮木栓层剥去，以促进发根。剥皮后能加强插条吸水能力，幼根也容易长出。

（2）纵刻伤。用手锯在插条基部第1～2节的节间刻5～6道伤口，刻伤深达韧皮部（以见绿色皮为限度），对刺激生根有一定效果。在野特菜用生长素处理时，刻伤有利于野特菜对生长素的吸收，促进生根。

（3）环剥。剪枝条前 15～20d，对将作插条的枝梢，进行宽3～5mm 的环剥。在环剥伤口长出愈伤组织而未完全愈合时，剪下枝条进行扦插。

（4）缢伤。剪枝条前 1～2 周，对将作插穗的枝梢用铁丝或其他材料绞缢。

剥皮、纵刻伤、环剥、缢伤之所以能促进生根，是由于处理后生长素和糖类积累在伤口区或环剥口上方，并且加强了呼吸作用，提高了过氧化氢酶的活动，从而促进细胞分裂和根原体的形成，有利于促发不定根。

2. 黄化处理

扦插前选取枝条用黑布、泥土等封裹、遮阳，三周后剪下扦插，易于生根。其原理是黑暗可以解除或降低植物体内一些物质如色素、油脂等对细胞生长的抑制，促进愈伤组织的形成和根的发生。

3. 温水处理

有些野特菜枝条中含有树脂，常妨碍插条切口愈伤组织的形成且抑制生根。可将插条浸入 30～35℃ 的温水中 2h，使树脂溶解，促进生根。

4. 加温处理

早春扦插常因温度低而生根困难，需加温催根。处理方法有温床催根和冷床催根两种。

（1）温床催根。即用塑料薄膜温床、阳畦和火炕等进行催根。方法是：底部铺一层沙或锯木屑，厚 3～5cm，将插条成捆直立埋入，捆间用湿沙或锯木屑填充，但顶芽要露出。插条基部温度保持在 20～28℃，气温最好在 10℃ 以下。为保持湿度，要经常喷水。该处理有利于根原体迅速分生，同时，因气温低，芽生长缓慢。此外，还可用火炕或电热线等热源增温。

（2）冷床催根。将插条倒插于阳畦床内湿润的细沙中，上部接近生根部位盖一层马粪以增加温度。温度保温在 20～28℃，约 20d 后发根。该方法可操作性差。

5. 化学药剂处理

药剂处理能显著增强插条新陈代谢作用。常用的化学药剂有高锰酸钾、醋酸、二氧化碳、氧化锰、硫酸镁、磷酸等。高锰酸钾溶液处理插条，可以促进氧化，使插条内部的营养物质转变为可溶状态，增强插条的吸收能力，加速根的发生。一般采用的浓度为

0.03%～0.10%，对嫩枝插条以 0.06% 左右的浓度处理为宜。处理时间依野特菜种类和生根难易不同，生根较难的处理需 10～24h；反之，较易生根的处理需 4～8h。

6. 生长调节剂处理

生长调节剂处理可促进插条内部新陈代谢，提高水分吸收，加速贮藏物质分解转化；同时促进形成层细胞分裂，加速插条愈伤组织形成。生产上常用的生长调节剂有萘乙酸、ABT 生根粉、吲哚乙酸、吲哚丁酸等。处理方法有液剂浸渍、粉剂蘸粘。采用该方法时应注意：生长调节剂浓度过大时，其刺激作用会转变为抑制作用，使有机体内的生理过程遭到破坏，甚至引起中毒死亡。

（1）液剂浸渍。硬枝扦插时一般用 5～10mg/L，浸 12～24h；嫩枝扦插时一般用 5～25mg/L，浸 12～24h。此外，用 50% 酒精作溶剂，将生长激素配成高浓度溶液，将枝条基部浸数秒钟，对易生根野特菜有较好作用。

（2）粉剂蘸粘。一般用滑石粉作稀释填充剂。配合量为 500～2 000mg/L，混合 2～3h 后即可使用。将插条基部用清水浸湿、蘸粉后扦插。用 ABT 生根粉溶液处理半木质化枝条，生根率达 80%。

7. 其他处理

一些营养物质也能促进生根，如蔗糖、葡萄糖、果糖、氨基酸等。一般来说，单用营养物质促进生根效果不佳，配合生长素使用效果更为明显。

（六）扦插后的管理

扦插（特别是绿枝扦插）后，插条要及时浇水或灌水、经常保持湿润。嫩枝扦插还应遮阴，在未生根之前，如果地上部已展叶，则应摘除部分叶片。当新苗长到 15cm 时，应选留一个健壮直立的芽，其余的芽除去。用塑料小棚增温保湿时，插条生根展叶后拆除塑料棚，以便适应环境。

当前，在有条件的地区，利用白天充足的阳光，采取全光间歇喷雾扦插床进行扦插。即以间歇喷雾的自动控制装置来满足扦插对空气湿度的需要，既保证插条不萎蔫，又有利于生根。使用这种方法对多种植物的硬枝扦插，均可获得较高的生根率，但扦插所用的基质必须是排水良好的蛭石、沙等。这种方法在阴天多雨地区不宜使用。

二、分离繁殖

分离繁殖是将野特菜的营养器官（如根、茎或匍匐枝）切割而培育成独立新个体。此法简便，成活率高。

（一）分离繁殖的类型

分离繁殖主要有以下几种类型：

1. 分株繁殖

分株繁殖是利用根上的不定芽、茎或地下茎上的芽产生新梢，待其地下部分生根后，切离母体，成为一个独立的新个体。凡是易生根蘖或茎蘖的野特菜都适用，如菜用枸杞、守宫木、黄花菜等。分株繁殖基本上分两大类：一类是利用根上的不定芽产生根蘖，待其生根后，即成为一个连接母体的新个体，春、秋季切离母体后，即可栽植；另一类是由地下茎或匍匐茎节上的芽或茎基部的芽萌发新梢，待其生根后，也成为一个连接母株的新植株，切离母体后，即成为独立的新个体。

2. 变态器官繁殖

野特菜的变态器官繁殖（根据繁殖材料采用母株部位的不同）主要有根茎繁殖（如薄荷），其他如块茎、球茎、鳞茎、块根、珠芽等均较少。

（二）分离时期

分株繁殖的时期一般在春、秋两季。春天在发芽前进行，秋天在落叶后进行，具体时间依各地气候条件而定。

（三）分离方法

在繁殖过程中要注意繁殖材料的质量，分割的苗株要有较完整的根系。球茎、鳞茎、块茎、根茎应肥壮饱满，无病虫害。对块根和块茎材料，割后应先晾 1～2d，使伤口稍干，或拌草木灰，促进伤口愈合，减少腐烂。为提高成活率，要及时栽种。栽种时，对球茎和鳞茎类材料，芽头要朝上，分株和根茎类根系要舒展，覆土深浅应适度。萌芽力和根蘖力强的木本野特菜，会自然分蘖，但为了提高分蘖的数量，有时需要采取一些促进分蘖的措施。常用的方法是行间开沟，切断水平根，施肥、填平、灌水，促发更多根蘖苗。

三、压条繁殖

压条繁殖是将母株上的一部分枝条压入土中或用其他的湿润材料包裹，促使枝条的被压部分生根，然后与母株分离，成为独立的新植株。压条繁殖比扦插、嫁接容易生根。压条时期可分休眠期压条和生长期压条。休眠期压条在秋季落叶后或早春发芽前，利用1～2年生成熟枝条进行压条。生长期压条是在生长季节中进行，一般为雨季时采用当年生枝条压条。压条的方法很多，依其埋条的状态、位置及其操作方法的不同，可分为普通压条、堆土压条、空中压条三种。

（一）普通压条

该方法适用于枝条离地面近且容易弯曲的野特菜。根据埋头的状态，普通压条又分为以下三种方法：

1. 弯曲压条

将母株上近地面的1～2年生枝条弯曲压入土中生根。先将欲压的枝条弯曲至地面，再挖一道深约8cm、宽10cm的浅沟，距母株近的一端挖成斜面，以便顺应枝条的弯曲，使其与土壤密贴，沟的另一端挖成垂直面，以引导枝梢垂直向上，沟内最好加入松软肥沃的土壤并稍踏实，在枝条入沟和沟上弯曲处分别插一木或竹钩来固定，露出地面的枝条，需用支柱扶直。生根后与母体分离栽植。

2. 波状压条

此法与弯曲压条相似，所不同的是被压枝条常缩成波浪形屈曲于长沟中，而使各露出地面部分的芽抽生新枝，埋于地下的部分产生不定根成为新植株。其目的是充分利用繁殖材料，提高繁殖系数。此法适用于枝条长而柔软或蔓性野特菜。一般于秋冬间进行压条，次年秋季即可分离母体。在夏季生长期间，应将枝梢顶端剪去，使养分向下方集中，以利生根。

3. 水平压条

又称沟压、连续压或水平复压，是我国应用最早的一种压条法。此法适用于枝条较长且生长较易的野特菜。其优点是能在同一枝条上得到数株新植株，其缺点是操作不如弯曲压条法简便，各枝条的生长力往往不一致，而且易使母体趋于衰弱。通常仅在早春进行，一次压条可得 2～3 株新植株。

（二）堆土压条

堆土压条，又称直立压条或壅土压条。采用堆土压条，母株需具有丛生多干的性能。在母株平茬截干后，覆土堆盖，待覆土部分萌发枝条，于生根后分离。每一枝条均可成为一新植株，这一方法所得苗比其他方法多。堆土压条可在早春发芽前对母株进行平茬截干，截干高度距地面越短越好。堆土时期依野特菜的种类不同而异。

（三）空中压条

此方法在野特菜的商品化生产中较为少见。对木质坚硬、枝条不易弯曲或树冠太高、基部枝条缺乏，不易发生根蘖的木本野特菜，可用此法繁殖。具体做法是：在母株上选 1～2 年生枝条，在其压条处刻伤或环割，将松软细土和苔藓混合后裹上，外用薄膜包扎，上下两头捆紧，或用从中部剖开的竹筒套住，其内填充细土。要经常给压条处浇水，保持泥土湿润，待长出新株后，便与母株分离栽植。

为使压条及时生根，特别是对不易生根或生根时间较长的野特菜，可采用技术处理促进其生根，常用的方法有刻伤、环割、黄化、生长调节剂处理等。

分离压条一般在早春或秋末进行。分离较粗的压条时，最好分次割断，以避免死亡。对与母体割离的新植株，移植后应注意灌水、施肥、遮阴和防寒等。

四、嫁接繁殖

将一种植物的枝或芽，接到另一种植物的茎或根上，使之愈合生长在一起并形成独立的新个体，称嫁接繁殖。供嫁接用的枝或芽叫接穗，承受接穗的植株叫砧木。

由于接穗采自遗传性状比较稳定的母株，因此嫁接后长成的苗木变异性较小，能保持母本的优良特性。嫁接苗能促进苗木的生长发育，提高植株抗病能力，提早开花结实、进入盛果期。通过嫁接，可利用砧木对接穗的生理影响，提高嫁接苗对环境的适应能力，如提高抗寒、抗旱、抗病虫害等能力。用乔化砧，能使树冠高大，防止早衰；用矮化砧，可使树冠矮化，提早结果。此外通过高接，可以把品质差的品种改换成优良的新品种。

（一）嫁接成活的生物学原理

嫁接繁殖成活是根据植物创伤愈合的特性，主要依靠接穗和砧木接合部形成层的再生能力。枝接时，接穗接入到砧木后，两者的伤口表面由受伤细胞形成一层薄膜，当温度与湿度适宜时，切口处的细胞活跃起来，接穗和砧木形成层外部细胞旺盛分裂，形成愈伤组织，并逐渐填满接穗和砧木间的细缝，表面膜消失，砧穗愈伤组织相互连接，新的愈伤组织中一些细胞分化为新形成层细胞，产生新维管组织，向内产生木质部，向外产生韧皮部，砧穗之间的维管系统连通。愈伤组织外部细胞分化成新的栓皮细胞，接穗和砧木栓皮细胞相连，愈合为新植株。

芽接的愈合过程基本与枝接相似。芽接时，是将芽片内面贴在砧木露出的木质部和形成层上。芽插入后，削面上的细胞也形成一层薄膜，芽片周围开始产生愈伤薄壁组织，愈伤组织绝大部分是从砧木木质部外产生的，逐渐填满砧穗之间的空隙，随后砧木与接芽间的形成层连接起来，愈伤组织开始木质化，并出现了独立的筛管组织，砧木和接穗逐渐连接起来。

（二）影响嫁接成活的因素

影响嫁接成活的因素有内在因素和外界因素。

1. 内在因素

内在因素包括砧木和接穗之间的亲和力、两者的营养状况及其他内含物状况等。

（1）亲和力。亲和力是砧木和接穗在内部组织结构上、生理上和遗传上彼此相同或相近的程度，表示砧木和接穗经嫁接而能愈合生长的能力。亲和力强的植株间嫁接容易成活，生长发育正常。反之，不亲和的植物或亲和力差的植株间嫁接不易成活，即使成活，也生长发育不良，易从接口处劈断或过早衰亡。亲和力与接穗和砧木的亲缘远近有直接关系，一般说来，亲缘关系愈近，亲和力愈强。所以，嫁接时接穗和砧木的配置要选择近缘植物。

（2）砧木与接穗的生活特性。植株生长健壮，接穗和砧木贮有较多养分，就比较容易成活。如砧木根压高于接穗则容易成活，反之不易成活。在形成层活跃生长期间，砧木与接穗两者木质化程度越高，在适宜的温度、湿度条件下嫁接越易成活。接穗的含水量也会影响形成层细胞的活动，如接穗的含水量过少，形成层细胞会停止活动，甚至死亡。通常接穗含水量以 50％左右为宜。砧木和接穗的树液流动期和发芽期越相近或相同，成活率也就越高，反之成活率就低。一般于砧木开始萌动、接穗将要萌动时进行嫁接为宜；否则，接穗已萌发、抽枝发叶，砧木养分供应不足，影响嫁接成活。

（3）植物内含物。有些野特菜含有较多的酚类物质（如单宁），嫁接时，伤口的单宁物质在多酚氧化酶的作用下，形成高分子的黑色浓缩物，使愈伤组织难以形成，造成接口霉烂。同时单宁物质也直接与构成原生质的蛋白质结合发生沉淀作用，使细胞原生质颗粒化，从而在接合之间形成隔离层，阻碍砧木和接穗的物质交接并愈合，导致嫁接失败。

2. 外界因素

（1）环境条件。主要指温度和湿度。形成层薄壁细胞的分生组织活动产生愈伤组织，要求一定的温度和湿度，并且是在一定的养分和水分条件下进行的。温度过高，蒸发量大，切口水分消失快，不能在愈伤组织表面保持一层水膜，不易成活。春季雨天，气温低、湿度大，形成层分生组织活动力弱，愈合时间过长，往往造成接口霉烂。不同植物形成层活动对温度的要求不同，一般以20～25℃为宜。

（2）嫁接技术。嫁接成活的关键是接穗和砧木两者形成层紧密结合，产生愈伤组织。所以接穗的削面一定要平，接入时才能与砧木紧密结合，两者的形成层对准，有利于愈合。动作要准确、快捷，捆扎松紧适度。

（三）砧木与接穗的相互影响和选择

1. 砧木与接穗的相互影响

接穗和砧木接合以后，由于营养物质的彼此交换和同化，相互间必然产生各种各样的影响。砧木对接穗的影响主要表现在生长、结果和抗逆性方面。有的砧木促进接穗生长高大，这种砧木称为乔化砧。乔化砧可以增强栽培品种的生长势，扩大株冠，寿命也较长。有些砧木能使植株生长矮小，这种砧木称为矮化砧。

嫁接后砧木根系生长所需养分有赖于接穗的供应，故接穗对砧木也会产生一定的影响。生化分析试验证明，在不同接穗的影响下，砧木根系的糖类、总氮、蛋白态氮的含量以及过氧化氢酶的活性都有变化。

2. 砧木和接穗的选择

一般嫁接用砧木都是野生或半野生植物，它们有广泛的适应性，如抗寒、抗旱、抗涝、耐盐碱和抗病虫害等。

（1）砧木的选择与培育。砧木对接穗具有重要影响。不同类型的砧木对气候、土壤环境条件的适应能力不同，选择适当则能更好地满足经济栽培的要求。在砧木选择的过程中，应遵守砧木区域化的原则。即就地取材，从当地原产的野生植物中选择各种野特菜适宜的砧木类型。如果当地种源缺乏，可以从外地引种，但应对引用的砧木特性有充分的了解，或先经过试栽，观察其适应能力再行引用。引种不论地区远近，主要决定于其原产地和引种地的自然条件，生态因素差异越小，则适应性越大，引种成功的可能性就越大。

砧木应具备以下条件：砧木与接穗有良好亲和力；适应性广，抗性（如抗旱、抗涝、抗寒、抗盐碱等）强，对病虫害抵抗力强；来源丰富，易于大量繁殖；对接穗的生长、结果、生长期有良好的影响；选用健壮的实生苗，一般大于或等于接穗的粗细；木本野特菜砧木的年龄以 1～2 年者为佳，生长慢的植物也可用 3 年生苗木作砧木，甚至可用大树进行高接换头。

（2）野特菜接穗的选择和贮藏。采穗母树必须是品质优良纯正、性状稳定、经济价值高的植株。应选择植株外围，尤其是向阳面光照充足、生长健壮、无病虫害、粗细均匀的枝条作接穗。接穗的采取，依嫁接时期和方法的不同而异。生长季芽接，采自当年生的发育枝（生长枝），宜随采随接。如需从别处采条，不可一次采集过多。采下来的接穗要立即剪去嫩梢，摘除叶片（保留叶柄），及时用湿布包裹，防止水分损失，如不能及时嫁接，可将枝条下部浸于水中，放在阴凉处，每天换水 1～2 次，可暂时保存 4～5d。为保存时间更长些，可将枝条包好吊于井中或放入冷窖、冰箱中保存。枝接接穗的采取，若繁殖任务小或离嫁接期较近时可随采随接。若所需接穗多，亦可在上一年秋季或结合冬季修剪或从采穗圃将穗采回，沙藏于假植沟或窖内（贮藏方法与插穗同）。在贮藏过程中，要保持低温和适宜的湿度，及时检查，特别要防止在早春气温上升时接穗萌芽而影响成活。

（四）嫁接时期

嫁接时期对嫁接成活率影响很大。嫁接成活率与光照强度、温度、湿度及砧木和接穗的生长活跃状态有密切关系。在春季，如果嫁接过早，温度较低，砧木形成层刚开始活动，愈合组织生长慢，接口不易愈合；如果气温过高，如超过 32℃ 时接口也不易愈合，而且会引起细胞的损伤，超过 40℃ 时则愈伤组织死亡。

枝接一般在植物休眠期进行，多在春、冬两季，以春季最为适宜。因为此时砧木与接穗树液开始流动，细胞分裂活跃，接口愈合快，容易成活。各地气候不同，嫁接时间也有差异，但应选在形成愈伤组织最有利的时期进行。

春、夏、秋三季都可进行芽接，当皮层能剥离时就可开始，但以秋季较为适宜。秋季嫁接既有利操作，又能促进愈合，且接后芽当年不萌发，免遭冻害，有利于安全越冬。

（五）嫁接方法

野特菜在嫁接上的利用一般只作为砧木使用，其嫁接常用枝接和芽接两种。枝接包括切接、劈接、腹接、插皮接等，芽接包括 T 字形芽接、嵌芽接等。

1. 枝接

枝接是用一定长度的一年生枝条作接穗，插嵌在砧木断面上，使两者形成层紧接为一体的嫁接方法。在生产上广泛应用的枝接法是切接和劈接。

（1）切接。切接是枝接中常用的方法。砧木宜选用直径 1～2cm 的幼苗，在距地面 5cm 左右处截断，削平切面后，在砧木一侧垂直下刀（略带木质部，在横断面上约为直径的 1/5～1/4），深达 2～3cm。再选取具有 2～3 个芽长 5～10cm 的接穗，顶端剪去梢部，下部与顶端芽同侧，削成长 2～3cm 的斜面，与此斜面的对侧，则削成不足 1cm 的短斜面。斜面均需平滑，以利于和砧木接合。接合时，把削好的接穗直插入砧木切口中，使形成层相互密接。如果接穗较细，至少要使一侧密接。接好后，用塑料条或麻皮等捆扎物捆紧，必要时可在接口处涂上石蜡或用疏松湿润的土壤覆盖，以减少水分蒸发，利于成活。

（2）劈接。此法适用于砧木较粗大的嫁接。根据砧木的大小，可从 5cm 左右处削去砧木上部，并把切口削成平滑面，用劈接刀在砧木断面中心垂直劈开，深度约 5cm。然后选取长约 10cm、带芽 3～4 个的接穗，在与顶芽相对的基部两侧削成两个向内的楔形切面，使有顶芽的一侧稍厚。接合时，粗的砧木可接 2 个或 4 个接穗。接合后，仍需用捆扎物捆扎，并用黄泥浆封好接口，最后培土，防止干燥。

2. 芽接法

芽接是从用作接穗的枝条上切取一个芽（称为接芽）嫁接在砧木上，成活后萌发形成新植株。在当前生产上应用最多的芽接法是T字形芽接。T字形芽接时，砧木一般选用1～2年生茎粗0.5cm的实生菌。砧木过大，不仅因皮层过厚不便操作，而且接后不易成活。方法是在离地面5cm左右处选光滑无节部位，横切一刀，再从上往下纵切一刀，长约2cm，呈一个T字形切口。切口深度要切穿皮层，不伤或微伤木质部。随后，将当年新鲜枝作接穗的枝条除去叶片，留有叶柄，用芽接刀削取芽片，芽片要削成盾形，稍带木质部，长2～3cm，宽1cm左右，由上而下将芽片插入砧木切口内，使芽片和砧木皮层密贴，用麻皮或塑料条绑扎。

（六）嫁接后的管理

一般枝接在接后20～30d便可进行成活率检查。成活接穗上的芽新鲜、饱满，甚至已经萌动，接口处产生愈伤组织。未成活的接穗则干枯，或变黑发霉。对未成活的接穗可待砧木萌发新枝后，于夏秋采用芽接法进行补接。对已成活的则应将绑扎物解除或放松。扒开检查后，对成活植株基部仍需覆土，以防止因突然暴晒或被风吹而死亡。待接穗自行长出土面时，结合中耕除草，去掉覆土。当嫁接苗长出新梢时，应及时立支柱，防止其被风吹断。

一般芽接在接后7～10d进行成活率检查。成活的芽下方的叶柄一触即掉，芽片皮色鲜绿。反之，没接活的，应重接。接芽成活半个月之内应解除绑扎物。接芽抽枝后，可在芽接处上方将砧木的枝条剪除，以促进接穗的生长。苗长大后，注意整形修剪。

第二节　种子繁殖

种子繁殖具有简便、经济、繁殖系数大、有利于引种驯化和培育新品种的特点，是野特菜人工驯化栽培中应用较广泛的一种繁殖方法。由种子萌发生长而成的植株称实生苗。由种子繁殖产生的后代容易发生变异，开花结实较迟，尤其是用种子繁殖的木本野特菜成熟年限较长。

一、种子的采收

野特菜种子的成熟期随植物种类、生长环境不同而差异较大。掌握适宜的采种时间十分重要。种子成熟包括形态成熟和生理成熟。生理成熟是种子发育到一定大小，种子内部干物质积累到一定数量，种胚已具发芽能力。形态成熟是种子中营养物质停止了积累，含水量减少，种皮坚硬致密，种仁饱满，具有成熟时的颜色。一般情况下，种子的成熟过程是经过生理成熟再到形态成熟；但也有些种子形态成熟在先而生理成熟在后，这在野特菜中较为少见，具体如菊芋、虫草参等，当果实达到形态成熟时，种胚发育尚未完成，种子采收后，经过贮藏和处理，种胚再继续发育成熟；也有一些种子的形态成熟与生理成熟几乎是一致的。

在野特菜生产中，种子成熟程度的确定，是根据种子形态成熟时的特征判断的。种子成熟后种子中干物质停止积累，含水量降低，硬度和透明度提高，种皮的颜色由浅变深，呈现出品种的固有色泽。实际采种时，还要考虑到果皮颜色的变化。一些果实成熟时其形态特征也不同，浆果、核果类（多汁果）果皮软化、变色。如山苦瓜、菜用枸杞等成熟时，果皮由绿色变为黄色，商陆等成熟时，果实由绿色变为黑色。干果类（蒴果、荚果、翅果、坚果等）果皮由绿色变为褐色，由软变硬。其中，蒴果和荚果果皮自然裂开，如四棱豆、黄秋葵等。球果类果皮一般都是由青绿色变成黄褐色，大多数种类的球果鳞片微微裂开。

种子成熟度对发芽率、幼苗长势、种子耐藏性均有影响，应采收充分成熟的种子。老熟种子播种后容易提早抽薹，但番杏等种子老熟后往往硬实增多，或休眠加深，如采后即播，往往采收适度成熟（较嫩）种子。凡种子成熟后不及时脱落的野特菜可以缓采，待全株的种子完全成熟时一次采收，如冰菜种子。否则，宜及时随熟随采、分批采收，或待大部分种子成熟后将果梗割下，后熟脱粒，如土人参、紫背天葵、蒲公英、一点红等。

新采集的种子一般都带有果皮，因此要及时脱粒处理。对菜用枸杞、商陆、山苦瓜等浆果类种子，可将其果实浸入水中，待其吸胀时用棍棒捣拌使果肉与种子分离，然后用清水淘洗，漂选，风干；对易开裂的蒴果（土人参、薄荷等）和荚果（四棱豆、黄秋葵等）类种子可放在阳光下晒干，使果皮裂开，然后用木棒敲打，使种子脱出。在种子脱粒过程中，要尽量避免损伤种子。种皮破损的种子易感染病菌，不耐贮存。有时带果皮贮藏的种子寿命长，质量好。叶用枸杞等常以果实保存，播种前才脱粒。采收清理后的种子，要进行精选，取整齐、饱满、无病虫害的种子贮藏留种。

二、种子的寿命与贮藏

（一）种子的寿命

种子生活力是指种子能够萌发的潜在能力或种胚具有的生命力。种子生活力在贮藏期间逐渐降低，最后完全丧失。种子从发育成熟到丧失生活力所经历的时间，称为种子的寿命。种子的寿命因野特菜种类不同而有很大差异。如龙须菜的种子，既不耐脱水干燥，也不耐零上低温，寿命往往很短（几天或几周），这类种子称为顽拗性种子。而大多数种子，如菜用枸杞、黄秋葵及四棱豆等的种子，能耐脱水和低温（包括零上低温和零下低温），寿命较长，被称为正常性种子。根据寿命不同，种子可划分为三种类型：

1. 短命种子

寿命在 3 年以内。短命种子往往只有几天或几周的寿命。对于这类种子，在采收后必须迅速播种。短命野特菜种子，如龙须菜（佛手瓜的嫩梢）等的种子，多原产热带、亚热带很容易劣变，延迟播种便会丧失种子生活力。

2. 中命种子

寿命为 3～15 年。如土人参、菜用黄麻、羽衣甘蓝等，其发芽年限为 5～10 年，为中命种子。

3. 长命种子

寿命在 15～100 年或更长。如番杏、四棱豆等。

在农业生产中，种子的寿命以达到 50% 以上发芽率的贮藏时间为衡量标准。一个群体发芽率降到 50% 时，称该群体的寿命，或称该种子的半活期。但是，对野特菜应区别对待，有的野特菜即使是新鲜种子，发芽率也不高，如土人参、番杏等，种子标准不能过高。

（二）影响种子寿命的因素

1. 内因

野特菜种子寿命的主要影响因素有种皮（或果皮）结构、种子贮藏物、种子含水量及种子成熟度等。种皮（或果皮）结构影响种子寿命的有番杏、虎尾轮等，这类种子种皮坚硬致密、不易透水透气，有利于生命力的保存，但播种前应适当处理，番杏播种前要浸种 24 小时以上，虎尾轮播种前应将种子和细沙混合后揉搓；而龙须菜（佛手瓜）等种皮薄，又不致密，故寿命短。

种子内贮藏物的种类也会影响种子寿命，一般含脂肪、蛋白质多的种子比含淀粉多的种子寿命长，其原因是脂肪、蛋白质分子结构复杂，在呼吸作用过程中分解所需要时间比淀粉长，同时所放出的能量比淀粉高。少量脂肪、蛋白质放出的能量就能满足种子微弱呼吸的需要，在单位时间内消耗的物质相对较少，故能维持种子生命力的时间相对长。许多休眠种子含有抑制物质，能抑制真菌侵染，寿命较长。

贮藏期间，种子含水量直接影响种子呼吸作用强度。根据种子对贮藏时期水分的要求，野特菜种子大致可分为干藏型和湿藏型两大类。大部分野特菜种子适宜干藏，最理想的贮藏条件是将充分干燥的种子密封于低温及相对湿度低的环境中。干燥种子的含水量极低，绝大部分都以束缚水的状态存在，原生质呈凝胶状态，代谢水平低，有利于种子生命力的保存。含水量高时增加了贮藏物质的水解能力，增强了呼吸强度，导致种子生活力迅速降低。通常种子含水量为 5%～14%，其含水量每降低 1%，种子寿命可增加 1 倍。

当种子含水量为 18％～30％ 时，如有氧气存在，由于微生物活动而产生大量热，种子容易迅速死亡。当油质种子含水量在 10％ 以上、淀粉种子在 13％ 以上时，真菌的生长常使种胚受到损坏。总之，种子含水量超过 10％～13％，常出现萌发、产热或真菌感染，从而降低或破坏种子生活力。不同野特菜种子的安全含水量不同。当前，野特菜贮藏的安全含水量没有统一标准，一般大粒种子安全含水量较大，为 8％～15％，小粒种子安全含水量较小，为 3％～7％。另有少部分野特菜种不耐干藏，适宜贮藏在湿度较高的条件下，如山药及龙须菜等。

种子成熟度也影响种子的寿命。不成熟的种子，其种皮厚，贮藏物质未转化完全，容易被微生物感染，发霉腐烂，种子含水量高，呼吸作用强，微生物也易侵入，因而缩短了种子寿命。此外，萌动、浸泡过的种子以及突然风干或暴晒脱粒的种子都不宜再贮藏，因为这样的种子很容易失去生活力。

2. 外因

主要有温度、湿度和通风条件。温度较高时，酶的活性增强，加速贮藏物质转化，不利于延长种子的寿命，同时还会使蛋白质凝结。温度过低，种子易遭受冻害，导致死亡。通常含水量在 10％ 以下的种子能耐低温，而含水量高的种子，则只能在 0℃ 以上的条件下才不受冻害。试验证明，温度在 0～50℃ 范围内，每降 5℃，寿命可延长 1 倍。

贮藏环境的空气相对湿度也很重要。因种子具有吸湿性能，如空气相对湿度大，则种子难干燥，也会因吸收水分而增加含水量，故要求有干燥的贮藏条件。

贮藏气体也影响种子的寿命。一般在有空气的条件下，如用减氧法贮藏，可延长种子寿命，用密封充氮、增加二氧化碳等方法也可延长种子寿命。

此外，化学药品如杀虫剂、杀菌剂等都会降低种子寿命，接种物（如固氮菌）容易使种子吸水，因此一般在播种前才进行药剂处理。在种子贮藏过程中，还要注意防止昆虫、老鼠及微生物的危害。

（三）种子贮藏方法

依据种子性质，种子贮藏方法可分为干藏和湿藏两大类。

1. 干藏法

将干燥的种子贮藏于干燥的环境中。干藏除要求有适当的干燥环境，有时也结合低温和密封条件，凡种子含水量低的均可采用此法贮藏。干藏法又分普通干藏法和低温干藏法。

（1）普通干藏法。将充分干燥的种子装入麻（布）袋、箱、桶等容器中，再放于凉爽干燥、相对湿度保持在50%以下的种子室、地窖、仓库或一般室内贮存。大多数野特菜种子均可采用此法。

（2）低温干藏法。对于种皮坚硬致密、不易透水透气的种子，如山苦瓜、番杏、冬寒菜等，为了延长其寿命，在进行充分干燥后，可放在0～5℃、相对湿度维持在50%左右的种子贮藏室贮存或放在冰箱或冷藏室内。

需长期贮存，而用低温干藏仍易失去发芽力的种子可采用密封干藏。即将种子放入玻璃等容器中，加盖后用石蜡或火漆封口，置于贮藏室内。容器内可放些吸湿剂如氯化钙、生石灰、木炭等，可延长种子寿命5～6年。如能结合低温，效果更好。

2. 湿藏法

湿藏的作用主要是使具有生理休眠的种子，在潮湿低温条件下破除休眠，提高发芽率，并使贮藏时所需含水量高的种子的生命力延长。其方法一般多采用沙藏，即层积法。需用层积法贮藏的有地瓜叶、龙须菜等的种子。层积法可在室外挖坑或室内堆积进行，必须保持一定的湿度和0～10℃的低温条件。

如种子数量多，可在室外选择适当地点挖坑，其位置在地下水位之上。坑的大小，根据种子多少而定。先在坑底铺一层10cm厚的湿沙，随后堆放40～50cm厚混沙种子（沙∶种子=3∶1），种子上面再铺放一层20cm厚的湿沙，最上面覆盖10cm的土，以防止沙子干燥。坑中央位置竖插一小捆高粱秆或其他通气物，使坑内种子透气，防止温度升高致种子霉变。

如种子数量少，可在室内堆积，即将种子和3倍量的湿沙混拌后堆积室内（堆积厚度 50cm 左右），上面可再盖一层 15cm 厚的湿沙。也可将种子混沙后装在木箱中贮藏。贮藏期间应定期翻动检查。有时遇到反常的温暖天气，或贮藏末期温度突然升高，可能引起种子提前萌发。如有这种情况，应及时将种子取出并放入冰箱或冷藏室，以免芽生长太长，影响播种。

三、种子品质的检验

野特菜种子品质（质量）包括品种品质和播种品质。种子品质检验，又称种子品质鉴定，是应用科学的方法对生产上的种子品质进行细致的检验、分析、鉴定以判断其优劣的一种方法。种子品质检验包括田间检验和室内检验两部分。田间检验是在野特菜生长期内，到良种繁殖田内进行取样检验，检验项目以纯度为主，其次为异作物、杂草、病虫害等；室内检验是种子收获脱粒后到晒场、收购现场或仓库进行扦样检验，检验项目包括净度、发芽率、发芽势、生活力、千粒重、水分、病虫害等。其中，净度、千粒重、发芽率、发芽势和生活力是种子品质检验中的主要指标。

（一）种子净度

种子净度，又称种子清洁度，是纯净种子的重量占供检种子重量的百分比。净度是种子品质的重要指标之一，是计算播种量的必需条件。净度高，品质好，使用价值高；净度低，表明种子夹杂物多，不易贮藏。计算种子净度的公式如下。

种子净度＝（纯净种子重量÷供检种子重量）×100％

$$(4-1)$$

（二）种子饱满度

衡量种子饱满度通常用千粒重（g）来表示。千粒重大的种子，饱满充实，贮藏的营养物质多，结构致密，能长出粗壮的苗株。它是种子品质的重要指标之一，也是计算播种量的依据。

（三）种子发芽能力的鉴定

种子发芽能力可直接用发芽试验来鉴定，主要是鉴定种子的发芽率和发芽势。种子发芽率是指在适宜条件下，样本种子中发芽种子的比例，用下式计算：

发芽率＝（发芽种子粒数÷供试种子粒数）×100％

$$(4\text{-}2)$$

发芽势是指在适宜条件下，规定时间内发芽种子数占供试种子数的比例。发芽势说明种子的发芽速度和发芽整齐度，表示种子生活力的强弱程度。算式如下：

发芽势＝（规定时间内发芽种子粒数÷供试种子粒数）×100％

$$(4\text{-}3)$$

四、种子的休眠

许多野特菜种子在适宜的温度、湿度、氧气和光照条件下，不能正常萌发的现象叫休眠。休眠是一种正常现象，是植物抵抗和适应不良环境的一种保护性的生物学特性。种子呈休眠状态，通常有两种情形：一种是由于环境条件不适宜而引起的休眠，称为强迫休眠；另一种是因为种子自身原因引起的休眠，称为生理休眠或真正休眠。

种子成熟后，即使给予适宜外界环境条件仍不能萌发，此时的种子称为休眠状态种子。种子休眠的原因主要有以下几个方面：

（一）种皮限制

很多种子往往因为种皮的存在而引起休眠。如将胚单独取出，给以合适的培养基，则胚能萌发。这里种皮包括种壳、果壳及胚乳。一些豆科植物的种子有坚厚的种皮，称为硬实种子。有些种子的种皮具蜡质、革质，不易透水、透气，或产生机械的约束作用，阻碍种胚向外生长。

（二）胚未成熟

有些种子的胚在形态上已经发育完全，但在生理上还未成熟，必须通过后熟才能萌发。所谓后熟是指种子采收后需经过一系列的生理生化变化，达到真正的成熟，才能萌发的过程。这种情况在高寒地区或阴生、短命速生的野特菜种子中较为常见。胚后熟大致有以下 4 种情况：

1. 高低温型

其胚后熟需要由高温至低温变化，其胚的形态发育在较高的温度下完成，其后需要一定时期低温完成其生理上的转变，才能萌发。

2. 低温型

胚后熟要求低温湿润条件，生产上要求秋播或低温沙藏。

3. 二年种子

即胚后熟和上胚轴休眠分别要求各自的低温才能发芽的种子。种子胚后熟长出胚根先要求低温湿润条件，接着需要一个高温期，促使萌发的幼根生长。继而需要第二个低温期，使上胚轴后熟，随后要求第二个高温期，才能形成正常的幼苗，故在秋播后的第三年春才出苗。

4. 上胚轴休眠

这类种子大多数在收获时胚未分化，其后发育需要较高的温度，接着又要求低温解除上胚轴休眠，胚茎才得以伸长，幼芽露出土面。

（三）萌发抑制物质的存在

有些种子不能萌发是由于果实或种子内有抑制种子萌发的物质。如挥发油、生物碱、有机酸、酚类、醛类等抑制物质，它们存在于种子的子叶、胚、胚乳、种皮或果汁中，阻碍种子萌发。

五、播种前种子的处理

种子的萌发，需要一定的水分、温度和良好的通气条件。具有休眠特性的种子，须在打破休眠后才能发芽，而不少的种子种皮上有病菌和虫卵，需要防治。播种前对种子进行处理，就是为种子发芽创造良好条件，促进其及时萌发，出苗整齐，幼苗生长健壮。播种前种子处理分种子精选、消毒、催芽等。

（一）种子精选

种子精选的方法有风选、筛选、盐水选。通过精选，可以提高种子的纯度，同时按种子的大小进行分级。种子按分级分别播种，可使发芽迅速，出苗整齐，便于管理。

（二）种子消毒

种子消毒可预防通过种子传播的病害和虫害。主要有药剂消毒处理、温汤浸种处理和热水烫种等。

1. 药剂消毒处理

药剂消毒种子分药粉拌种和药水浸种两种方法。

（1）药粉拌种。方法简易，一般取种子重量的 0.3％杀虫剂和杀菌剂，在浸种后使药粉与种子充分拌匀便可。也可与干种子混合拌匀。常用的杀菌剂有 70％敌克松、50％福美锌等，杀虫剂有90％敌百虫粉等。

（2）药水浸种。采用药水浸种，要严格掌握药液浓度和消毒时间，以防药害。药水消毒前，一般先把种子在清水中浸泡 5～6h，然后浸入药水中，按规定时间消毒。捞出后，立即用清水冲洗种子，随即可播种或催芽。药水浸种的常用药剂及方法有：①福尔马林（即 40％甲醛），先用其 100 倍水溶液浸种子 15～20min，然后捞出种子，密闭熏蒸 2～3h，最后用清水冲洗。②1％硫酸铜水溶液，浸种 5min 后捞出，用清水冲洗。③10％磷酸钠或 2％氢氧化钠的水溶液，浸种 15min 后捞出洗净，有钝化花叶病毒的效果。

2. 热水烫种

对一些种壳厚而硬实的种子（如山苦瓜、番杏等），可用 55℃左右的热水浸种，促进种子萌发。方法是用大约 55℃的水浸没种子，将种子浸入水中后拿出，反复此过程，至水温降到 44℃，再继续浸种 12h，陈种应适当减少浸种时间。55℃的水温能使病毒钝化，又有杀菌作用，这是一种有效的种子消毒方法。此外，变温消毒也是一个办法，即先用 30℃低温浸种 12h，再用 60℃高温水浸种 2h，可预防炭疽病的发生。

（三）促进种子萌芽的处理方法

1. 浸种催芽

将种子放在冷水、温水或冷水、热水变温交替浸泡一定时间，使其在短时间内吸水软化种皮，增加透性，加速种子生理活动，促进种子萌发，而且还能杀死种子所带的病菌，防止病害传播。浸种时间因野特菜种子的不同而异。

2. 机械损伤

利用破皮、搓擦等机械方法损伤种皮，使难透水透气的种皮破裂，增强透性，促进萌发。

3. 超声波及其他物理方法

超声波是一种高频率的人类听觉感觉不到的波动，2万Hz以上频率的振动都属于超声波的范围。用超声波处理种子有促进种子萌发、提高发芽率等作用。如早在1958年，北京植物园就用频率2.2万Hz，强度$0.5\sim1.5W/cm^2$的超声波处理叶用枸杞种子10min，明显促进枸杞种子发芽，并提高了发芽率。

除超声波，农业上还有红外线（波长770nm以上）照射10~20h已萌动的种子，能促进出苗，使苗期生长粗壮，并改善种皮透性。紫外线（波长400nm以下）照射种子2~10min能促进酶活化，提高种子发芽率。另外，用γ、β、α、X射线等低剂量照射种子，有促进种子萌发、生长旺盛、增加产量等作用。低功率激光照射种子，也有提高发芽率、促进幼苗生长、早熟增产的作用。

4. 化学处理

有些种子的种皮具有蜡质，影响种子吸水和透气，可用浓度为60%的硫酸浸种30min，捞出后，用清水冲洗数次并浸泡10h再播种。也可用1%苏打或洗衣粉（0.5kg粉加50kg水）溶液浸种，效果良好。具体方法：用热水（90℃左右）注入装种子的容器中，水量以高出种子2~3cm为宜，2~3min后，水温达到70℃时，按上述比例加入苏打或洗衣粉，并搅动数分钟，当苏打全部溶解时，即停止搅动。随后每隔4h搅动1次，经24h后，当种子表面的蜡质可以搓掉时，再去蜡，最后洗净播种。

5. 生长调节剂处理

常用的生长调节剂有吲哚乙酸、α-萘乙酸、赤霉素、ABT生根粉等。如果使用浓度适当、使用时间合适，能显著提高种子发芽势和发芽率，促进生长，提高产量。

6. 层积处理

层积处理是打破种子休眠常用方法。层积催芽方法与种子湿藏法相同。如不掌握种子休眠特性，过早或过迟进行层积催芽，对播种都是不利的。过早层积催芽，不到春播季节种子就萌发了，即便能播种，出芽后也要遭受晚霜的危害；过迟层积催芽，则种子不萌发。

低温型种子的催芽，除用层积法，还可在变温条件下进行催芽处理。这不仅能够缩短催芽日数，还可以提高催芽效果。

（四）生理预处理

生理预处理包括对种子进行干湿循环（亦称"锻炼"或"促进"）；在低温下潮湿培育；用稀的盐溶液，如硝酸钾、磷酸钾或聚乙二醇，进行渗透处理；液体播种，即将已形成胚根的种子同载体物质（如藻胶）混合，然后通过液体播种设备直接将种子移植到土壤中去。

聚乙二醇（PEG）渗调处理可提高作物种子活力和作物的抗寒性。采用 PEG 溶液浸泡种子时，PEG 的浓度要调整到足以抑制种子萌发的水平。在适宜的温度（10～15℃）条件下，经 2～3 周处理后，将种子洗净、干燥，然后准备播种。

（五）丸粒化

为便于机械化播种，利用一定材料对种子进行包衣处理，使其丸粒化。包衣剂可根据需要加入各种防病剂、防虫剂、营养及生长调节剂等。丸粒化的种子发芽势强，发芽率高。

目前农业生产上也用菌肥处理种子，主要用细菌肥料，通过增加土壤有益微生物，把土壤和空气中植物不能利用的元素，变成植物可吸收利用的养料，促进植物的生长发育。常用的菌肥有根瘤菌剂、固氮菌剂、磷菌剂和 5406 抗生菌肥等。

六、播种

野特菜种子大多数可直播于大田，但有的种子极小，幼苗较柔弱，需要特殊管理，有的苗期很长，或者在生长期较短的地区引种需要延长其生育期的种类，应先在苗床育苗，培育成健壮苗株，然后按各自特性分别定植于适宜其生长的地方。野特菜播种可分为大田直播和育苗移栽。

（一）大田直播

1. 播种时期

根据不同野特菜种子发芽所需湿度条件及其生长习性，结合当地气候条件，确定各种野特菜的播种期。大多数野特菜播种时期为春季或秋季，一般春播在3—4月，秋播在9—10月。不耐寒、生长期较短的一年生草本野特菜大部分在春季播种，如香麻叶、土人参等。多年生草本野特菜适宜春播或秋播，如叶用枸杞、四棱豆、紫背天葵等。如温度满足野特菜生长，则适宜早播，播种早发芽早，延长光合时间，产量高。耐寒性较强的种子，如番杏、茼蒿、豌豆苗等，宜秋播。有些短命种子宜采后即播，如龙须菜等。播种期又因气候带不同而有差异。北方因冬季寒冷，幼苗不能越冬，一般在早春播。有时播种期还因栽培目的不同而不同。

2. 播种方法

播种方法一般有条播、点播和撒播等。大田直播以点播、条播为宜。

条播是按一定行距在畦面横向开小沟，将种子均匀播于沟内。条播便于中耕除草施肥，通风透光，苗株生长健壮，能提高产量，在野特菜栽培上广泛使用，如香麻叶、豌豆苗。

点播也称穴播，按一定株行距在畦面挖穴播种，每穴播种子2~3粒，适用于大粒种子。发芽后保留一株生长健壮的幼苗，其余的除去或移作补苗用。

撒播适用于小粒种子，把种子均匀撒在畦面上，疏密适度，过稀或过密都不利于增产。撒播操作简便，能节省劳力，但不便于管理，采用撒播的野特菜有绿青葙、马齿苋、野苋菜等。

3. 播种量

播种量是指单位面积土地播种种子的重量。对于大粒种子可用粒数表示，适当的播种量对苗株的数量和质量都很重要。播种量过大，浪费种子，出苗过密，间苗费工；播种量过小，苗株数量小，达不到高产的要求。因此应科学地计算播种量。

计算播种量主要根据播种方法、密度、种子千粒重、种子净度、发芽率（或发芽势）等条件来确定。播种量计算公式如下：

单位面积播种量(g)＝[单位面积定植苗株数×种子千粒重(g)]/
[种子净度(%)×种子发芽率(%)×1000]

$$(4-4)$$

用上式计算出的数字是理论数值，是较理想的播种量。但在生产实践中，由于气候、土壤条件、整地质量的好坏、自然灾害、地下害虫和动物危害的有无、播种方法与技术条件等的不同，不能保证使每粒种子都发芽成苗。因此实际播种量须将上式求得的播种量乘以损耗系数。损耗系数主要依种子大小、是否育苗及播种管理技术等而变化。种粒愈小，耗损愈大。通常，损耗系数为1～20。

4. 播种深度

播种深度应依野特菜种类和种子大小而定。凡种子发芽时子叶出土的（如苦苣、土人参、羽衣甘蓝等）应浅播，若播种较深，胚芽不易出土，常被窒息而死。子叶不出土的（如菜用枸杞、商陆等）应深播，因其根深扎土中，过浅则生长不良。另外，播种深度还与气候、土壤有关，在寒冷、干燥、土壤疏松的地方，覆土要厚；在气候温暖、降水充沛、土质黏重的地方，覆土宜薄。种子千粒重大的可播深些，小粒种子可播浅些。种子覆土厚度一般为种子大小的2～3倍。为满足种子发芽时对水分的需要，畦面土壤必须保持湿润。

（二）育苗移栽

育苗是经济利用土地，培育壮苗，延长生育期，提高种植成活率，加速生长，达到优质高产的一项有效措施。育苗圃地要选择地点适中或靠近种植地，且排灌方便、避风向阳、土壤疏松肥沃的田块。圃地选好后，按要求精细整地作床。苗床形式通常有露地、温床、塑料小拱棚、塑料温室（大棚）等。

1. 露地育苗

露地育苗是在苗圃里不加任何保温措施，大量培育种苗的一种方法。

2. 保护地育苗

育苗设备有温室、温床、冷床和塑料薄膜拱棚等。

（1）冷床育苗。冷床育苗是不加发热材料，仅用太阳热进行育苗的一种方法。其构造由风障土框、玻璃窗或塑料薄膜、草帘等组成。设备简单，操作方便，保温效果也很好，因而在生产上被广泛采用。

冷床的位置以向阳背风、排水良好的地方为宜，床地选好后，一般按东西长 4m、南北宽 1.3m 的规格挖床坑，坑深 10～13cm，在床坑的四周用土筑成床框，南北两侧床框分别高出地面 10～15cm、30～35cm，东西两侧床框成一斜面，床底整平，即可装入床土。

冷床内装入的床土应肥沃、细碎、松软，一般为细沙、腐熟的马粪或堆厩肥和肥沃的农田土，三者等量混合过筛而成。育苗时间一般选在 3—4 月。

（2）温床育苗。温床育苗是在寒冷季节利用太阳热能，并在床面下垫入酿热物，利用其产热进行育苗的方法。温床一般宜东西走向，长度视需要而定，南北宽（床面宽）1.2m，再延长宽范围向下深挖 50～60cm，四周用土筑成土框，北面高 60cm，便于覆盖塑料薄膜。酿热物为新鲜骡、马、驴、牛粪、树叶、杂草以及破碎的秸秆。骡马粪中含细菌多，养料丰富，发热快而温度高，但持续的时间短。树叶、杂草发酵慢，但持续的时间长，将这两种酿热物配合起来，可取长补短。具体做法是：先将破碎的玉米秸秆浸透水，捞出后泼上人粪尿拌匀，然后再与 3 倍的新鲜骡马粪混合后，堆到苗床内盖膜发酵，待堆内温度上升到 50～60℃时，选晴天中午摊开铺放于床底并踏实、整平。由于床四周低中间高，酿热物的厚度也不一样，发热后可矫正冷床温度不均的缺点，使温床内的土温达到均匀一致。在踏实、整平后的酿热物上覆约 1cm 厚的黏土，再

撒上一层 2.5% 的敌百虫粉，上面铺上 15cm 厚的营养土，踏实、
耧平，床面要比地面低 10cm，即可播种育苗。

（3）塑料小拱棚育苗。塑料小拱棚育苗是利用塑料薄膜增温保
湿提早播种育苗的一种方法。不少野特菜采用此法延长了生长期，
提高了产量。床面宜东西向，一般宽 1.0～1.2m，长度视需要而
定，高 15～20cm，用树枝、竹竿做成拱形棚架，上盖塑料薄膜。
在风大较寒冷的地区，北面应加盖草帘等风障，南面白天承受阳光
热能，傍晚应覆草帘保暖，床土要疏松肥沃，整平后即可播种。

（4）温室（大棚）育苗。有加温和不加温两种。加温热源可根
据当地条件而定，有用煤、柴油作燃料的，也有如暖气一样铺设热
水管的，还有利用电热线增加地温的。在高效农业的推动下，为满
足生产的需要，在野特菜生产基地上，可以利用电热线增温的方法
育苗。即先在苗床底部垫一层稻草等绝缘保温物，再放一层细土，
上面再布电热加温线，密度大致为 80～120W/m^2。在地热线上铺
放床土，其配合比例依所培育野特菜的特性而定。床土的厚薄取决
于种粒的大小。种粒小，厚度可小一些，一般在 10cm 左右；种粒
大，厚度应大些，一般是 10～20cm。大棚内常采用穴盘育苗，即
利用穴盘装入营养土（营养基质）培育小苗，所装基质含水量要适
宜，以手握成团为宜，基质装入穴盘要松紧适度，一般先用蓬松的
基质将穴盘装满，然后轻压基质即可。专用基质育苗可使小苗生长
健壮，定植时不伤根系，成活率高，基本没有缓苗时间。

3. 苗床管理

苗床管理关系到苗株的健壮，极为重要。管理的关键是要满足
苗木对光、温、水、肥的需要。为了保温，在风大寒冷地区，特别
是北方，塑料大棚夜晚要盖草帘，早上打开，以接受阳光照射，提
高棚内温度，晴天可早打开，傍晚盖上；阴天可间歇性揭膜通风透
气。棚内温度白天控制在 20～25℃，晚上 10℃ 左右。如白天温度
过高，要放风，放风由小到大，时间由短到长。总之，要使棚内保
持一定的温度。同时在整个育苗期间，注意间苗、松土除草、防治
病虫害，并加强肥水管理，根据苗木生长需要，及时追肥和浇水。

在塑料大棚内，有的配置施肥喷水装置，更能促进苗木苗壮生长。

4. 移栽

野特菜的移植先按一定行株距挖穴或沟，然后栽苗。一般多直立或倾斜栽苗。深度以不露出原入土部分或稍微超过为好。根系要自然伸展，不要卷曲。覆土要细，并且要压实，使根系与土壤紧密贴合，仅有地下茎或根部的幼苗，覆土应将其全部掩盖，但是必须保持顶芽向上。定植后应立即浇定根水，增加根系与土壤的接触面积，增加土壤毛细管的供水作用。

第三节　野特菜良种繁育

一、良种繁育的意义及任务

选育和推广良种是提高野特菜产量和质量的重要措施，也是发展野特菜商品化生产的一项基本建设，但是单有新品种的选育，而无大量高质量的良种种子供推广应用，新品种就不可能在生产上发挥应有的作用。故可说良种繁育是品种选育工作的继续，是种子工作的重要组成部分，也是保证育种成果的重要措施。因此在良种繁育的工作中，必须有严格的要求、先进的技术和健全的制度，保证优良品种在生产中发挥应有的作用。

良种繁育的任务主要是以下两个方面：

1. 大量繁殖和推广良种

良种繁育的首要任务就是要迅速、大量地繁殖新选育出的优良品种种子，使新品种能在生产上迅速推广，取代生产上使用的旧品种，同时也要据生产需要，繁殖现有推广良种的种子。

2. 保持品种的纯度和种性

在大量繁殖和栽培过程中，往往由于从播种到贮运等一系列过程中某一或多个环节所造成的机械混杂，或天然杂交引起的生物学混杂，以及自然突变等，优良品种纯度降低。为此，要防止品种退化变劣，保证种子的高质量，必须进行品种更新，对于已退化混杂的要进行提纯复壮。

二、品种混杂退化的原因及防止措施

1. 品种混杂退化的原因

优良品种投入生产使用一段时间后，往往会发生混入同种植物的其他品种种子，或失掉原有的优良遗传性状，即为品种混杂退化现象。品种混杂退化后，不仅丧失了原品种的特征、特性，而且产量降低、品质变质。品种混杂退化的根本原因便是缺乏完善的良种繁育制度，如未采取防止混杂退化的有效措施，对已发生混杂退化不注意去杂去劣，以及未进行正确地选择和合理地栽培等。具体来说有以下几方面的原因。

（1）机械混杂。在生产的一些作业过程中，如种苗处理、播种、收获、运输、脱粒、贮藏等，由于不严格遵守操作要求，人为地造成机械混杂。此外，不同品种连作时，前茬自然落地的种子又萌发，或使用未充分腐熟的肥料中带有的种子又萌发，都会造成机械混杂。机械混杂后，还容易造成生物学混杂。

（2）生物学混杂。有性繁殖植物在开花期间，由于不同品种间或种间发生天然杂交造成的混杂，称为生物学混杂。生物学混杂使别的品种基因混杂到该品种中，即常说的"串花"。生物学混杂使得品种变异，品种种性改变，造成品种退化。各种植物都能发生生物学混杂，但异花授粉植物最为普遍。

（3）自然突变和品种遗传性变异。在自然条件下，各种植物都会发生自然突变，包括选择性细胞突变和体细胞突变。自然突变中多数是不利的，从而造成品种退化。另外，一个品种，尤其是杂交育成的品种，其基因型不可能是绝对纯合的，这样的后代也会发生基因重组变异。品种自身遗传基础贫乏或品种已衰老，这些也是品种发生变异和退化的原因之一。

（4）长期的无性繁殖和近亲繁殖。长期无性繁殖的后代始终是前代营养体的继续，植株得不到复壮的机会，得不到新的基因，致使品种生活力下降。一些植物长期近亲繁殖，基因贫乏，不利隐性基因纯化，也会造成品种退化。

（5）不科学的留种。一些生产单位在选择留种时，由于不了解选择方向和不掌握被选择品种的特点，进行了不正确的选择，不能严格去杂去劣。对于收获部位与繁殖器官同一的野特菜产品，某些单位或个体只顾出售产品，而忽视留种，往往将大的、好的作产品出售，剩下次的、小的作种；或有籽就留，留了就种，随便留种，不知选种，从而造成种性降低，品种退化。

（6）病毒感染。一些无性繁殖植物，常受到病毒的感染，破坏了生理上的协调性，甚至会引起某些遗传物质的变异。如果留种时不严格选择，用带有病毒的材料进行繁殖，也会引起品种退化。

（7）不适宜的环境条件和栽培技术。由于品种的优良性状须在一定的环境条件和栽培条件下才能充分表现出来，特别是那些利于人类而不利于植物本身生存繁殖的性状很易变劣，引起品种退化。

2. 防止品种退化、提高种性的技术措施

根据品种混杂退化的原因，在栽培技术措施和管理方面，要做好以下几个方面的工作。

（1）严防机械混杂。建立严格的规章制度，做到专人负责并长期坚持，杜绝人为造成的机械混杂。具体操作要注意合理轮作；接受发放手续登记；进行选种、浸种、拌种等预处理时应保证容器干净，以防其他品种种子残留；播种时按品种分区进行，设好隔离区；不同品种要单收、单晒、单放，并均应附上标签。

（2）防止生物学混杂。主要是设好隔离区，利用隔离方法防止自然杂交。虽然野特菜种植比较分散，容易进行空间隔离，但对于一些虫媒植物和风媒植物还是比较困难的。因此，隔离区的设置，既要考虑植物传粉的特点，又要研究昆虫、风向等自然因子。对于比较珍贵的种子和原原种，可以采用人工套袋隔离、温室隔离和网罩隔离的方法。品种比较多的时候，还可以错时种植，方法是将不易发生自然杂交的几个品种，同时种植，同时采；易发生自然杂交的几个品种，隔年或隔月种植。

（3）加强人工选择，施行科学留种。对种子田除应加强田间管理，还要经常地去杂去劣，选择具有该品种典型特征、特性的植株留种。对收获的种子还应再精选一次，以保证种子质量。去杂主要是针对遗传变异而言，拔除非本品种特性的植株。去劣主要是拔除那些发育不良、有病的退化植株。为保持种性，可以对选择的优良单株混合收种，即混合选择，进而起到提纯复壮作用。

（4）改变生长发育条件和栽培条件，以提高种性。改变生长发育条件和栽培条件，使品种在最佳条件下生长，使其优良性状充分表现出来。此外，由于长期在同一地区生长，植株会受到一些不利因素的限制，如土壤肥力、类型、病虫害等，可通过改变或调节播种期（如一季变两季）、改变土壤条件等提高种性。

（5）建立完善的良种繁育制度。为保证优良品种在生产上充分发挥作用，当前急需建立野特菜良种繁育制度。良种繁育单位应根据所繁育野特菜良种制订出具体的实施方案，以保证良种繁育工作顺利进行。

三、良种繁育的主要程序

为保证优良品种的种性不变，并源源不断地供应生产，要有科学的繁育程序，这包括原种生产、原种繁殖和种子田繁殖大田用种等。

良种繁育全过程概括起来为：大田（单选）→株行圃（分行）→株系圃（比较）→原种圃（混繁）→生产繁殖原种→种子田→大田生产（品种更新或更换）。

1. 原种生产

原种是指育成品种的原始种子或由生产原种的单位生产出来的与该品种原有性状一致的种子，其标准为：一是性状典型一致，主要特征、特性符合原品种典型性，株间整齐一致，纯度高。一般纯度不小于99%。二是与原有品种比较，由原种生长成的植株其生长势、抗逆性和生产力等都不降低，或略有提高。三是种子质量好，籽粒发育好，成熟充分，饱满一致，发芽率高，无杂草及霉烂种子，不带检疫病虫害。

由于原种是繁殖良种的基础材料，故对其纯度、典型性、生活力等方面均有严格的要求。目前常用下列两种方法生产原种。

（1）原原种。指由育种者育出的种子，是育种单位向生产单位提供的纯度、质量最高的种子。

（2）采用"三圃法"生产原种。在无原原种情况下，由生产单位自己生产原种。一般程序是在大田中（选择圃）选优良单株→在株行圃进行优良株行比较鉴定→在株系圃选择优良株系比较试验→在原种圃优良株系混合生产原种。

2. 原种繁殖

由于生产的原种往往不够种子田用种，就需要进一步繁殖，以扩大原种种子数量，此时一定要设置隔离区，以防混杂，据繁殖次数的不同，可相应得到原种一代、原种二代（图4-1）。

图4-1　原种繁殖

3. 种子田繁殖大田用种

即在种子田将原种进一步扩大繁殖，以供大田生产用种。由于种子田生产大田用种要进行多年繁殖，故每年都留适当优良植株以供下一年种子田用种。如种子数量还不够，则可采用二级种子田良种繁殖法，但用此法生产的种子质量相对较差。

四、建立良种繁育制度，扩大良种的数量

1. 建立完整的良种繁育制度

在我国，野特菜的种子生产迄今尚无专门的良种繁育单位和良种繁育体系，多处在自选、自繁、自留、自用，辅之以互相调节的"四自一辅"的落后状态。由于缺乏必要的规章制度，种子生产普遍存在多、乱、杂和放任自流的现象。因此，当务之急是建立一套良种繁育制度，并逐步向品种布局区域化、种子生产专业化、加工机械化和质量标准化，以县为单位组织统一供种的"四化一供"方向发展。

（1）品种审定制度。某单位或个人育成或引进某一新品种后，必须经一定的权威机构组织的品种审定委员会的审（认）定或登记，根据品种区域试验、生产试验结果，确定该品种推广的可行性和推广地区。

（2）良种繁育制度。良种的繁育要有明确的单位，同时需建立种子圃（良种母本园）。根据品种的繁殖系数和需要的数量，可分级生产。即设立原原种种子田和原种种子田。这一任务一般由选育单位、研究机构和农业院校来完成。种子田可由生产单位建立，但要与一般生产田分开，由具备专业育种知识的人员负责，同时要建立种子生产档案，加强田间管理，加强选择工作，以确保种子质量。

（3）种子检验和种子检疫制度。在种子生产出来以后，还必须通过检验这一环节，以保证种子质量。从外地引进、调进的种子或寄出的种子，必须进行植物检疫工作，这样既促进种子生产，又保护种子生产，是一项利国利民的措施。

2. 加速良种繁殖的方法

为了使品种尽快地在生产上发挥作用，必须加速繁殖过程，特别是在品种刚刚育成的最初阶段，种子数量尚少时，要充分利用现有繁殖材料，尽量提高繁殖系数。

（1）育苗移栽法。新品种刚育成时，种苗很少，要珍惜每粒种子，可采用育苗移栽法，尤其是小粒种子，不要直播，以保证一粒一苗。

（2）稀播稀植法。稀播稀植不仅可以扩大植物营养面积，使植株生长健壮，而且可以提高繁殖系数，获得品质高的种子。

（3）有性繁殖和无性繁殖相结合。对既可有性生殖又可无性繁殖的植物，一定要挖掘它的所有潜力。除了一般的扦插和分蘖移栽，有的植物还可用育芽扦插，珠芽、气生鳞茎等均要充分利用。

（4）利用组织培养的方法。用组织培养的方法进行无性快繁，是一条提高繁殖系数的有效途径。一小段植株的茎、叶，通过组织培养的方法，可育成上万株小苗，是今后努力的方向。

（5）异地或异季加代法。对于有些生长期较短，对日照要求不太严格的野特菜，可利用我国幅员辽阔、地势复杂及气候多样等有利条件，进行异地或异季加代，一年可繁育多代，从而达到加速繁殖种子的目的。但加代繁殖成本较高，一般多限于繁育新育成的品种或珍贵品种。

总之，无论采取上述哪一种方法，都必须注意加强各方面的管理工作，才能获得提高繁殖系数的良好效果。

第五章　野特菜的田间管理

第一节　草本野特菜的田间管理

草本野特菜分一年生和多年生两种。一年生草本野特菜是指通过引种或驯化而来，在一年期间发芽、生长、开花然后死亡的野特菜。主要有黄秋葵、菊芋、龙须菜、番杏、蒲公英、罗勒、紫苏、马齿苋等。虽被统称为"一年"生，实际上一年生草本野特菜的生命周期差异相当大。寿命较短的可能只有两三个月，如苦苣、春菊、豆苗等，较长的则有可能超过一年。它们利用短暂的生长期迅速地储存大量的养分，以供开花结实。多年生草本野特菜是指通过引种或驯化而来，以地下部的宿根进行越冬或越夏，翌年仍可萌芽、生长、开花，并可以延续生长多年的野特菜。主要有人参叶、薄荷、珍珠菜、鱼腥草、马兰、紫背天葵等。多年生草本野特菜比一年生草本野特菜有着更强的生命力，而且具有节水、抗旱、省工、易管理、耐采摘、经济效益高等特点。

一、间苗、定苗、补苗

间苗又称"疏苗"。用种子繁殖的野特菜，为了防止缺苗，播种量往往较大。为避免幼苗拥挤、争夺养分，要拔除一部分幼苗，选留壮苗。间苗宜早不宜迟，以避免幼苗过密，生长纤弱，发生倒伏和死亡。间苗的次数可根据野特菜的种类而定，播种小粒种子（如春菊），间苗次数可多些。播种大粒种子（如新西兰菠菜、黄秋葵等），间苗次数可少些，间苗1～2次后即可定苗。结合间苗进行中耕除草，间出的小苗可移植他处，宜带土移栽。

为防止缺苗，间苗两次后再定苗。选择大小均匀一致、生长健壮、无病虫害的植株，待苗稍大后再间苗、定苗，每穴留苗 1 株。

直播或育苗移栽都可能造成缺苗断垄，为保全苗，可在阴雨天挖苗移栽或带土移栽，并进行补苗。补苗应采用同龄幼苗或植株大小一致的苗。

二、中耕除草与培土

草本野特菜栽植一周左右后，幼苗小，行间空地大，易滋生杂草，应结合培土及时进行中耕除草。在雨后或者灌溉后土壤比较板结，即使没有杂草，也要及时中耕。在土壤疏松、无杂草滋生时，应尽量不中耕，以免浪费人力。中耕深度依野特菜根系的深浅及生长时期而定。一般根系分布浅的，应浅耕；根系分布深的，应深耕。幼苗期中耕应浅，随植株长大中耕逐渐加深，植株长成后停止中耕。中耕时株行中间应深，近植株处应浅，中耕的深度一般为 3～5cm。植株封行后，要及时拔出杂草，免中耕。

中耕可以除去杂草，但除草不能代替中耕。幼苗期间及移栽后不久，大部分地表暴露在空气中，土表极易干燥，且易生杂草，这时应及时中耕。幼苗逐渐长大，枝叶逐渐覆盖地面，有利于阻止杂草的发生。此时，根系已扩大至株间，应停止中耕，以免伤害根系，使植株生长受到阻碍。除草有利于保存土壤中养分和水分，利于植株的生长发育。除草的要点有：一是除草宜在杂草发生之初进行，尽早进行。此时，杂草根系较浅，入土不深，易于去除。二是杂草在开花结实之前必须清除，否则，一次结实后，需多次除草，甚至数年后才能清除。三是对于多年生杂草必须将其地下部挖出，否则，地上部无论怎样刈割，地下部仍能萌发，难以全部清除。

培土是决定草本野特菜产量和品质的重要措施。培土合适，才能使野特菜生长健壮，产量高。草生野特菜，一般需要培土 2～3次。第一次培土在栽培后的 5～10d，这个时候根茎开始生长但尚未露出地表，用小锄或钩子等农具，结合除草进行培土，培土厚度约 2cm。第一次培土切不可过厚，否则容易影响土壤的透气性，造成根茎生长缓慢，使产量和质量都受到影响。第二次培土，应在第一次培土 20d 后进行，培土厚度 2～3cm。此次培土也不可过厚，否则容易造成草本野特菜的根茎生长困难，影响产量。

三、肥水调控

（一）施肥

施肥是满足野特菜生长发育所需营养元素的重要技术措施。对于番杏、茼蒿、豌豆苗等生长期和采收期长、需多次采收的野特菜，施肥对提高其产量、改善品质具有极其重要的意义。施肥主要遵循以下几个原则：

1. 按野特菜类型施肥

对茼蒿、番杏等野特菜，每次采收后都发生侧芽，故应增施氮肥，促使茎叶繁茂、提高嫩头产量，并适当追蘸钾肥，以增强抗病力。对瓜类、茄类和豆类等野特菜，幼苗需氮多，进入生殖生长期后，所需磷肥剧增，要增施磷肥。

2. 按不同生育时期施肥

幼苗期根系不发达，应适当施一些速效肥，在营养生长期和结果期，植株需要吸收大量的养分，因此，必须供给充足的肥料。

3. 按不同栽培条件施肥

沙壤土保肥性差，故施肥应少量多次；高温多雨季节，应该控制氮肥的使用量；高寒地区，应该使用磷钾肥，增强植株的抗寒性。

4. 掌握肥料的性质

铵态氮肥易溶于水，其性质不稳定，遇碱遇热易分解、挥发出氨气，施用时应深施并立即覆土。尿素施入土壤经微生物转化才能吸收，所以尿素作追肥要提前施用，采取条施、穴施、沟施。弱酸性磷肥宜施于酸性土壤。

5. 多种施肥方式配合施用

在施足基肥的基础上，进行多次追肥，以提高产量。一般在采收前（若植株生长健壮，叶色鲜绿可不追肥），每亩施腐熟的稀释人粪尿液 1 500kg 左右，或尿素 10～15kg 加氯化钾 10kg，随水施肥，切忌浇到采摘口。以后每采收一次，追肥一次，肥料施用量和施用方法与采收前的追肥一致。

（二）肥水调控

草本野特菜番杏、春菊、苦苣等多以采摘幼嫩的茎叶为栽培目的，缺肥易导致长势不良，缺水时叶片变硬，失去商品价值，故在整个生长期要做好肥水调控。经常浇水，保持土壤见干见湿。每次培土都要结合施肥、浇水，应先施肥再培土后浇水。第一次及第二次培土前，可每亩施入 5kg 复合肥和 40kg 生物有机肥，距植株基部 15cm 左右处条施，不可将复合肥施于植株基部，以免造成烧苗，施后培土、浇水。

四、灌溉与排水

（一）灌溉

草本野特菜根系较浅，耐旱和耐涝性较差，因此，在生长发育过程中，要注意灌水和排水。草本野特菜又主要以幼嫩的茎叶为食用部位，缺水会导致茎叶僵硬、老化，失去商品价值。因此，在进行加重施肥的措施下，还必须供应充足的水分。对于紫背天葵等耐旱野特菜，水分充足有利于其植株生长，提高产量，改善品质。野特菜灌溉的基本原则如下。

1. 根据气候变化灌水

低温期尽量不浇水、少浇水，可通过勤中耕保持土壤水分。高温期可通过增加浇水次数、加大浇水量的方法来满足野特菜对水分的需求，并降低低温。高温期浇水最好选择在早晨或傍晚。

2. 根据土壤情况灌水

对于保水能力差的沙壤土，应多浇水，勤中耕；对于保水能力强的黏壤土，灌水量及灌水次数要少；盐碱地上可明水大灌，防止返盐；低洼地上，则应该小水勤灌，防止积水。

3. 根据蔬菜的种类、生育时期和生长状况灌水

对于番杏等根系浅而叶面积大的野特菜，要经常灌水；对于如玉 45 苦瓜等根系深而叶面积大的野特菜，应保持畦面"见干见湿"；对于苦苣等速生性叶菜类，应保持畦面湿润。种子发芽期要灌足播种水；根系生长时，水分不能过多；地上部功能叶及食用器官旺盛生长时，需大量灌水。始花时，水分不能过多过少；食用器官接近成熟时不灌水，以免延迟成熟或裂球裂果。根据叶片的外形变化和色泽深浅、茎节长短、蜡粉厚薄等，确定是否要灌水。

4. 结合其他农业技术进行灌水

如追肥必须结合灌水；定植前灌水，有利于起苗带土；间苗、定苗后灌水，可以弥土缝、稳根等。

（二）排水

对于南方多雨的地区，可以高垄栽培，避免根际环境积水。同时，在菜园中挖排水沟，并注意先开挖主排水沟、支排水沟、小排水沟等，后将它们连通并组成完整的排水系统，在地势最低处设总排水沟。

五、植株调整

对于番杏、茼蒿、紫背天葵等一次种植可多次采收的草本野特菜，侧枝萌发力都很强，采收幼嫩茎尖后，尤其是在肥水充足时，侧枝萌发更多，生长过旺时应打掉一部分侧枝，使分布均匀，有利于通风透气和采光。同时，摘除掉一些畸形的、生长发育不良的枝叶和病虫叶。生产中可将菊花脑、人参叶等野特菜的部分茎节部分压入土中，使茎叶均匀分布，增加光能吸收面积和防风作用。

六、人工授粉

野特菜大多是由野菜驯化而来，适应性强，再生能力强，不需通过人工授粉。但野特菜经过长期的人工驯化，栽培面积日益扩大，消费人群也越来越多。为了改善品质、提高产量，通过人工授粉培育新的野特菜品种也势在必行。对雌雄异株、雌雄异花的野特菜，通过人工辅助授粉，选育出新的品系，经过栽培观察，选育出营养价值高、口感好、产量高、适应性强的野特菜新品种。

七、覆盖与遮阴

豌豆苗、龙须菜等野特菜播后用稻草或遮阳网覆盖，可以保湿，防止高温暴晒、雨水冲刷和土壤板结等，利于出苗、齐苗和全苗。出苗后及时揭开稻草或遮阳网，以防止产生高脚苗。为避免高温、暴雨、台风、烈日等不良气候影响野特菜的生长，出苗后还可在畦面上搭高 80～100cm 小平棚，上覆遮阳网至 10 月，创造阴凉湿润的小气候环境，以利植株生长，提高品质。覆盖时以遮光率 40%～45% 的银灰色遮阳网效果最好。覆盖者较未盖者可增产 50% 以上，且品质更加柔嫩。遮阳网的管理原则：晴天盖，阴天揭；大雨盖，小雨揭；中午盖，早晚揭；前期盖，后期揭。

八、抗寒潮、防冻与降温

（一）抗寒潮、防冻

冬季气温比较低，为避免霜、冻害对野特菜生产造成危害，生产上常采取以下措施进行抗寒潮、防冻。

1. 控氮法

苗期适当减少氮肥用量，切不可偏施氮肥，以免植株抗寒力差。追肥要早，以促使苗株老健。低温之前不能施用速效氮肥，宜追施一次磷钾肥，增强菜苗抗寒力。

2. 施有机肥法

用猪牛粪或土杂肥等暖性农家肥，撒在菜棵根颈周围，可提高根部土温 23℃。施肥宜趁晴天进行，每亩菜田施用量 1 000～1 500kg。在霜冻前，每亩泼浇稀薄粪水 400～500kg，使土壤不易结冻。

3. 培土法

冻前结合中耕，用碎土培土壅根，可使土壤疏松，提高土温，又能直接保护根部。但中耕培土须在土壤封冻前进行，深度以 7～10cm 为宜。

4. 覆盖法

在霜冻来临前的下午，将稻草等覆盖在菜畦和野特菜上，可减轻风寒机械损伤。每亩用稻草 100kg，要稀疏散放，切不可将野特菜全部盖住，以免影响光合作用。

5. 撒灰法

在低温冻害来临前在野特菜上撒一薄层谷壳灰或草木灰，在行间撒草木灰。

6. 熏烟法

用杂草、秸秆、枯枝落叶等堆放成堆，霜冻来临前在上风的边角处点火熏烟，能防寒潮直接侵袭野特菜。

7. 风障法

在菜畦北面用作物秸秆等做成 1.0～1.5m 高的防风障，每隔 3～4 畦设一道防风障。

8. 冬灌法

冻前灌水时间以日平均气温下降至 2～5℃ 为宜；冻后灌水在寒流后，最高气温升至 2～3℃，土壤和菜棵已解冻时进行。冬灌要浇足浇透，以畦面不积水为度，浇后及时中耕松土。

9. 沥水法

开好"三沟"，保证沟沟畅通，以便及时排除冻水。

（二）降温

夏季温度过高，为避免野特菜在生产过程中因高温引起植物日灼、枯死和休眠等现象，导致产量降低，品质变差。生产上，常采取以下措施进行防暑降温。

1. 科学、合理地选用遮阳网

遮阳网的主要作用是遮强光、降温。覆盖遮阳网是高温季节棚室野特菜生产的一项重要措施。目前市场上销售的遮阳网以黑色和银灰色为主。黑色遮阳网遮光率高可达 70%，降温快，宜在炎夏需要精细管理的田块短期性覆盖使用；银灰色遮阳网遮光率低，为

40％～45％，适于喜光野特菜和长期性覆盖。不同的野特菜要选择不同的遮阳网。

2. 灌水

通过夏季的早晨和傍晚进行灌水，既满足了植株对水分的需求，又降低了地温，为野特菜创造了适宜的生长环境。

第二节　木本野特菜的田间管理

木本野特菜是一经栽培成活，多年生长、可多次采摘的野特菜，分灌木和乔木两类。常见的木本野特菜有枸杞、香椿、楤木、八角、刺五加、竹叶椒、守宫木等。

一、密度调整

对于枸杞、守宫木等灌木野特菜，采用种子直播移栽定植或将强壮枝的基部和中部作插穗进行扦插繁殖。种子直播移栽定植，采用宽行120cm、窄行60cm、株距20cm的露地栽培模式。扦插繁殖采用枝条长度为15cm，带3～6个芽，基部剪成斜面，上部切口截平，以防倒插。扦插时枝条2/3斜插入土，使多节发根。一般大田种植株行距为（20～30）cm×40cm，以畦高20～25cm、畦宽1.2～1.5m为宜，栽苗后根际松土、踏实，并浇定植水。

对于香椿、楤木等乔木野特菜，采摘部位为其顶端嫩芽、嫩叶。香椿定植期在落叶后至萌芽前，秋植、春植均可，以秋植为佳。定植密度40～100cm，亩栽1 660株左右；定植苗宜深栽，使根系舒展，填土分层压实，植后浇定植水1～2次。

二、土壤管理

枸杞、守宫木等灌木野特菜，生长期长，植株的生长量大，全年采收期长达6个月，在南方地区可周年生产，采摘的次数多，对肥水的要求高。要选择肥水条件好的地块栽培，沙壤土地块保肥水能力较差，不适宜栽培。选好地块后要施足基肥，一般亩施腐熟有机肥 3 000～3 500kg、磷肥 50～60kg、复合肥 50kg。耕耙后整平，作畦栽培。生产中，每次采摘完，注意中耕，施复合肥或追施尿素。

香椿、楤木等乔木野特菜，为多年生落叶乔木，采摘部位为其顶端嫩芽、嫩叶，一经种植，多年、多次采收。土壤翻耕前，亩施腐熟有机肥 3 000～5 000kg 作基肥。香椿的土壤管理，要求 6 月下旬至 7 月上旬旱季来临前，可利用作物秸秆或杂草进行土壤覆盖，落叶后结合深翻，把覆盖物与腐熟有机肥混合埋入深层土中。

三、中耕除草

枸杞、守宫木等灌木野特菜的根、茎和枝条有很强的再生能力，茎枝采收后可分生新的枝条。为使土壤疏松、减少肥料流失和保护根部，应当进行中耕培土除草。枸杞等在每一个采收周期中耕除草 1～2 次，第一次在采收后，中耕略深，一般 10～15cm；20～25d 后中耕除草第二次，中耕深度以 5～10cm 为宜。守宫木全年应进行 2～3 次中耕培土除草。

香椿等乔木野特菜浇水施肥后，杂草容易发生，应及时中耕除草，推行化学除草与人工除草相结合的方法。每年进行翻园晒土，以增加土壤的透气性和保墒能力，促进根系发育。第一次在初春土壤解冻后，浅翻 10～15cm，第二次在冬灌前，深翻 15～20cm，翻园应在行间进行，以免伤根。

四、调控肥水

枸杞、守宫木等灌木野特菜，萌发能力较强，生长量大，需要有充足的水分；水分不足则品质下降，如水分不足易使守宫木可食部分的纤维含量增加，降低商品性。为保证植株生长与产量的提高，在施足基肥的基础上，应根据植株的生长情况及采收的次数合理追肥。除施足基肥，必须追肥 2～3 次，第一次追肥在抽发新芽之前，第二次追肥要在盛长前。用腐熟人粪尿兑水，初期配比浓度为 $10\%\sim20\%$，生长盛期配比浓度为 $30\%\sim40\%$，也可每公顷施硫酸铵 75kg，每隔 $10\sim15d$ 施用一次，以后根据长势每隔 $7\sim10d$ 追肥一次。为使其促发嫩尖，在采收期每隔 30d 左右应再施肥一次，肥料以氮肥为主，适当配加磷、钾肥，也可喷洒叶面营养液 $3\sim4$ 次。此外，"干长根，湿长芽"，要保证不断抽新芽并快长，土壤一定要保持湿润。天旱时，条件允许的情况下，每天灌跑马水一次或早晚淋足水一次，雨天注意排水，切不可积水，以免沤根死或引发根茎腐烂病。

对于香椿楤木等木本野特菜，定植后浇一次透水，以后结合施肥，每半月用 1% 复合肥液浇一次，保持土壤见干见湿，直至成活，梅雨季节注意开沟排水，高温干旱季节适时灌水。于 4—5 月和 7 月各施一次肥，每次亩施尿素 $10\sim15kg$；8 月后再施一次氮肥，氮肥水施，并适当控制浇水量；9 月施一次磷肥，每亩用量为过磷酸钙 $50\sim60kg$，以促进植株木质化，增加抗寒力。第二年春季第一次采收前 $3\sim5d$，每亩施尿素 $20\sim25kg$；6—7 月经大量采收后，追肥 $2\sim3$ 次，亩施复合肥 $20\sim25kg$；生长季节多次喷施叶面肥，落叶后结合深翻，施腐熟有机肥作基肥。

五、整形与修剪

木本野特菜以采摘对象来确定是否进行整形与修剪。菜用枸杞等野特菜以叶片为食用材料，株高达 40cm 左右，枝条基部叶片尚未衰老即可刈割采摘，在每次采摘过程中，应注意下部留足 $3\sim6$ 个腋芽，并追肥浇水，以利抽发下一茬新梢、加快生长。

守宫木等野特菜以采收嫩芽为主，一般以长约 15cm 时基部未木栓化为采收标准。为提高出芽率，当主茎顶芽长至 20cm 左右时，即打尖留下 $2\sim3$ 枝叶，每次采摘新芽时又可留 $1\sim2$ 叶，一段时间后，就能形成发芽母枝和分枝 $30\sim60$ 枝，此后，新长芽采收时不用留新叶。株高一般保持 $50\sim60cm$ 即可，植株过高过矮都会直接影响产量。当植株长势节间过长或脚叶过密时应酌情修剪，以便集营养于新芽，同时加强通风透气，减少茎基腐烂。经寒冷的冬季停止生长或受冻害，每年开春后必须进行一次全面修剪，把枯枝残叶剪掉，并保持一定的高度，以便管理与采收。

为了实现高产和便于采收，香椿等木本野特菜苗木定植后应进行矮化整形，即在苗高 15～20cm 处短截，促发下部 2～3 个侧枝，作为一级侧枝；在一级侧枝长 30cm 以上时，再剪去顶梢，保留 5～10cm 桩，促发二级侧枝。矮化处理具体方法有摘心、短截等。矮化处理可增加芽量，提高产量 1.5～2.0 倍。

六、自然灾害的预防

（一）防止休眠

枸杞不耐高温，遇夏季高温有休眠的习性。在夏季日均气温超过 25℃时，要搭建遮阴棚，以遮光率在 70% 左右效果最好。此外，通过修剪、割刈等方式打破枸杞的休眠，使枸杞一直处于生长期，增加采摘次数，提高经济效益。

（二）防旱防涝

枸杞虽然很耐旱，但干旱时仍需浇水，保持土壤含水量在 18%～20%。枸杞不耐涝，忌地表长时间积水。遇雨季积水时则应做好排水防涝，防止淹水涝渍。

（三）防冻

守宫木为多年生木本野特菜，但在寒冷的冬季停止生长，气温在 2～3℃以下时受冻害。因此，为防止冻害，可采取以下防护措施：11 月前后，须施用有机肥或钾肥，并进行中耕培土；熏烟，但熏烟前须掌握好天气状况，在下霜的晚上，可用稻草、木屑及柴草等作燃料，在菜园内一定距离堆放，于 23—24 时点燃熏烟；喷施生长抑制剂，于 12 月起每 14d 喷 98% 萘乙酸钠（SNA）100 000～200 000 倍及细胞分裂素 800～1 000 倍加液蜡，以增加抗寒性，并注意天气状况，于寒流来袭前后一天再各追加喷一次高浓度 98% 萘乙酸钠 6 万～7 万倍及细胞分裂素 500 倍液蜡。

第三节　藤本野特菜的田间管理

藤本野特菜是指植物体细长、不能直立，只能依附别的植物或支持物，缠绕或攀缘向上生长的野特菜。藤本野特菜依茎质地的不同，又可分为木质藤本（如刺五加、野果蔷薇等）与草质藤本（如野山药、龙须菜等）。依据其生长年限，可以分为多年生（如野山药、藤三七等）和一年生（主要有山苦瓜、龙须菜等）两类。

一、密度调整

依植株大小和枝蔓抽生能力、收获时间长短等，将藤本野特菜植株的种植密度进行适当的调整。如玉 45 号山苦瓜一年生、枝蔓粗壮、收获时间长、生长势强、易分枝并以侧蔓结瓜为主，株行距应适当加宽，一般为 4m×4m，亩植 42 株左右。藤三七为多年生肉质小藤本，其定植规格为起畦 100～120cm，双行植，株行距（50～60）cm×30cm，亩植 3 000 株左右。野山药为多年生缠绕性草质藤本植物，栽时先按行距 30cm 开横沟，沟深 15cm、宽20cm，再按株距 16～20cm，将种薯朝同一方向平摆入沟底，最后一个芦头芽口要朝墒内放。一般每亩用种 4 500～5 500 个。

二、土壤管理

选择土层深厚、肥沃，排灌方便，前作为水稻或非瓜类作物田块种植，忌连作。地深犁，施足基肥，以有机肥为主，一般每亩深施腐熟的鸡、鸭粪 1 000～1 500kg，在定植畦内撒施 50kg 钙镁磷、25kg 复合肥。整高畦，畦高应在 30cm 以上；畦应做得整齐规范，以便管理。

三、中耕除草

野山药一般进行 3 次中耕除草。第一次在 3—5 月幼苗出土后可锄草一次，切勿损伤芦头；第二次于 6 月中下旬，茎蔓上架前深锄一次；第三次在 7 月底至 8 月初，茎蔓上架后用手拔除，封行后不宜再除草和松土。

山苦瓜从移栽到棚架封顶前松土除草 2～3 次。

四、调控肥水

山苦瓜需肥需水量大，若缺水、缺肥，植株生长不良，易引起果实畸形和植株早衰。在第一朵雌花开放后结合中耕除草施一次肥，施进口 45％三元复合肥 225kg/hm²，以后根据采收及生长情况及时追肥，以使植株不出现褪绿为准。一般 15～20d 追施一次三元复合肥，30d 左右施用速效硼肥 375g/hm²。

由于野山药叶片的两面均有很厚的角质层，比较耐旱，抗蒸发能力较强。一般野山药种植 14d 以后浇一次透水。浇水时要小水慢浇，水浇在垄面的小水沟内。直到出苗后 10d 左右再浇一次水，以后浇水视天气、墒情而定。野山药追肥以有机肥为主，配合施用复合肥；有机肥主要采用垄面撒施的方法，它具有衡定土温、保持墒情、肥沃土壤、除杂草的效果；复合肥分 2 次施用，第一次在初花期，第二次在块茎膨大期，每次亩施 40～50kg。

藤三七生长量大、蒸发量大，必须保证充足的水肥供应，才能使叶片肥厚，干旱时需早晚淋水，雨季应注意排水防涝。藤三七生长期较长，可达一年，所以应在定植前施足基肥，如猪粪、鸡粪或鸡鸭毛等。进入采收期后，视生长情况适施复合肥或尿素，一般隔 14d 亩施尿素 7～10kg。

五、自然灾害的预防

（一）防寒

藤三七耐热，喜温暖湿润、半阴的气候，生长适温 25～30℃，遇 0℃以下低温或霜冻，地上部即死亡。所以，栽培期间如遇低温，应及时采取覆盖、熏烟和喷施防冻剂等措施进行防寒。

（二）防风

山苦瓜多采用架面栽培，在整个采收期内，如遇强台风，会使架面吹翻、枝蔓折断，严重影响产量及经济效益。所以，在台风来临之前，加固支架以及架面尼龙网和支架的连接。

（三）防涝

对于以地下块茎为采收目的的野山药，在雨季要及时清沟排水，墒内不可积水，否则会造成地下块根腐烂而减产。

第六章 野特菜的病虫害

第一节 野特菜病害

一、叶菜类野特菜病害

(一)落葵病害

1. 落葵紫斑病

（1）发病症状。主要为害叶片。叶斑近圆形，直径 2～6mm 不等，边缘紫褐色，分界明晰，斑中部黄白色至黄褐色，稍下陷，质薄，有的易成穿孔。严重时病斑密布，不堪食用。

（2）病原。柱隔孢菌（*Ramularia* sp.），属真菌界半知菌亚门。

（3）发病规律。该病在南方菜区终年存在，病部产生的分生孢子借助风雨或灌溉水溅射辗转传播，不存在越冬问题；北方则以菌丝体和分生孢子随病残遗落土表越冬。翌年以分生孢子进行初侵染，病部产生的孢子又借助气流及雨水、灌溉水溅射传播进行再侵染。湿度是该病发生扩展的决定性因素，雨水频繁的年份或季节栽培发病重。

2. 落葵灰霉病

（1）发病症状。主要为害叶片、叶柄和嫩茎。叶片染病，初形成水浸状坏死斑，半圆形至不规则形，以后迅速向各方向发展蔓延致病叶腐烂，在病组织表面长出稀疏灰色毛霉状物，即病菌分生孢子梗和分生孢子。叶柄和嫩茎染病，多形成褪绿水浸状斑，以后从病部折倒或腐烂，随病害发展在病部表面产生灰色霉层。

（2）病原。灰葡萄孢菌（*Botrytis cinerea* Pers.），属真菌界

半知菌亚门。

（3）发病规律。病菌在土表及土壤中越冬。翌年靠气流传播蔓延。病菌发育适温为 20℃ 左右，低温、高湿、通风不良时发生严重。

3. 落葵苗腐病

（1）发病症状。主要为害苗的基部茎和叶片。茎基染病初现水浸状近圆形或不规则形斑块，后迅速变为灰褐色至黑色腐烂，致植株从病部倒折，叶片脱落。土壤或株间湿度大时，病部及周围土面长出白色至灰白色丝状菌丝。叶片染病初现暗绿色近圆形或不规则形水浸状斑，干燥条件下呈灰白色或灰褐色，病部似薄纸状，易穿孔或破碎。湿度大时，病部长出白色棉絮状物，即病菌菌丝体。

（2）病原。瓜果腐霉 ［*Pythium aphanidermatum* （Eds.） Fitzp.］和腐霉（*Pythium monospermum* Pringsh.），均属假菌界卵菌门。

（3）发病规律。病菌以菌丝体和卵孢子在土壤中越冬，条件适宜时萌发，产生孢子囊和游动孢子或直接长出芽管侵入寄主。发病后病菌主要通过病健株的接触和菌丝攀缘扩大为害，病菌在病部不断产生孢子囊或游动孢子，借雨水和灌溉水传播，使病害不断扩大，最后又在病部形成卵孢子越冬。该病在温暖多湿的年份和季节易发病，广东、云南 7—9 月多见，可延续到 11 月，尤其是大雨过后发病较烈；生产田地势低洼、积水、湿气滞留、栽植过密、偏施过施氮肥发病重。移苗栽植较直播的易发病，在湿度大的夜晚，不足 1cm 小病斑可在一夜之内使大部分叶片变软腐烂，有的布满灰白色菌丝。反季节栽培易流行。

4. 落葵茎腐病

（1）发病症状。主要为害小苗或大苗，一般小苗受害多。茎在部或茎部染病，初期出现红色凹陷斑，病健交界处共同色至褐色，叶片不萎蔫而不引人注意。当病斑绕茎一周时，病部缢缩，最后只剩下几根维管束，菜苗折倒死亡。菜农常称之为"烂脚病"。

（2）病原。立枯丝核菌（*Rhizoctonia solani* Kühn.），属真菌

界半知菌亚门。

（3）发病规律。以菌丝体随病残体或菌核在土中越冬，且可在土中腐生2～3年。菌丝能直接侵入为害，通过水流、带菌肥料、带菌土、农具传播。病菌发育适温24℃，最高40～42℃，最低13～15℃，适宜pH3～9.5。播种过密、间苗不及时、温度过高或反季节栽培易诱发该病。

5. 落葵炭疽病

（1）发病症状。主要为害叶片，偶尔为害叶柄和茎。叶片病斑圆形或椭圆形至不规则形病斑，边缘褐色至紫褐色，略隆起，其四周有不大明显的浅褐色至黄褐色晕圈，斑中部初为黄白色，后为灰白色稍下陷，有时可见不明显的轮纹，湿度大条件下现稀疏的微细小黑点，后期斑面也易破裂或脱落成穿孔。叶柄、茎部发病，病斑梭形至椭圆形，褐色，略下陷。

（2）病原。刺盘孢菌（*Colletotrichum* sp.）和丛刺盘孢菌（*Vermicularia* sp.），属真菌界半知菌亚门。

（3）发病规律。病菌以菌丝体随病残体在土壤表面或在病株上越冬。翌年越冬菌产生出分生孢子，借风雨传播蔓延，引起初次侵染。田间发病后，又产生分生孢子进行多次再侵染。气温25～30℃，湿度80%以上或阴雨天气易发病。

6. 落葵色二孢叶斑病

（1）发病症状。主要为害叶片，叶斑圆形或近圆形，边缘紫褐色至暗紫褐色，分界明显，斑面黄白色至黄褐色，稍下陷，后期病部生出黑色小粒点，即病原菌的分生孢子器。

（2）病原。壳色单隔孢菌（*Diplodia* sp.），属真菌界半知菌亚门。

（3）发病规律。北方病菌以菌丝体和分生孢子器在病残体上越冬，翌年条件适宜时，分生孢子从分生孢子器内释放出来，通过风雨进行传播蔓延。在南方落葵种植区，病菌在田间终年存在，病部产生的孢子借风或雨水溅射传播蔓延，该菌可进行多次再侵染。雨水多的年份或季节易发病。

7. 落葵叶点霉紫斑病

（1）发病症状。主要为害叶片。叶斑圆形、近圆形或不规则形，老熟病斑易破裂并脱落成穿孔状，病斑上病症通常不大明显，有时可见极微细的稀疏的小黑点，即病原菌的分生孢子器。

（2）病原。叶点霉（*Phyllosticta* sp.），属真菌界半知菌亚门。

（3）发病规律。北方以菌丝体和分生孢子器在病残体上或遗落在土壤中越冬，翌年释放出分生孢子进行传播蔓延。在我国南方，周年种植落葵和温暖地区，病菌辗转传播为害，无明显越冬期，分生孢子借雨水溅射进行初侵染和再侵染。生长期遇雨水频繁，空气和田间湿度大或田间积水易发病。该病在南方 8—9 月常与其他叶斑病混合发生、为害。反季节栽培易发病。

（二）茼蒿病害

1. 茼蒿叶点霉叶斑病

（1）发病症状。主要为害叶片。叶上病斑圆形至椭圆形或不规则形，深褐色，微具轮纹，边缘紫褐色，外围具变色而未死的寄主组织，后期在斑上产生黑色小粒点。

（2）病原。菊叶点霉（*Phyllosticta chrysanthemi* Ellis et Dearn.），属真菌界半知菌亚门。

（3）发病规律。主要以菌丝体和分生孢子器随病残体遗落土中越冬。翌年以分生孢子进行初侵染和再侵染，靠雨水溅射传播蔓延。通常温暖多湿的天气有利其发生。

2. 茼蒿尾孢叶斑病

（1）发病症状。只侵染叶片。病斑圆形至不规则形，中部淡灰色，边缘褐色，湿度大时正背面具黑色霉状物，即病原菌的分生孢子梗和分生孢子。后期病斑相互愈合成片，致叶片枯死。

（2）病原。菊尾孢（*Cercospora chrysanthemi* Heald et Wolf），属真菌界半知菌亚门。

（3）发病规律。病菌以菌丝块或子座随病叶遗落在田间越冬。翌春条件适宜时产生分生孢子，借风雨或气流及雨水溅射传播，进行初侵染和多次再侵染。15～22℃、相对湿度高于 90% 易发病，潜育期5～15d。

3. 茼蒿炭疽病

（1）发病症状。主要为害叶片和茎。叶片发病，初生黄白色至黄褐色水渍状小斑点，后扩展为不规则形或近圆形褐斑，边缘稍隆起，大小2～5mm，表面有黑色小粒点。茎发病，初生黄褐色小斑，后扩展为长条形或椭圆形，稍凹陷的褐斑，病斑绕茎一周后，病茎变褐变收缩，病部以上或全株枯死，如茎端发病，则造成"烂梢"。湿度大时，病部溢出红褐色液。

（2）病原。胶孢炭疽菌［*Colletotrichum gloeosporioides*（Penz.）Sacc］，属真菌界半知菌亚门。

（3）发病规律。病菌以菌丝体和分生孢子盘在病残体上越冬，也可以菌丝体潜伏在种子内部及分生孢子附着在种子表面越冬。以分生孢子进行初侵染和再侵染，借风雨及小昆虫活动传播蔓延。温暖多湿有利该病发生流行。施氮肥过多过重、植株生势过旺或反季节栽培发病重。

4. 茼蒿病毒病

（1）发病症状。全株矮缩，叶片花叶或皱缩状。

（2）病原。由菊花B病毒［*Chrysanthemum virus* B（CVB）］和黄瓜花叶病毒［*Cucumber mosaic virus*（CMV）］单独或共同侵染引起的。

（3）发病规律。主要由昆虫传毒，在蚜虫发生多的年份或利于蚜虫繁殖活动的季节发病重。

（三）苋菜病害

1. 苋菜褐斑病

（1）发病症状。主要为害叶片。叶片病斑圆形至不规则形，大小2～4mm，褐色至红褐色。后病斑中部稍浅，病斑两面均可见稀疏小黑点。叶柄和茎发病，病斑椭圆形，稍凹陷，褐色，后期也生小黑点。

（2）病原。苋叶点霉菌（*Phyllosticta amarnthi* Ell. et Kell.），属真菌界半知菌亚门。

（3）发病规律。病菌以菌丝体和分生孢子器在病株上或遗落土中的病残体上越冬。翌春病菌产生分生孢子进行初侵染，病部上分生孢子器不断产生分生孢子，并借雨水溅射和通过风雨传播，进行多次再侵染。气温 25～28℃，多雨重露利于该病发生和流行；种植过密，偏施速效氮肥，通风透光不良发病重。

2. 苋菜炭疽病

（1）发病症状。为害叶片和茎。叶片染病初生暗绿色水浸状小斑点，后扩大为灰褐色，直径 2～4mm，病斑圆形，边缘褐色，略微隆起，病斑数目少则 10 几个，多的可达 20～30 个，严重的病斑融合致叶片早枯，病斑上生有黑色小粒点。湿度大时，病部溢出黏状物，即病原菌的分生孢子盘和分生孢子。茎部染病，病斑褐色，长椭圆形，略凹陷。

（2）病原。溃突刺盘孢菌 （*Colletotrichum erumpens* Sacc. var. amarnthi Teng.），属真菌界半知菌亚门。

（3）发病规律。病菌主要以菌丝体或分生孢子在病残体和种子上越冬。翌春条件适宜时产生分生孢子，通过雨水飞溅或冲刷进行传播和蔓延。气温 28～32℃、多雨利于该病发生和流行；种植过密、偏施速效氮肥、通风透光不良发病重。

3. 苋菜白锈病

（1）发病症状。主要为害叶片。在叶片上出现大小不等的不规则褪绿斑块，叶背面产生圆形至不规则形白色疱斑，大小差异较大。严重时疱斑密布，叶片凹凸不平，病部变褐坏死，终致全叶枯黄，多数叶片丧失食用价值。疱斑破裂，散出白色粉末状物（即病菌孢子囊）。

（2）病原。苋白锈菌 ［*Albugo bliti* （Biv） O. Kuntze.］，属假菌界卵菌门。

（3）发病规律。南方地区病菌以孢子囊越冬，条件适宜时孢子囊进行初侵染，发病后产生孢子囊并借气流或雨水溅射传播蔓延。寒冷地区病菌以卵孢子随病残体遗落在土中越冬，翌年卵孢子萌发产生孢子囊或直接产生芽管侵染致病。孢子囊萌发适温 10℃，同时要求高温或有饱和水。生长期阴雨连绵，植株生长茂密，偏施氮肥等发病较重。

4. 苋菜病毒病

（1）发病症状。全株受害，植株矮化，生长势衰弱。病株叶片卷曲皱缩，有的出现花叶，有的出现坏死斑。

（2）病原。由千日红病毒（*Gomphrena virus*，GV）、黄瓜花叶病毒（*Cucumber mosaic virus*，CMV）单独或复合侵染。千日红病毒粒体为弹状，汁液传染，能否由昆虫传染尚未明确。

（3）发病规律。两种病毒均在寄主活体上存活越冬，借汁液传染。黄瓜花叶病毒主要借蚜虫传染。在毒源存在条件下，利于传毒虫媒繁殖活动的生态条件，利于该病发生，田间采收等农事操作造成的汁液传染致病害蔓延。

（四）芫荽病害

1. 芫荽叶斑病

（1）发病症状。主要为害叶片、叶柄和茎。叶片初染：病时先出现橄榄色至褐色病斑，不规则形或近圆形，病斑较小，边缘明显，后期病斑中部灰色，病斑上着生黑色小粒点。严重时病斑融合成片，引起叶片干枯。叶柄和茎染病，病斑为条状或长椭圆形褐色斑，稍凹陷。

（2）病原。芹菜尾孢菌（*Cercospora petroselini* Saccardo.）、芹菜叶点霉菌（*Phyllosticta petroselini* Rothers.）和芹菜壳针孢菌（*Septoria petroselini* Desmazieres.），均属真菌界半知菌亚门。

（3）发病规律。病菌主要以菌丝体潜伏在种皮里或随病残体留在土中越冬。潜伏在种皮里的菌丝能存活1年以上，可作远距离传播，菌丝上产生分生孢子梗和分生孢子，借风、雨、农具及农事操作传播蔓延。在湿度大、有水滴的条件下，分生孢子萌发，产生芽管后从气孔或直接穿透表皮侵入。温暖高湿利于发病。气温在20～25℃和多雨条件下发病重。白天晴朗，夜间结露，气温忽高忽低，植株生长不良，都会使该病发生或流行。

2. 芫荽菌核病

（1）发病症状。幼苗和成株均可发病，主要为害茎。发病时茎基部开始出现水渍状软腐，引起幼苗折倒枯死；湿度大时，成株病部生出浓密的棉絮状白色菌丝，向四周健株蔓延，引起病组织腐烂，后期在菌丝间形成黑色鼠粪状坚硬的菌核。

（2）病原。核盘菌［*Sclerotinia sclerotiorum* （Lib.） de Bary.］，属真菌界子囊菌亚门。

（3）发病规律。病原遗留在土中、混杂在种子中越冬或越夏。混在种子中的病原，随播种进入田间；遗留在土中的病原（菌核）遇有适宜温湿度条件即萌发产出子囊盘，放散出子囊孢子，随风吹到衰弱植株伤口上，进行初侵染。病部长出的菌丝又扩展到邻近植株或通过病健株直接接触进行再侵染，引起发病，并以这种方式进行重复侵染。0～35℃时菌丝能生长。

3. 芫荽株腐病

（1）发病症状。常见于苗期和采种株。苗期染病，主要为害幼苗嫩茎或根茎部，刚出土幼苗即见发病，初茎部或茎基部呈浅褐色水渍状，后发生株腐或猝倒，严重的一片片枯死。采种株染病，引致全株枯死，在枯死病株一侧可见粉红色霉层。

（2）病原。尖镰孢菌（*Fusarium oxysporum* Schlecht.），属真菌界半知菌亚门。

（3）发病规律。前茬土壤病菌和施用未腐熟有机肥成为菌源。病菌在气温 24～28℃、土温 10～28℃、相对湿度高于 90％时侵入植株，为害严重。5—8 月，气温逐渐升高，降水也多，田间湿度大，对病原菌繁殖和侵入有利。

4. 芫荽灰霉病

（1）发病症状。局部发病。开始多从有结露的心叶或下部有伤口的叶片、叶柄或枯黄衰弱的外叶先发病，初为水渍状，后病部软化、腐烂或萎蔫，病部长出灰色霉层。长期高湿，引起整株腐烂。

（2）病原。灰葡萄孢（*Botrytis cinerea* Pers. ex Fr.），属真菌界半知菌亚门。

（3）发病规律。病菌在病残体及土壤中越冬或越夏。翌年靠气流传播蔓延。病菌发育适温为 20℃左右，低温、高湿、通风不良时发生严重。

5. 芫荽白粉病

（1）发病症状。地上部均可染病，主要为害叶片、茎和花轴。叶片染病，先在近地面处叶上发病，初现白色霉点，后在霉点上扩展为白色粉斑，生于叶两面。茎染病多发生在节部，条件适宜时，白粉状物迅速布满花器和果实，多由植株下部向上扩展，后期菌丝由白色转为淡褐色，病部产生许多黑色小粒点。

（2）病原。单丝壳白粉菌[*Sphaerotheca fuliginea*（Scll.）Poll.]，属真菌界子囊菌亚门。

（3）发病规律。病原以菌丝体或闭囊壳在寄主上或在病残体上越冬，以子囊孢子进行初侵染，后病部产生分生孢子进行再侵染，病害蔓延扩展。病菌以子囊壳随病株残体于土壤中越冬，翌年春天气温回升时，放射囊孢子进行初侵染，后病部产生分生孢子进行再侵染。适宜的温湿度是发病的主要条件，当气温在 16～24℃、并遇连续阴天，光照不足、天气闷热或雨后放晴但田间湿度仍大时，白粉病很易流行并发生较重。

（五）紫背天葵病害

1. 紫背天葵炭疽病

（1）发病症状。叶片、叶柄、茎均可受害。叶片染病，初生紫褐色小斑点，中部灰白色，四周有较宽的紫褐色圈，病斑圆形，直径 3～10mm，病斑稍凹陷，后期病斑生出黑色小粒点，干燥条件下，病斑易破裂穿孔，多个病斑融合，造成叶片坏死干枯。叶柄、茎染病，产生水渍状斑点，扩展后变成椭圆形至梭形浅褐色斑，中部稍凹陷，严重的造成茎折倒或烂茎、烂梢。

（2）病原。红花盘长孢 [*Gloeosporium carthami*（Fukui）Hori et Hemmi]，属真菌界半知菌亚门。

（3）发病规律。病菌随病残体遗落在土中或在病株上越冬。条件适宜时产生分生孢子，借风雨传播，进行初侵染和多次再侵染。雨日多、湿度大易发病。南方 3 月下旬开始发病，5—6 月进入发病盛期。北方 6 月开始发病，7—8 月雨季进入发病盛期。

2. 紫背天葵尾孢叶斑病

（1）发病症状。叶上初生灰白色或灰褐色小圆点，直径 1mm，后扩展成灰褐色中型病斑，病斑中部灰白色，边缘有紫色宽围线，多个病斑融合后致叶片干枯。

（2）病原。尾孢菌（*Cercospora* sp.），属真菌界半知菌类。

（3）发病规律。病原菌在病株的病叶上越冬。条件适宜时产生分生孢子，借风雨传播，进行多次再侵染，扩大为害。高湿持续时间长易发病。

3. 紫背天葵灰霉病

（1）发病症状。苗期、成株均可发病。多从叶尖、叶缘或茎部出现水渍状病变，后长出灰霉，干燥条件下病部呈干腐状，湿度大时病部表面长出灰色霉状物。

（2）病原。灰葡萄孢（*Botrytis cinerea* Pers. ex Fr.），属真菌界半知菌亚门。

（3）发病规律。以菌核或分生孢子随病残体在土壤中越冬。翌年菌核萌发产出菌丝体，其上着生分生孢子，借气流传播蔓延。遇有适温及叶面有水滴条件，孢子萌发产出芽管，从伤口或衰弱的组织侵入，病部产出大量分生孢子进行再侵染，后逐渐形成菌核越冬。该病发生与寄主生育状况有关，寄主衰弱或受低温侵袭，相对湿度高于 94％及适温易发病。

（六）番杏病害

1. 番杏尾孢白点病

（1）发病症状。主要为害叶片。后期老叶上产生圆形病斑，中部白色或灰白色，边缘深褐色，有时病斑四周褪绿发黄，直径 1～3mm。严重时，叶片上布满病斑，致叶片变黄干枯后枯死。

（2）病原。番杏尾孢（*Cercospora tetragoniae* Chupp），属真菌界半知菌亚门。

（3）发病规律。病菌以菌丝块或分生孢子在病残体上越冬。翌年春天条件适宜时产生分生孢子，借雨水溅射进行传播。分生孢子萌发后产生芽管，从气孔或直接穿透寄主表皮侵入，经 7d 左右潜育出现病斑，发病后病部又产生分生孢子进行多次再侵染。该病喜高温高湿条件。病菌发育适温为 25～28℃，分生孢子萌发适温 24～25℃，适宜相对湿度为 90%以上。棚室内湿度高、叶面有水滴，病害扩展迅速。

2. 番杏灰霉病

（1）发病症状。主要为害叶片、叶柄、茎蔓等部位。叶片染病，多始于叶尖或叶缘，病部初呈水渍状黄褐色至暗褐色，病叶表面产生灰褐色霉层。叶柄、茎蔓染病，产生与叶片类似的症状。

（2）病原。灰葡萄孢（*Botrytis cinerea* Pers. ex Fr.），属真菌界半知菌亚门。

（3）发病规律。苗期、成株均可发病。多从叶尖、叶缘或茎部出现水渍状病变，后长出灰霉，干燥条件下病部呈干腐状，湿度大时病部表面长出灰色霉状物。

3. 番杏褐腐病

（1）发病症状。幼苗染病，常引起幼苗立枯而死。成株染病，常从植株下株的茎叶开始出现水渍状腐烂，严重时呈暗绿色或灰褐色腐烂，湿度大时，病部生有白霉。

（2）病原。立枯丝核菌（*Rhizoctonia solani* Kühn），属真菌界半知菌亚门。

（3）发病规律。主要以菌丝或菌核在病株上或随病残体在土壤中越冬和存活。只要有适宜发病的条件，气温 25～30℃，湿度高，菌核需有 98%以上高湿条件持续一定时间才能萌发，遇有抗病力弱的寄主很易侵染而发病。生产上土温过高或过低，土质黏重，有利该病发生。

4. 番杏炭疽病

（1）发病症状。主要为害叶片。叶尖、叶缘发病时，产生半圆形至楔形病斑，从外向内扩展。叶面上产生浅褐色病斑，圆形至近圆形，边缘褐色，病斑上略现轮纹，潮湿时产生赭红色小液点。

（2）病原。刺盘孢（*Colletotrichum* sp.），属真菌界半知菌

亚门。

（3）发病规律。病菌以菌丝体和分生孢子盘随病残体遗落在土壤中越冬或越夏。条件适宜时产生分生孢子，借风雨传播，从伤口侵入，进行初侵染和多次再侵染，温暖多湿的天气易发病。

5. 番杏病毒病

（1）发病症状。系统侵染。病株叶片变小，产生明脉，老叶黄化，植株明显矮缩，叶片皱缩不展。

（2）病原。甜菜黄化病毒（*Beet yellows virus*，BYV），属长线形病毒科长线形病毒病属。此外，香石竹斑驳病毒、菊花潜病毒、建兰环斑病毒、番茄黑环斑病毒等均可侵染番杏。

（3）发病规律。主要靠桃蚜、蚕豆蚜等蚜虫传毒。

（七）荠菜病害

1. 荠菜霜霉病

（1）发病症状。为害叶片、花梗和采种株种荚。初在叶片上生浅黄绿色病变，后扩展成黄色坏死斑块，湿度大时叶背面生出一层白霉，致叶片黄化干枯。花梗、采种株染病，产生类似症状，不能正常结实。

（2）病原。寄生霜霉荠菜属变种［*Peronospora parasitica* var. *capsellae*（Pers.）Fr.］，属假菌界卵菌门。

（3）发病规律。病菌在荠菜属活体植物上存活和越季，也可以卵孢子在病残体上越冬。条件适宜时借雨水或灌溉水溅射传播。气温 16～20℃、湿度接近饱和或植株表面有水滴易发病。生长期间雨日多、田间湿度大或露水大发病重。

2. 荠菜花叶病毒病

（1）发病症状。全株性病变，病株叶色变浅，出现轻型花叶，有的外叶出现黄色花斑，植株略矮化。

（2）病原。黄瓜花叶病毒（*Cucumber mosaic virus*，CMV）。

（3）发病规律。主要靠桃蚜传毒。天旱蚜虫发生严重的地块，病毒病也重，田间或棚室温度高有利该病发生。

（八）马齿苋病害

1. 马齿苋叶点霉叶斑病

（1）发病症状。主要为害叶片。初在叶片上生水渍状浅褐色至红褐色小点，后扩展成灰黄色近圆形稍凹陷坏死斑，边缘黄褐色，后变成灰白色，后期病斑上散生黑色小粒点。空气干燥时病斑破裂或穿孔，严重的病斑融合干枯。

（2）病原。番薯叶点霉［*Phyllosticta batatas*（Thümen）Cooke］，属真菌界半知菌亚门。

（3）发病规律。病菌以菌丝体和分生孢子器随病残体在土壤中越冬。条件适宜时产生分生孢子，借气流或雨水传播。生长期雨日多易发病。

2. 马齿苋细菌叶斑病

（1）发病症状。初在叶面上现黄褐色小斑点，后很快扩展成不规则形黄褐色病斑，大小不一，病斑四周现黄绿色晕环。叶背面可见病斑，深绿色至暗褐色，病部薄，易破裂。严重的多个病斑融合成片，致叶片干枯。

（2）病原。甘薯假单胞菌（*Pseudomonas batatae* Cheng and Fean），属细菌界薄壁菌门。

（3）发病规律。病菌在土壤中或贮藏窖内存活越冬，一般可存活 1～3 年。病薯、病苗、病土是该病远距离传播的主要途径，施用带有病残体的未腐熟有机肥也可传播该病。田间主要靠雨水及灌溉水传播，气温 27～32℃、相对湿度高于 80％易发病。雨日多、湿气滞留发病重。

3. 马齿苋菜病毒病

（1）发病症状。叶片上卷或扭曲，植株矮化，叶片上有花叶或浅绿色斑驳，有的在叶片上现褐色坏死斑点，严重的病株坏死，病株率 10％以上。

（2）病原。甘薯轻型斑驳病毒（*Sweet potato mild mottle virus*，SPMMV），属马铃薯 Y 病毒科、甘薯病毒属。

（3）发病规律。生产上持续干旱有利该病发生。

（九）珍珠菜病害

珍珠菜炭疽病

（1）发病症状。主要为害叶片。叶缘和叶尖染病，产生半圆形病斑，褐色至深褐色，边缘色深，中部略凹陷，病、健部分界处具黄晕。后期病斑上长出黑色小粒点。

（2）病原。胶孢炭疽菌或盘长孢状刺盘孢［*Celletotrichum gloeosporiodes*（Penz.）Sacc.］，属真菌界半知菌亚门。

（3）发病规律。病菌以菌丝体和分生孢子盘在病部或病残体上存活或越冬。以分生孢子借雨水溅射传播，从伤口侵入，进行初侵染和再侵染。温暖潮湿的天气或季节易发病。湿气滞留发病重。

（十）枸杞病害

1. 枸杞炭疽病

（1）发病症状。俗称黑果病，主要为害青果、嫩枝、叶、蕾、花等。青果染病初在果面上生小黑点或不规则褐斑，遇连阴雨天病斑不断扩大，半果或整果变黑、僵化；湿度大时，病果上长出很多橘红色胶状小点。嫩枝、叶尖、叶缘染病产生褐色半圆形病斑，扩大后变黑，降低光合效率。病菌还可为害花蕾、花，引起早期落花、落蕾，降低成果率，严重影响产量。

（2）病原。胶孢炭疽菌［*Colletotrichum gloeosporioides*（Penz）Sacc.］，属真菌界半知菌亚门。

（3）发病规律。主要以菌丝和分生孢子在落叶、病果和树皮缝越冬。当春季气温上升，空气温度增高时，分生孢子即可萌发侵染，发病盛期是7—9月。黑果病的发生与降水量、湿度关系很大，一般干旱少雨发病较轻，多雨、湿度大及多雾、多露的气候条件发病则重。病菌随风雨传播，在雨季分生孢子散落到果实及叶上，果面上产生黑霉，条件适宜进行循环性侵染为害。

2. 枸杞白粉病

（1）发病症状。叶片发病后，正反两面均有白色、形状不定的粉斑出现，严重的叶片皱缩卷曲，最后枯萎，严重降低光合效率，果实皱缩或裂口。

（2）病原。多孢穆氏节丝壳 ［*Arthrocladiella mougeotii* (Lév.) Vassilk. var. polysporae Z. Y. Zhao.］，属真菌界子囊菌门。

（3）发病规律。北方病菌以闭囊壳随病残体遗留在土壤表面越冬，翌年春季放射出子囊孢子进行初侵染。南方病菌有时产生闭囊壳或以菌丝体在寄主上越冬。田间发病后，病部产生分生孢子通过气流传播，进行再侵染。条件适宜时，孢子萌发产生菌丝直接从表皮细胞侵入。

3. 枸杞根腐病

（1）发病症状。发病初期叶片小而黄瘦、果稀而瘦小，后枝条萎缩，严重时枝条或全株枯死，将茎部纵剖，可见维管束变成褐色。

（2）病原。镰刀菌（*Fusarium* spp.），属真菌界半知菌亚门。

（3）发病规律。6 月中下旬发生，7—8 月严重。枸杞根腐病病原菌既可以从伤口入侵，其潜育期在 20℃时，在寄主有创伤的情况下为 3～5d，无创伤时则为 19d。枸杞根腐病的发病因子主要由田间积水，时间愈长则发病致死率愈高；机械创伤会造成发病严重。

二、茎类野特菜病害

（一）莴笋病害

1. 莴笋霜霉病

（1）发病症状。主要为害叶片，幼苗期至成株期均可发病：初期叶正面有淡黄色周缘不甚明显的近网形或不规则形病斑，扩大后受叶脉限制现多角形黄斑，后期为黄褐色枯斑。叶背面有稀疏霜状霉层：有时霉状物可蔓延至叶正面，后期叶上斑块变为褐色连成片，叶发黄、干枯，有时扩展到茎部，使其变黑。病害多从植株下部向上蔓延。

（2）病原。莴苣盘霜霉（*Bremia lactucae* Regel），属假菌界卵菌门。

（3）发病规律。种表、种内、病残体带菌，借风雨传播，由叶背侵入。适宜温度 15～17℃、湿度 85％以上。在阴雨连绵的春末或秋季发病重。栽植过密、定植后浇水过早或过多、土壤潮湿或排水不良易发病。

2. 莴笋菌核病

（1）发病症状。主要为害茎、叶。幼嫩心叶端部先发病，后心叶及叶柄染病，淡褐色，软化湿腐，再长出白色较厚实密集的菌丝，常见到黑色鼠粪状菌核。多从中下部近地面的茎开始，病部初呈褐色水渍状，迅速向上下和向内扩展，后期病组织软腐，但无臭味，叶片凋萎，全株枯死。潮湿环境下，病部表面有白色絮状菌丝，黑色鼠粪状菌核。

（2）病原。核盘菌［*Sclerotinia sclerotiorum*（Lib.）de Bary］，属真菌界子囊菌门。

（3）发病规律。在适宜条件下，菌核萌发产生子囊盘和子囊孢子，成熟后的孢子弹射散发，通过气流传播。首先侵染衰老叶片及植株伤口，通过菌丝生长，再逐渐向健康的茎叶和邻近植株蔓延。菌核在潮湿土壤中存活期为 1 年左右，在干燥土壤中可达 3 年以上。在水中经 1 个月后菌核腐烂死亡。气温在　20℃左右，相对湿度在 85％以上的环境条件下，有利病害的发生与蔓延，一般在低温多雨时发病重。湿度低于 70％，病害发生较轻。连作地排水不良，田间种植密度大，株间通风，透光性差，田间高湿或偏施氮肥，造成枝叶徒长，都会加重病害发生。春季留种株开花后若遇多雨、寒流，常会造成病害严重发生。

3. 莴笋灰霉病

（1）发病症状。茎基部受害，病部初呈水浸状斑，迅速扩大，茎基腐烂，疮面上生出土灰褐色霉层，即病原菌的分生孢子梗及分生孢子，遇天气干燥，整株逐步干枯死亡。霉层先白后灰，天气潮湿时，整株从基部向上溃烂，叶柄受侵染呈深褐色。

（2）病原。灰葡萄孢［*Botrytis cinerea* Pers. ex Fr.］，属真菌界半知菌亚门。

（3）发病规律。以菌核或分生孢子随病残体在土壤中越冬，翌年菌核萌发产出菌丝体，其上着生分生孢子，借气流传播蔓延。遇有适温及叶面有水滴条件，孢子萌发产出芽管，从植株伤口或衰弱的组织侵入，扩展速度快，病部产出大量分生孢子进行再侵染，后期逐渐形成菌核越冬。一般在寄主衰弱或受低温侵袭、相对湿度高于 94% 的环境条件下，温度适宜即可发病。

（二）芦笋病害

1. 芦笋冠腐病

（1）发病症状。主要为害茎基和根部。初期病部变褐色，皮层逐渐腐烂，仅残留表皮和维管束，表皮下布有白色菌丝体，髓部变色，严重时小根全部烂掉，根部溃烂，植株黄化、矮小或萎凋后枯死，一般不落叶，别于立枯病。该病常与茎枯病并发，需注意区别。

（2）病原。串珠镰孢（稻恶苗菌）（*Fusarium moniliforme* Sheld.），属真菌界半知菌亚门。此外，河南报道萎镰孢菌（*F. bulbigenum* Cooke et Mass.）也可引致该病。

（3）发病规律。霉菌以菌丝或分生孢子在土壤内或病残体上越冬，翌年以菌丝、分生孢子在土壤内传播、蔓延。种子、雨水、人为的也能将病菌带入病区或无病处进行传播，分生孢子在种子和病残体上可以存活 2 年。一般在春季温度、湿度适宜的条件下开始对新根、老根、地下茎盘进行侵染。

2. 芦笋炭疽病

（1）发病症状。主要为害茎。茎上病斑灰色至浅褐色，梭形或不规则形，后期病部长出小黑点，即病原菌的子实体。

（2）病原。盘长孢状刺盘孢（*Colletotrichum gloeosporioides* Penz.），炭疽菌属，属真菌界半知菌亚门。有性态为 *Glomerella cingulata* (Stonem.) Spauld. et Schrenk，围小丛壳属，属真菌界子囊菌亚门。

（3）发病规律。病菌以菌丝体和分生孢子在病残体上越冬，翌年 4—6 月靠雨水传播，从伤口侵入致病。多雨季节扩展快，干旱或干旱无雨年份发病轻。

3. 芦笋立枯病

（1）发病症状。初仅见田间个别植株变黄后萎蔫，病情扩展后全株枯死。嫩茎染病，拟叶和茎变褐或纵裂，病株地下茎和根部出现褐色病斑，后期病部腐烂，产生白色至粉红色霉状物，即病原菌的分生孢子梗和分生孢子。实生苗染病，根茎部的表皮上出现红棕色病斑，维管束变褐，影响水分和碳水化合物的输送，致地上部变黄矮化，甚至萎凋，落叶或枯死。幼笋染病细小或无法出土。

（2）病原。尖孢镰刀菌芦笋专化型（*Fusarium oxysporum* f. sp. asparagi Cohen），属真菌界半知菌亚门。

（3）发病规律。病菌以厚垣孢子在土壤中越冬。翌年产生分生孢子借雨水或灌溉水传播，经伤口侵入，为害茎部和根系，发病后产生大量分生孢子进行再侵染。生产中土壤过湿易发病。

4. 芦笋灰霉病

（1）发病症状。芦笋灰霉病主要发生在生长不良的小枝或幼笋上。开花期也易染病，新长出的嫩枝呈铁丝状弯曲，致生长点变黑后干枯，湿度大时，病部密生鼠毛状灰黑色霉，即病菌分生孢子梗和分生孢子。有时为害茎基部或笋，严重时可致地上部枯死。

（2）病原。灰葡萄孢（*Botrytis cinerea* Pers. ex Fr.），属真菌界半知菌亚门。

（3）发病规律。以菌核或分生孢子随病残体在土壤中越冬，翌年菌核萌发产出菌丝体，其上着生分生孢子，借气流传播蔓延。遇有适温及叶面有水滴条件，孢子萌发产出芽管，从植株伤口或衰弱的组织侵入，扩展速度快，病部产出大量分生孢子进行再侵染，后期逐渐形成菌核越冬。一般在寄主衰弱或受低温侵袭、相对湿度高于94%的环境条件下，温度适宜即可发病。

5. 芦笋茎枯病

又称芦笋茎腐病。

（1）发病症状。早期仅在中心发病株的茎枝上出现乳白色油渍状小斑点，渐扩展呈纺锤状或不规则形褪绿斑，边缘清晰红褐色，有淡黄色晕圈，中心部稍凹陷，并呈赤褐色，最后变成灰白色，其上着生许多小黑点。病斑深入髓部，绕茎一周时，染病部位易折断，病株早期变黄，最后失水干枯死亡。

（2）病原。天门冬拟茎点霉 [*Phomopsis asparagi*（Sacc.）Bubak.]，属真菌界半知菌亚门。

（3）发病规律。主要以分生孢子器或分生孢子在病残体上越冬。田间或堆积在田埂上的枯老病残株上的分生孢子器，在高湿条件下释放出分生孢子进行侵染，成为翌年主要初侵染源。茎、枝及病斑上产生的分生孢子随雨水沿茎枝向下流，致茎基部形成大量病斑，或引起流行。该病早春始发，均温15℃潜育期7～10d，多经5～10d形成繁殖器官，以分生孢子进行初侵染和再侵染，早期形成的分生孢子器能越夏，成为秋季侵染源。该病多在梅雨或秋雨连绵的季节发生流行，均温19.8～28.5℃进入盛发期，连阴雨或台风暴雨后病情加剧，施用氮肥过多或缺乏，或土壤湿度大发病重。品种间抗病性差异明显。

6. 芦笋病毒病

（1）发病症状。全株性病害。田间症状多表现为植株生长瘦弱，新叶变小、扭曲、黄化，嫩笋抽发力渐退，纤弱，产量明显降低。

（2）病原。毒源有天门冬1号病毒（马铃薯Y病毒）、天门冬2号病毒（等轴不稳环斑病毒）、天门冬3号病毒（马铃薯X病毒）、天门冬矮缩病毒（烟草条斑病毒）、天门冬豇豆粗缩花叶病毒。但主要是以天门冬1号病毒和天门冬2号病毒为主。天门冬2号病毒分布很广，危害性也比较严重。

（3）发病规律。病毒在活体寄主上存活越冬，主要通过汁液接触摩擦传毒。

种子带毒：芦笋病毒存在于种子的胚与子叶中。种子带毒是主要初侵染来源。带毒种子发芽生长发育成幼苗后，茎、叶、芽都可能带毒，成为病株。

蚜虫、蓟马传毒：芦笋病毒病的主要媒介昆虫是蚜虫、蓟马。蚜虫、蓟马吮咬初侵染病株后，携病毒四处扩散，造成田间多次再侵染。蚜虫、蓟马数量越多，田间出现叶色褪绿黄化、枝叶扭曲病症越重。

汁液传毒：芦笋病毒很容易接触传染，通过农事操作如摘心打顶、采笋可使枝叶摩擦、汁液接触，致使进一步扩大再侵染。

（三）紫菜薹病害

1. 紫菜薹霜霉病

（1）发病症状。为害叶片、花梗、花器和种类。叶片上初生淡黄绿色边缘不明显的病斑，后变为黄色至黄褐色，常受叶脉限制成多角形，严重时病斑连片，病叶枯死。在病叶背面密生白色霜状霉。在采种株上，受害花梗肥肿、弯曲、面上生白色霜状霉，花器被害肥大、畸形，花瓣绿色，久不凋落。种荚淡黄色，上生白色霉状物（即孢子囊及孢囊梗）。

（2）病原。寄生霜霉（*Peronosprora brassicae* Gaumann），属真菌界鞭毛菌亚门。

（3）发病规律。病菌主要以卵孢子在病残体内或附着在种子上越冬。卵孢子萌发时，产生芽管，从幼苗茎部侵入，进行有限的系统浸染，即菌丝体向上延伸只到达子叶及第一对真叶上，在其叶背上产生白色霜状霉。病菌亦能在田间，以菌丝体在病株上越冬，次春长出孢子囊。孢子囊借气流传播，侵染为害。潜育期 3～4d。孢子囊产生和萌发的最适温度分别为 8～12℃和 7～13℃，在水滴或水膜中和适温下，经 3～4h 即可萌发。侵入最适温度为 16℃。菌丝体在寄主体内生长要求较高温度（20～24℃）。卵孢子萌发的温度大致与孢子囊一致。

2. 紫菜薹黑腐病

（1）发病症状。幼苗及成株均可发病。主要为害叶片，多从植株下部边缘开始发生，病斑由叶缘向内呈 V 字形扩展，黄褐色，外围浅黄色，边缘不明显。随着叶片生长，病斑不断扩大，致使叶脉、叶柄变黑坏死。该病可从病叶扩展至叶柄，也可从伤口侵入叶柄，引起叶柄及茎腐烂。严重发生时能使叶片枯死，病株不抽薹而萎蔫致死。

（2）病原。十字花科野特菜黑腐病菌［*Xanthomonas campestris* pv. Campestris（Pammel）Dowson］，属真菌界半知菌亚门。

（3）发病规律。病菌主要在种子内和病残体中越冬，生长发育最适温度为 25～30℃，最低 5℃，最高 38～39℃。菜株生长期间，病菌主要借雨水、带菌肥料及昆虫传播。从气孔、水孔、虫伤口侵入，进入维管束组织后，在维管束组织中上下扩展，形成系统侵染。在留种株上，病菌从果柄维管束进入种荚，并从种子种脐部侵入种子内。

3. 紫菜薹病毒病

（1）发病症状。苗期发病叶脉透明或沿脉失绿，产生斑驳或叶片皱缩不平，进而出现花叶或心叶扭曲。成株期发病叶片表现不同程度花叶皱缩，常生许多褐色小斑点。叶脉上有坏死条斑，植株矮缩，畸形，不抽薹。

（2）病原。芜菁花叶病毒（*Turnip mosaic virus*，TuMV），病毒界芜菁花叶病毒属。

（3）发病规律。病毒的寄生范围很广，除为害大白菜、小白菜、菜心、油菜、芥菜、芜菁、甘蓝、花椰菜、萝卜、西洋菜等，还能侵染菠菜、茼蒿以及荠菜、车前草等。病毒失毒温度 55～60℃，稀释终点 2 000～5 000 倍，体外保毒期 24～96h，粒体线条状。潜育期 9～14d。一般气温在 25℃左右，光照时间长，潜育期短；气温低于 15℃，潜育期长，有时呈隐症现象。病毒可在白菜、甘蓝、萝卜等采种株上越冬，也可在宿根作物如菠菜及田边寄主杂草的根部越冬，常年生长十字花科蔬菜的地区，病毒不存在越冬问题。芜菁花叶病毒由蚜虫和汁液接触传染，但田间传毒主要是蚜虫（菜缢管蚜、桃蚜、甘蓝蚜、棉蚜），种子不带毒。

4. 紫菜薹炭疽病

（1）发病症状。为害叶片和叶柄。叶片染病，产生苍白色近圆形水渍状小圆斑，后扩展成灰褐色较大病斑，略凹陷，边缘变褐色，中部灰褐色，直径 2～3mm，后期病斑变成白色至灰白色，呈半透明纸状，易破裂穿孔。叶柄染病，产生梭形至近椭圆形黄褐色或深褐色病斑，有的开裂向两头扩展。发病重的叶上病斑满布或融合成大斑。湿度大时，病部溢有浅红色分生孢子团。

（2）病原。芸薹炭疽菌（*Colletotrichum Higginsianum* Sacc.），属真菌界半知菌亚门。

（3）发病规律。病原菌在病残体和种子上越冬。生产上出现发病条件后，苗期、成株均可发病。在田间借风雨或灌溉水溅射传播，高温、多雨易发病。

（四）竹笋病害

竹笋纹枯病

（1）发病症状。主要为害嫩笋，刚出土幼笋易发病，初在笋上生椭圆形至不规则病斑，边缘不明显，红褐色至暗褐色，中部色浅，有的呈云纹状，雨后或湿度大时生有灰白色稀疏状菌丝。有时笋壳间菌丝扭结成细小的油菜籽状菌核。

（2）病原。立枯丝核菌（*Rhizoctonia solani* Kühn），属真菌界半知菌亚门。

（3）发病规律。以遗落在土中的菌核或在病残体上的菌丝越冬，翌春条件适宜时就进行初侵染，发病后田间的病土、病死的幼笋或笋壳进行再传染。高温高湿有利发病。阴雨天多、土壤湿度高，竹株生长弱则易发病。

（五）茭白病害

1. 茭白纹枯病

（1）发病症状。主要为害叶片和叶鞘，主要发生在分蘖期至结茭期。发病初期叶片上出现圆形至椭圆形的病斑，后扩大为不规则形，云纹斑状。病斑中部在露水干后呈草黄色，湿度大时呈墨绿色，边缘深褐色，病健部分界明显。

（2）病原。立枯丝核菌（*Rhizoctonia solani* Kühn），属真菌界半知菌亚门。

（3）发病规律。以菌核在土壤中越冬。翌年 6—9 月生出菌丝侵入叶鞘引起发病，随后病部长出菌丝向茭株上部叶片或邻近茭株蔓延危害，最后在茭肉上重复侵染，菌丝集结成菌核散落土表，成为第二年的初侵染源。据观测，22℃开始发病，在25～32℃，又遇连续阴雨时，病势发展特别快。

2. 茭白胡麻斑病

（1）发病症状。为害叶片、叶鞘。叶片染病后，开始病叶上散生许多芝麻粒大小的病斑，黄褐色，周围有时有轮纹，边缘清晰，常有黄色晕圈，发生严重时互相连成不规则的大病斑。叶鞘病斑与叶片上的相似，但病斑较大，数量较少。湿度大时表面产生黑褐色霉层，即分生孢子梗和分生孢子。发病叶片由叶尖向下干枯，后期常引起全叶半枯死至枯死状。

（2）病原。菰离平脐蠕孢菌（*Helminthosporium zizaniae* Nishik.），属真菌界半知菌亚门。

（3）发病规律。以菌丝体和孢子在老株或病残体上越冬。分蘖生长盛期遇20℃以上的适宜温度，连续2d以上有雨或湿度大于90%，日照少的天气开始发病；这种天气出现的时间早发病就早，反之则迟。

3. 茭白锈病

（1）发病症状。主要为害叶片，在叶鞘上也有发生。发病叶片的正反面及叶鞘上散生黄色或铁锈色隆起的小疱斑（即夏孢子堆），疱斑破裂，散出锈色粉状物，后期叶、叶鞘现灰色至黑色小疱斑（即冬孢子堆）。疱斑长条形，表皮不易破裂。

（2）病原。茭白冠单胞锈菌（*Uromyces coronatus* Miyabe et Nishida ex Dietel），属真菌界担子菌亚门。

（3）发病规律。病菌以菌丝体在老株上或以冬孢子堆在病残体上越冬。翌年，老株上的菌丝可长出夏孢子，通过气流传播，在适宜的温湿度下萌发长出芽管，从叶片的气孔侵入。初侵染发病后又长出大量新的夏孢子，传播后可频频进行再侵染。温暖潮湿多雨的天气，有利发病。种植密度过大，偏施、重施氮肥的田地易诱发此病流行。

4. 茭白黑粉病

（1）发病症状。叶片受害，生长势明显减弱，叶肉内充满黑粉菌厚垣孢子，挤压叶片变宽，逐渐发展成黄绿色泡状突起，有的表皮枯黄破裂，散发黑色粉状物。叶鞘发病，初期叶鞘上病斑为深绿色小圆点，发展成椭圆形瘤状突起，后期叶鞘充满黑粉孢子团，使得叶鞘发黑。茭肉受害，黑粉菌厚垣孢子充斥茭白组织，使得中间鼓胀突起，茭肉变短，体表多有纵沟，较粗糙，长到老也不开裂，严重的茭肉全被厚垣孢子充满，有的整个茭肉充满灰黑色粉，横切茭肉可见黑色孢子堆。

（2）病原。茭白黑粉菌（*Ustilago esculenta* P. Henn.），属真菌界担子菌亚门。

（3）发病规律。病菌以厚垣孢子团随种茭墩或以菌丝体和厚垣孢子团随病株残体在土壤中越冬。翌年生长期在适宜的条件下，冬孢子萌发产生厚垣孢子，再由厚垣孢子产生小孢子侵入嫩茎，随着植株生长扩展到生长点。该病菌常通过雨水或灌溉水传播，气流或株间接触也可传播。病菌主要从嫩茎、叶鞘及叶片伤口、气孔或表皮进行初侵染，几天后出现症状，以后产生厚垣孢子团，不断向健康叶片、叶鞘及邻近植株蔓延，进行再侵染。气温在 25～32℃、相对湿度在 80% 以上的条件下，有利病害的发生与蔓延。一般在高温、多雨季节发病重；连作田块，分蘖过多，造成过密的郁闷高湿环境发病重；肥力不足，植株生长弱，灌水不当等均会加重病害的发生。

5. 茭白瘟病

（1）发病症状。主要为害叶片，病斑分急性、慢性、褐点 3 种类型。急性型病斑大小不一，小的似针尖；大的似绿豆，病斑两端较尖，暗绿色，湿度大时叶背病部生灰绿色霉层。慢性型病斑梭形，四周红褐色，中部灰白色，湿度大时产生灰绿色霉；该型症状是在干燥条件下由急性型转变来的。褐点型病斑是在高温干旱条件下产生的褐色斑点，老叶上易发病，致叶片变黄枯干。

（2）病原。稻梨孢霉（茭白梨孢）（*Pyricularia grisea* Saccardo.），

属真菌界半知菌亚门。

（3）发病规律。以菌丝体和分生孢子在老株或遗落在田间的落叶上越冬。翌年春暖后产生分生孢子，借风雨传播蔓延，产生病斑后，又形成分生孢子进行再侵染。发病适温 25～28℃，高温利于分生孢子形成、飞散和萌发。田间高湿持续 24h 以上，有利该病的发生和流行；土壤温度低、阴雨连绵、日照不足则发病重。

（六）慈姑病害

1. 慈姑黑粉病

（1）发病症状。主要为害叶片、叶柄、花器和球茎。叶上初生黄色至橙黄色大小不等略隆起的疱斑，后疱斑枯黄破裂，散出黑色小粉粒（即病菌孢子团）。有的病叶畸形扭曲，叶柄生球状肿瘤或产生黑色条斑。花器受害，子房变黑褐色。球茎受害，多在植株基部与匍匐茎结处发病，造成茎皮开裂。

（2）病原。慈姑虚球黑粉菌 [*Doassansiopsis horiana*（P. Henn.）Shen]，属真菌界担子菌亚门。

（3）发病规律。病菌以随病残体落入土中或附在种球茎上越冬。翌春气温 22℃ 以上有雨湿条件孢子团萌发产生担孢子，借风雨、灌溉水传播进行初侵染，后病斑上又产生孢子进行多次再侵染。26～28℃ 时该病扩展快；其间如遇有雨天多雨量大，常造成暴发大流行。

2. 慈姑斑纹病

（1）发病症状。为害叶片和叶柄。叶片病斑不正形或多角形，大小不等，黄褐色至灰褐色，稍呈轮纹状，病健部分界明晰，周围有黄绿色晕带，数个病斑互相连接成大斑块，严重时致叶片变黄干枯。叶柄染病，生短线状褐斑，湿度大时病斑表面生灰色至暗灰色霉。

（2）病原。慈姑尾孢菌（*Cercospora sagittariae* Ell. et Kell.），属真菌界半知菌亚门。

（3）发病规律。以菌丝体及分生孢子座在被害部越冬。翌年，以分生孢子进行初侵染，病部不断产生分生孢子进行再侵染。

3. 慈姑褐斑病

（1）发病症状。主要为害叶片和叶柄。叶片病斑近圆形，深褐色，后斑中部转为灰白色，病健部分界明晰，严重时病斑密布并连接成斑块，致叶片变黄干枯。叶柄病斑近梭形，稍下陷，病斑绕柄扩展并连片，致叶柄倒折。潮湿时病部表面生白色薄霉层隐约可见。

（2）病原。慈姑柱格孢菌（*Ramularia sagittariae* Bres.），属真菌界半知菌亚门。

（3）发病规律。以菌丝体或分生孢子座在球茎或病残体上越冬。种子也可带病，成为翌年初侵染源。自病部产生的分生孢子借气流和雨水溅射传播。在生长季节中，再侵染频繁。通常温暖多湿的天气，偏施过施氮肥，植株生长过于茂密，利于发病。

三、果菜类野特菜病害

（一）黄秋葵病害

1. 黄秋葵枯萎病

（1）发病症状。苗期、成株均可发病，但以现蕾、开花期更明显。病株矮化、叶片小、皱缩，叶尖、叶缘变黄，病变区叶脉变成褐色或产生很多褐色坏死斑点。严重的病叶变褐干枯、易脱落。纵剖茎秆维管束变成褐色或深褐色。

（2）病原。尖镰孢菌萎蔫专化型（*Fusarium oxysporum* f. sp. vasinfectum），属真菌界半知菌亚门。

（3）发病规律。病菌随病残体落在土壤中越冬。种子也带菌。沤制的堆肥未充分腐熟时，亦能带菌。病菌厚垣孢子在土中能生存多年。种植黄秋葵后，土壤中的分生孢子、厚垣孢子借灌溉水或雨水传播，经伤口或直接侵入根部，侵入后，在维管束中繁殖并随液流扩散，引起全株发病。病菌生长温限 $10 \sim 33\,^{\circ}\mathrm{C}$，$27 \sim 30\,^{\circ}\mathrm{C}$ 最适。该病与土温关系密切，地温 $20\,^{\circ}\mathrm{C}$ 左右开始发病，$25 \sim 30\,^{\circ}\mathrm{C}$ 进入发病高峰；地温 $33 \sim 35\,^{\circ}\mathrm{C}$ 时，该病趋于停滞。降水、灌水影响土温和湿度变化较大时，常造成病势扩展。

2. 黄秋葵炭疽病

（1）发病症状。果实染病：初在果面上现褐色斑，后扩展成灰黑色近梭形至椭圆形斑，病健部分界不大明显。病斑多时常融合成片。病斑上生出很多黑色小粒点（即病原菌分生孢子盘）。叶片、茎染病初现褐色小斑，后扩展成近圆形褐色坏死斑，多个病斑融合成大病斑，后期病斑上产生黑色小粒点。

（2）病原。锦葵炭疽刺盘孢（*Colletotrichum malvarum* Southw），属真菌界半知菌亚门。

（3）发病规律。以菌丝体和分生孢子盘随病残体遗落土中越冬。翌年以分生孢子进行初侵染和再侵染，借雨水溅射传播蔓延。温暖多湿或植地低洼利于发病，氮肥施用过多，发病重。

3. 黄秋葵疫病

（1）发病症状。主要为害嫩叶、嫩梢、嫩茎或嫩荚果。全生育期均可发生，以幼嫩期发病受害重。幼苗染病产生水渍状猝倒。幼叶染病始于叶缘，病斑初为水渍状暗绿色，后迅速向四周扩展形成灰褐色坏死大斑，有的产生白霉。嫩荚染病初呈暗绿色至深绿色水渍状，湿度大时长出白霉，后腐烂，干燥时萎缩枯死。

（2）病原。寄生疫霉（*Phytophthora parasitica* Dast.），属假菌界卵菌门。

（3）发病规律。病菌以卵孢子或厚垣孢子随病残体在土壤中越冬，借雨水或灌溉水溅射传播。苗期或生长期雨天多湿度大或土壤黏重则发病重。

4. 黄秋葵病毒病

（1）发病症状。全株受害，尤其以顶部幼嫩叶片十分明显，叶片表现花叶或褐色斑纹状。早期染病植株矮小，结实少或不结实。

（2）病原。黄秋葵花叶病毒（*Hibiscus manihot mosaic virus*，HMMV）病毒界花叶病毒属。

（3）发病规律。病毒可附着在黄秋葵种子上或土壤中的病残体上越冬。主要通过汁液接触和刺吸式口器昆虫传染，只要寄主有伤口，即可侵入。

5. 黄秋葵轮纹病

（1）发病症状。多在生长中后期发生，主要为害叶片。在叶片上初形成黄褐色近圆形斑，逐渐发展成圆形至多角形，灰褐色，边缘褐色，直径3～12mm，后期病斑上产生黑色小点。有时病斑呈轮纹状，多个病斑相互连接或与其他病害混合发生时叶片上多形成不规则形大斑，终致植株枯死。

（2）病原。一种壳多孢（*Stagonospora* sp.），属真菌界半知菌亚门。

（3）发病规律。病菌随病残体在土壤中越冬，翌年条件适宜时传播。温暖潮湿、昼夜温差大、多露或植株生长衰弱，病害发生较重。

6. 黄秋葵尾孢叶斑病

（1）发病症状。主要为害叶片，严重时为害主脉。初在叶片上形成黄褐色小点，逐渐变成圆形至多角形斑，大小为1～5mm，灰褐色，有时中部灰白色，边缘红褐色，空气湿度大时在病斑表面产生灰黑色霉状物。严重时叶片上病斑密集，叶片干枯，终致植株枯死。

（2）病原。马来尾孢（*Cercospora malayensis* Stev. et Solh.），属真菌界半知菌亚门。

（3）发病规律。病原菌以菌丝体随病残体在土壤中越冬，条件适宜时产生分生孢子借气流及风雨传播进行初侵染和多次再侵染。秋季温暖多雨，病害发生严重。

（二）山苦瓜病害

1. 山苦瓜白粉病

（1）发病症状。主要为害叶片。叶片起初零散出现近圆形白色霉斑，大小从芝麻粒至绿豆粒之间不等，边缘不明晰，然后霉斑发展为白色粉斑，再相互融合，叶面覆满白粉，致叶片变黄，终致干枯。

（2）病原。单丝壳白粉菌［*Sphaerotheca fuliginea*（Sch.）Poll.］和二孢白粉菌（*Erysiphe cichoracearum* DC.），均属真菌

界子囊菌亚门。该菌系专性寄生菌，只在活体寄主上存活。

（3）发病规律。病菌以菌丝体和分生孢子在田间瓜类或一些杂草的寄主上越冬并成为翌年的初侵染源，分生孢子通过气流传播。该病在田间流行的温度为16～24℃。对湿度的适应范围广，当空气湿度在45%～90%，湿度越大发病越重，超过95%时显著抑制病情发展。遇晴雨交替的闷热天气时，病害发展迅速。

2. 山苦瓜霜霉病

（1）发病症状。主要为害叶片。叶面及相应的叶背初现多角形黄色小斑，后转呈黄褐色斑，严重时病斑密布，有的融合成斑块。湿度大时斑背面隐约可见稀疏白霉，天气干燥时则很少见上述病征。该病与白粉病症状有时易混淆，诊断时要注意。通常白粉病叶面霉斑与粉斑较明显，但叶面褪绿黄斑不如霜霉病明显；必要时可借助显微镜检查进行诊断。

（2）病原。古巴假霜霉菌［*Pseudoperonospora cubensis*（Berk. et Curt.）Rostov.］，属真菌界鞭毛菌亚门。

（3）发病规律。以孢子囊形态传播或以卵孢子形态在土中病残叶上越冬，第二年通过风雨传播侵染。当春季气温回升达到15℃以上且多雨，空气湿度达85%以上时，便开始发病。多雨潮湿、忽晴忽雨、昼夜温差大的天气，利于病害蔓延。

3. 山苦瓜菌核病

（1）发病症状。主要为害茎、果实。茎部发病多在茎基部或瓜秧中、下部，初呈水浸状褪色病斑，组织软化，并迅速发展，高湿度时病部长出茂密白色霉层，其上部茎叶迅速枯萎。发病后期产生菌丝和菌核。果实发病多从花器感染，花瓣初期呈水浸状软化，其表面密生绒毛状白霉，后期亦产生黑色菌核。

（2）病原。核盘菌［*Sclerotinia sclerotiorum*（Lib.）de Bary］，属真菌界子囊菌亚门。

（3）发病规律。保护地一般比露地发病重。结瓜期通风不良、浇水多、高温高湿时发病重。露地在春季低温大发生。老菜区、密植、排水不良、土壤含水量大等地病重。

4. 山苦瓜蔓枯病

（1）发病症状。为害叶片、茎蔓和瓜条。叶斑较大，圆形至椭圆形或不规则形，灰褐色至黄褐色，有轮纹，其上产生黑色小点。茎蔓病斑多为长条不规则形，浅灰褐色，上生小黑点，多引起茎蔓纵裂，易折断，空气潮湿时形成流胶，有时病株茎蔓上还形成茎瘤。瓜条受害初为水浸状小圆点，后变成不规则稍凹陷木栓化黄褐色斑，后期产生小黑点，染病瓜条组织变糟，易开裂腐烂。

（2）病原。小双胞腔菌［*Didymella bryoniae*（Auersw.）Rehm.］，属真菌界子囊菌亚门。

（3）发病规律。病菌以分生孢子器或子囊壳随病残体在土壤中或附着在架柴上越冬，种子也可带菌传病。主要通过浇水、气流传播，平均温度 18～25℃、相对湿度 85% 以上时容易发病。棚室内高温潮湿，植株生长衰弱，或与瓜类蔬菜连作，病害发生较重。

5. 山苦瓜枯萎病

（1）发病症状。幼苗发病时，先在幼茎基部变黄褐色并收缩，然后子叶萎垂；成株发病时，茎基部水浸状腐烂缢缩，后发生纵裂，常流出胶质物，潮湿时病部长出粉红色霉状物（即分生孢子），干缩后成麻状。染病初期，表现为白天植株萎蔫，夜间又恢复正常，反复数天后全株萎蔫枯死。也有的在节茎部及节间出现黄褐色条斑，叶片从下向上变黄干枯。纵剖茎秆维管束变褐色或腐烂，这是菌丝体侵入维管束组织分泌毒素所致，常导致水分输送受阻，引起茎叶萎蔫，最后枯死。

（2）病原。尖镰孢菌苦瓜专化型（*Fusarium oxysporum* f. sp. momordicaenov），属真菌界半知菌亚门。有报道尖镰孢菌丝瓜专化型［*F. oxysporum* f. sp. luffae（Kawai）Suzuki et Kawai］也可引发该病。

（3）发病规律。病菌在 4～38℃ 都能生长发育，最适温度为 28～32℃，土温达到 24～32℃ 时发病很快。凡重茬、地势低洼、排水不良、施氮肥过量或肥料不腐熟、土壤酸性的地块，病害均重。病菌在土壤中能够存活 10 年以上。

6. 山苦瓜疫病

（1）发病症状。主要为害植株茎基部和幼嫩部位，也为害瓜条。多在开花以前显症。叶片发病先失去光泽，后呈水烫状萎凋下垂，沿叶缘形成灰绿色不规则形大斑，以后叶片腐烂或干枯。下部叶片先发病，后逐渐向上蔓延。植株基部变为水渍状发软，湿度大时可见病部长出很薄的一层白霉。瓜条发病呈水渍状灰绿至灰褐色坏死，病斑不规则，边缘多为水渍状，随病害的发展，病斑上产生白色霉层，很快病瓜腐烂。

（2）病原。甜瓜疫霉（*Phytophthora melonis* Katsura.），属真菌界鞭毛菌亚门。

（3）发病规律。病原菌主要在土壤中和病株残体上越冬，借雨水和灌溉水传播蔓延。致病适温为 27～31℃。通常在 7—9 月发生。前旱后雨或者果实进入成长期浇大水，容易引起发病。低洼、排水不良、重茬地块发病严重。

四、根菜类野特菜病害

（一）牛蒡病害

1. 牛蒡黑斑病

（1）发病症状。主要为害叶片、叶柄，多在秋季发生。病初叶上生褐色圆形病斑，大小 2～20mm，表面光滑，后期病斑中部变薄且褪为浅灰色，易破裂或穿孔，其上生黑色小粒点（即分生孢子器）。

（2）病原。牛蒡叶点霉（*Phicllosticta lappae* Sacc.），属真菌界半知菌亚门。

（3）发病规律。病菌以分生孢子器在病叶上越冬。翌年产生分生孢子，借风雨传播，进行初侵染和再侵染。高温高湿的环境条件易发病。

2. 牛蒡白粉病

（1）发病症状。主要为害叶片，有时也为害叶柄、茎和花萼。发病初期，在叶两面均可产生白色圆形小粉斑，叶背面居多，后期病斑变为灰白色，病叶变黄干枯，病斑生许多黄褐色至黑色小点（即病菌闭囊壳）。

（2）病原。棕丝叉丝单囊壳 ［*Podosphaera fusca*（Fr.）V. Braun et S. shishkoff]，属真菌界子囊菌门。

（3）发病规律。病菌以菌丝体、闭囊壳随病残体越冬，为翌年初侵染源。分生孢子借气流或雨水传播，在田间进行多次再侵染。当温度适宜、相对湿度 80％以上、植株长势弱、密度大时，发病重。

3. 牛蒡枯萎病

（1）发病症状。生长初期发病，叶片有局部黄变、枯萎，主根、侧根变褐。剖检根部，导管变褐且延伸至根颈部，严重时，可达叶柄导管处。生长中后期染病，也产生类似症状。

（2）病原。尖孢镰孢牛蒡专化型（*Fusarium oxysporum* f. sp. arctii Matuo. Matsuda et Kato），属真菌界半知菌亚门。

（3）发病规律。病菌以厚垣孢子在土壤中越冬。植株开始发根时，厚垣孢子萌发伸出菌丝侵入根部导管或根颈部。发病最适土壤温度为 25～30℃。

4. 牛蒡细菌性叶斑病

（1）发病症状。主要为害叶片和叶柄。叶片染病，初在叶面上生许多水渍状暗绿色圆形至多角形小斑点，后逐渐扩大，在叶脉间形成褐色至黑褐色多角形斑，中部褪成灰褐色，表面呈树脂状，有的卷缩。叶柄染病，初现黑色短条斑，后稍凹陷，叶柄干枯略卷缩。

（2）病原。油菜黄单胞杆菌黑斑致病变种 ［*Xanthomonas campestris* pv. nigromaculana（Takioto）Dye.]，属细菌界薄壁菌门。

（3）发病规律。病病菌主要在种子、土壤及其病残体上越冬。翌年适宜时进行初侵染，田间通过雨水、灌溉水、农事操作等途径引起再侵染。病菌主要从伤口侵入。

5. 牛蒡花叶病

（1）发病症状。主要为害全株。染病植株叶片颜色浓淡不均匀，呈黄绿相间的斑驳状，有时叶片皱缩不展，植株矮小。炎热的夏季病症不明显。

（2）病原。牛蒡花叶病毒（*Burdock mosaic virus*，BMV），病毒界花叶病毒属。

（3）发病规律。可在多种寄生植物或病株残体中越冬，并长期存活，田间靠汁液摩擦接触或辣根长管蚜传毒。该病的发生与环境条件关系密切，高温干旱利于发病；此外，栽培粗放、偏施氮肥、植株生长势弱、土壤瘠薄板结、排水通风不良等均利于病害发生。

五、花菜类野特菜病害

（一）黄花菜病害

1. 黄花菜锈病

（1）发病症状。为害叶片和花薹。最初在叶片和花薹上产生橘红色稍凸起的疮斑（即夏孢子堆），埋于寄主表皮之下；孢子成熟后，表皮破裂，散落出黄褐色或橘黄色的粉状物（即夏孢子）。夏孢子堆大而多，连接成片，叶片表层明显翻卷，叶片渐枯黄，使其他叶片落一层黄褐色粉状物；夏孢子堆小，表皮破裂程度也轻。一般夏孢子堆排列不规则，散生，周围往往失绿呈淡黄色。生长后期，在叶片上生黑色长椭圆形或短线状疮斑（即冬孢子堆），埋生于表皮下，非常紧密，一般表皮不破裂，内生黑色冬孢子。危害严重时，整株叶片枯死，花薹短瘦或根本不能抽薹，花蕾易凋萎脱落。

（2）病原。萱草柄锈菌（*Puccinia hemerocallidis* Thüm.），属真菌界担子菌亚门。

（3）发病规律。病菌随病残体越冬，春季条件适宜时先在败酱草上为害，病菌孢子借气流传到黄花菜上侵染后，在病部产生橘黄色粉状孢子，借风雨进行再传播。平均气温 $24\sim26$℃、相对湿度 85% 左右，有利发病。雨天多，空气潮湿，易流行。管理粗放、偏施氮肥或植株缺肥，发病都较重。种得过密、通风透光差或地势低洼、排水不良的地块发病重。

2. 黄花菜褐斑病

（1）发病症状。主要为害叶片和花梗。叶片染病初生白色小斑点，后逐渐变为黄褐色条斑，边缘有一明显赤褐色晕纹，在外层病健交界处产生水渍状暗绿色环，严重的致叶片黄枯；花梗染病初生褐色小斑点，逐渐扩大呈褐斑，严重时病斑扩大、坏疽，有的融合成不规则状，后期病部产生黑色小粒点（即分生孢子盘），病情严重时花茎抽出前大部分已腐烂，抽出后很快干枯。

（2）病原。萱草拟茎点霉（*Phyllostictina hemerocallidis* G. M. Chang et P. K. Chi），属真菌界半知菌亚门。

（3）发病规律。以菌丝体随病残体在土壤中越冬，翌春产生分生孢子，借风雨溅射传播，进行初侵染和再侵染，在温暖多雨的季节或地区易发病。偏施氮肥、连茬、管理差，植株生长不良则发病重。

3. 黄花菜炭疽病

（1）发病症状。主要为害叶片，严重时为害花薹。病菌从叶尖或叶缘的水孔或伤口侵入，产生水渍状褐绿色小点，沿叶脉上下扩展形成褐色条斑，并与其他病斑相连形成大型条斑，严重时整叶枯死。后期病斑中部深褐色，四周赤褐色，其上产生大量的黑色小点。

（2）病原。黑线炭疽菌［*Colletotrichum dematium*（Pers. et Fro.）Grove］，属真菌界半知菌亚门。

（3）发病规律。病菌以分生孢子或分生孢子盘在病残体上越冬，翌年病部产生分生孢子借风雨及流水进行传播蔓延。病菌生长适温26～28℃，分生孢子产生最适温度28～30℃，适宜pH5～6。湿度大，病部湿润，有水滴或水膜是病原菌产生大量分生孢子的重要水湿条件，因此连续阴雨或田间结露持续时间长则发病重。

4. 黄花菜叶斑病

（1）发病症状。主要为害花薹和叶片。病菌从叶片气孔或伤口侵入，叶片初生淡黄色小斑，后迅速扩大为水渍状、中部颜色较深的椭圆形斑块，并与其他斑块相连，形成大斑。后期病斑中部灰白色，干燥时破裂，叶片易折断，湿度大时病斑部有淡红色霉层。花薹染病，症状与叶片相似，有时几个病斑融合成 10 多 cm 长的凹陷病区，影响花薹生长及花蕾的形成，或致花薹折断而枯死。

（2）病原。同色镰孢（*Fusarium concolor* Reink.），属真菌界半知菌亚门。

（3）发病规律。主要以菌丝体或分生孢子在秋苗的枯叶上越冬。翌春条件适宜，孢子萌发，产生芽管，侵染叶片或幼苗，经 3d 潜育即显症。显症后 6～7d，病部又产生分生孢子，进行再侵染。春黄花菜枯死后，病菌可在枯叶和花薹上越夏，进入秋季侵染秋苗。旬均温 17～18℃、相对湿度高于 80％或阴雨后易流行。此外，偏施氮肥、叶片生长柔嫩、土壤黏重、管理粗放则发病重。

5. 黄花菜白绢病

（1）发病症状。为害近地面茎基部。病株外叶茎部初生水渍状褐色斑，后渐扩大，略凹陷或呈湿腐状。湿度大时，病部长出白色绢丝状菌丝体，蔓延在植株基部或附近土壤中，后在菌丝层上长出许多黄褐色油菜籽状小菌核，叶片逐渐枯黄，菌丝从外部叶片向内部蔓延，致整株干枯。

（2）病原。齐整小核菌（*Sclerotium rolfsii* Sacc.），属真菌界半知菌亚门。有性态为罗氏阿太菌［*Athelia rolfsii*（Curzi）Tu. et Kimb.］，属真菌界担子菌亚门。

（3）发病规律。以菌核在土壤中越冬。翌春条件适宜时，病菌从植株茎基部伤口或直接侵入，也可通过流水传染到邻近植株上。病菌要求较高温度，6—7 月易发病，湿度大、排水不良、植株过密则发病重。

6. 黄花菜根腐病

（1）发病症状。主要为害根部，幼苗或成株均可发病。初在须根表皮出现浅褐色病变，后变褐凹陷，绕根扩展 7d 后，致根干枯。染病株根系不发达，地上部矮小，叶色变淡，结荚减少。

（2）病原。锐顶镰孢菌（*Fusarium acuminatum* Ellis et Everharl）和串珠镰孢中间变种（*F. moniliforine* var. intermedium Neish et Leggett），均属真菌界半知菌亚门。

（3）发病规律。主要以菌丝和菌核在土中越冬，成为翌年初侵染源。该病发生轻重与管理有关，土温低、湿度大、排水不良、黏土地易发病。

第二节　野特菜虫害

一、鳞翅目害虫

1. 菜粉蝶

（1）为害症状。幼虫称菜青虫，主要为害十字花科蔬菜，尤其嗜好叶表光滑无毛的甘蓝和花椰菜类野特菜。幼虫食叶，咬成孔洞或缺刻，严重时吃光叶片，只留下叶脉和叶柄；幼苗被害影响植株生长发育和包心，造成减产，同时幼虫排出粪便，污染叶面和菜心，遇雨引起腐烂，造成伤口，诱发软腐病。

（2）发生规律。菜青虫是一年多代的害虫，我国各地发生代数由北向南逐渐增加，长江以北3～5代，长江以南6～9代，但长沙以南代数又趋减少，这可能是由于长期天气炎热不利其生长发育。以春、秋两季为害最重。

2. 小菜蛾

（1）为害症状。又名吊丝虫、菜蛾，是十字花科野特菜主要害虫。低龄幼虫为害叶片，吃肉留皮，俗称"开天窗"，3～4龄幼虫将叶片食成孔洞或缺刻，严重时食成网状，甚至造成无心菜。

（2）发生规律。小菜蛾抗逆能力强，易产生抗药性，其发育适温为20～28℃，南方周年可发生，每年4—6月、9—11月为发生高峰，秋季重于春季。成虫喜欢在傍晚活动、交配，有趋光性。

3. 菜螟

（1）为害症状。俗称钻心虫，主要为害十字花科野特菜。幼虫叶丝结网取食心叶，轻则幼苗生长停滞，重则幼苗残废，造成断垄。3龄后幼虫除食害心叶，还从心叶向下钻蛀茎髓，形成隧道，甚至钻食根部，造成根部腐烂。

（2）发生规律。该虫年发生3代（华北）～9代（华南），多以幼虫吐丝缀土粒或枯叶做丝囊越冬，少数以蛹越冬。喜高温干燥，在广州全年都有发生，但以8—10月（处暑—寒露）虫害最为猖獗。

4. 斜纹夜蛾

（1）为害症状。多食性、暴食性害虫，喜食90种以上蔬菜，以为黄秋葵、十字花科、豆科、茄科蔬菜受害最重。初孵幼虫群集在叶背啃食，只留下表皮和叶脉，被害叶如纱窗。3龄后分散为害，将叶片吃成缺刻，发生多时吃光叶片，甚至咬食幼嫩茎秆。2龄即可咬食花蕾和花。5～6龄可蛀食果实。在甘蓝、白菜上常蛀入心内，将心叶吃光，也可蛀入叶球内，造成腐烂。大发生时幼虫吃光一田块后能成群迁移到邻近田块为害。

（2）发生规律。在云南、广东、福建、台湾地区周年均可发生，每年发生8～9代，世代重叠。一年发生多代，无滞育现象。幼虫共6～8龄，初孵幼虫聚集在卵块附近活动，3龄后分散，5龄幼虫进入暴食期。喜温暖，长江流域多在7—8月大发生，黄河流域多在8—9月大发生，南方地区多在8—10月大发生。

5. 红腹灯蛾

（1）为害症状。俗称毛毛虫，多食性害虫，主要为害十字花科、豆科、瓜类野特菜。以幼虫为害叶片，食成孔洞或缺刻，严重时仅存叶脉及叶柄，又可为害花丝、嫩果、穗粒等。

（2）发生规律。在华北一年发生1～2代，华东和华中一年发生2～3代，老熟幼虫在地表落叶中或浅土中吐丝粘合体毛作茧越冬。在河北省，越冬蛹于4—5月开始羽化，蛾盛期在6月下旬至7月上旬，第一代成虫发生于7月中旬至8月中旬，第二代幼虫发生盛期在8月下旬至9月上旬，老熟幼虫于9月底开始化蛹越冬。

6. 甜菜夜蛾

（1）为害症状。幼虫称大青虫。我国各省均有分布，但以南方地区的广东、湖南较为严重。杂食性害虫，对粮食、烟草、棉麻、药材及杂草均可为害，对甘蓝、苋菜、山苦瓜等野特菜为害特别严重。初孵幼虫群集叶背，吐丝结网，在其内取食叶肉，留下表皮，成透明的小孔，3龄后取食叶片成缺刻，发生严重时，吃光叶片仅留叶脉，钻蛀果实，造成落果、烂果、断苗。因其体色多变，昼伏夜出，故不易察觉。又因其体表光滑无毛，质皮较厚，难以防治，用药频繁故抗性大，易爆发成灾。

（2）发生规律。因其各虫态耐高温能力强而抗寒力弱，除在闽、粤、琼等热带地区可周年繁殖为害，其余地区一年只发生4～5代。甜菜夜蛾是一种间歇性大发生的害虫，不同年份地区发生量差异很大，华北地区以7—8月为害较重，而广东等热带地区严重为害期则在5—10月。

7. 小地老虎

（1）为害症状。在全国各地均有分布，主要为害各类野特菜的种子、根部及幼苗。小龄幼虫为害嫩茎、嫩梢，3龄以后可咬断近地面的幼苗根颈部，有时幼虫还将咬断的苗拖向穴内。

（2）发生规律。小地老虎具趋甜性，并且昼伏夜出，喜温暖潮湿的疏松土或沙壤土。其发生与温湿度有很大关系，只要条件适合（土温10～19℃），就会在地下或地表为害。

二、鞘翅目害虫

1. 黄曲条跳甲

（1）为害症状。俗称黄条跳蚤。主要为害十字花科野特菜，也为害瓜、豆、茄类野特菜，成虫、幼虫均可为害。成虫将叶片咬成许多小孔，严重时吃成锯齿状，幼苗受害最重，造成缺苗断垄甚至毁种。幼虫在土壤里专吃根，将根表皮蛀成许多弯曲的虫道，咬断须根，使叶片萎蔫枯死。果实受害，造成许多黑色蛀斑，最后变黑腐烂；叶片受害后变黑枯死；还会传播软腐病。

（2）发生规律。成虫喜温湿，由北向南年发生代数逐增，华北发生4～5代，广东、福建等华南地区可全年发生（7～8代），无越冬现象，田间世代重叠严重。每年出现春季、秋季两个明显的高峰期，秋季重于春季。因其成虫善跳跃，中午前后活动最盛。

2. 猿叶甲

（1）为害症状。俗称乌壳虫。有大、小猿叶甲两种，主要为害十字花科野特菜。成虫、幼虫为害叶片，幼虫仅啃叶肉，造成许多小凹斑痕。成虫和后期幼虫咬叶成孔洞或缺刻，严重时仅剩叶脉、虫粪成堆。

（2）发生规律。年发生代次由北到南2～8代。以成虫在土表缝隙间，草丛、枯叶下越冬。春、秋两季活动危害。夏季入土夏眠。每头雌虫平均产卵200～500粒，卵成堆产于根际地表、土缝或植株心叶，每堆20粒卵左右。幼虫老熟后在菜叶和土中化蛹。成虫、幼虫都有假死习性，受惊即缩足落地。

3. 十四点负泥甲

（1）为害症状。成虫、幼虫啃食芦笋嫩茎或表皮，导致笋株畸形或食成光秆，造成笋株变矮畸形或分枝，拟叶丛生，严重的干枯而死。

（2）发生规律。在山东一年生3～4代，天津年生4～5代，陕西5代，以成虫在麦株四周的土下或残留在地下的麦茬里越冬。翌春3月中下旬至4月上旬出土活动，4月中旬产卵。卵期3～9d。一代发生于5月中旬至7月下旬，6月中旬进入卵孵化盛期，7月初为幼虫为害期。幼虫期7～10d，共4龄。二代发生于6月下旬至9月上旬，8月上旬是卵孵化盛期和幼虫为害高峰期。三代于8月中旬至10月中旬发生。秋季气温高，降水少的年份可发生第四代。日均温20℃条件下，预蛹期3d，蛹期6～8d，成虫寿命50多d，个别100d以上。成虫、幼虫世代重叠，成虫具假死性，能短距离飞行。幼虫行动慢，4龄进入暴食期，老熟后钻入土中2cm处结茧化蛹。成虫交尾3～4d后可产卵，散产在叶茎交界处或嫩叶上。

4. 枸杞负泥虫

（1）为害症状。主要为害菜用枸杞的嫩叶及嫩梢。成虫和幼虫取食叶片，造成不规则的缺刻和孔洞，严重时吃光全叶，并在枝条上排泄粪便，严重影响了菜用枸杞的产品质量。

（2）发生规律。常栖息于野生枸杞或杂草中，以成虫飞翔到栽培枸杞树上啃食叶片、嫩梢。以 V 字形产卵于叶背，一般 8～10d 卵孵化为幼虫，开始大量为害。一年发生 6 代，以成虫在口间隐蔽处越冬，6—7 月为害最严重，10 月初，末代成虫羽化；10 月底开始越冬。

三、膜翅目害虫

黄翅菜叶蜂

（1）为害症状。幼虫将叶片咬成缺刻或孔洞，呈筛孔状，严重时仅留叶脉。留种菜地上可为害花、嫩荚，少数可啃食根部。大发生时，几天就可造成严重损失。

（2）发生规律。北方年生 5 代，以预蛹在土中茧内越冬。一代于 5 月上旬至 6 月中旬发生，第二代于 6 月上旬至 7 月中旬发生，第三代于 7 月上旬至 8 月下旬发生，第四代于 8 月中旬至 10 月中旬发生。成虫产卵于叶缘组织内，呈小隆起，每处 1～4 粒，常在叶缘产成一排，每雌可产 40～150 粒。卵发育历期在春、秋季为 11～14d，夏季为 6～9d。幼虫共 5 龄，发育期 10～12d。老熟幼虫入土筑土茧化蛹。每年春、秋季呈两个发生高峰，以秋季 8—9 月最为严重。

四、同翅目害虫

1. 菜蚜（甘蓝蚜、桃蚜、萝卜蚜）

（1）为害症状。桃蚜对十字花科野特菜都为害，成虫及若虫在菜叶上刺吸汁液，造成卷叶变形，影响包心，并排泄蜜露，蜕皮污染叶面；为害留种的植株嫩茎、嫩叶、花梗、嫩荚，使花梗扭曲畸形，不能开花结实。甘蓝蚜为害蜡质较多，尤喜叶面光滑的十字花科野特菜（如甘蓝等）。萝卜蚜尤喜叶上有毛的野特菜。菜蚜传播多种病毒造成的危害远远大于蚜害本身。

（2）发生规律。菜蚜喜少雨干旱，北方年发生 10 余代，南方则达数十余代，繁殖能力极强。桃蚜、甘蓝蚜以春、秋两季严重，萝卜蚜则以秋季最严重。

2. 大青叶蝉

（1）为害症状。俗称浮尘子。主要为害十字花科野特菜。以成虫、若虫为害叶片，刺吸叶片汁液，造成褪色、畸形、卷缩甚至全叶枯死，还可传播病毒病。

（2）发生规律。各地的世代有差异，吉林年生2代，江西年生5代。成虫、若虫日夜均可活动取食，产卵于野特菜茎秆、叶柄、主脉、枝条等组织，以产卵器刺破表皮成月牙形伤口，产卵6～12粒于其中，排列整齐，产卵处的植物表皮呈肾形凸起。每雌可产卵30～70粒，非越冬卵期9～15d，越冬卵期达5个月以上。

3. 黑尾叶蝉

（1）为害症状。寄主于茭白、慈姑等野特菜。取食和产卵时刺伤寄主茎叶，破坏输导组织，受害处呈现棕褐色条斑，致植株发黄或枯死。

（2）发生规律。江浙一带年生5～6代，以3～4龄若虫及少量成虫在绿肥田边、塘边、河边的杂草上越冬。成虫把卵产在叶鞘边缘内侧组织中，每雌产卵100～300粒，若虫喜栖息在植株下部或叶片背面取食，有群集性，3～4龄若虫尤其活跃。越冬若虫多在4月羽化为成虫，迁入田间为害，少雨年份易大发生。

4. 枸杞木虱

（1）为害症状。成虫、若虫在叶背把吸收口器插入叶片组织内，刺吸汁液，致叶黄枝瘦，树势衰弱，浆果发育受抑，品质下降，造成春季枝干枯。

（2）发生规律。以成虫在树冠、树皮下、落叶下、枯草中越冬。翌年气温高于5℃时，开始出蛰危害。出蛰后的成虫在枸杞未萌芽前不产卵，只吸吮果枝树液补充营养，常静伏于下部枝条的向阳处，天冷时不活动。枸杞萌芽后开始产卵，孵化后的若虫从卵的上端顶破卵壳，顺着卵顶爬到叶片上为害，若虫全部附着在叶片上吮吸叶片汁液，成虫羽化后继续产卵为害，一年发生3～4代。

5. 白背飞虱

（1）为害症状。为害茭白等野特菜。成虫产卵在叶鞘中脉两侧及叶片中脉组织内，每卵条粒数2～31粒，平均7.3粒。若虫群栖于基部叶鞘上为害，受害部先出现黄白斑，后变黑褐色，叶片由黄色变棕红色，重者枯死，田中出现黄塘。

（2）发生规律。年发生世代因地而异，吉林年生2代，辽宁年生3代，江苏、河南年生3～4代，湖南、四川年生6代，贵州年生6～8代，广西年生6～9代。在25℃条件下，完成一世代约26d。温度适宜范围较大，在30℃高温或15℃低温下都能正常生长发育，但对湿度要求较高，以相对湿度80%～90%为宜。一般初夏多雨、盛夏干旱的年份，易导致大发生。

五、半翅目害虫

菜蝽

（1）为害症状。俗称臭屁虫。成虫和若虫刺吸野特菜汁液，尤喜刺吸嫩芽、茎、叶、花蕾及幼荚。其唾液对植物组织有破坏作用，被刺处留下黄白色至微黑色斑点。幼苗期受害则萎蔫枯死，花期受害则不能结荚或籽粒不饱满。还可传染软腐病。

（2）发生规律。年发生2～3代，以成虫在地下、土缝、落叶、枯草中越冬，3月下旬开始活动，4月下旬开始交配产卵。早期产的卵在6月中下旬发育为第一代成虫，7月下旬前后出现第二代成虫，大部分为越冬个体。5—9月是成虫、若虫的主要为害时期。成虫多于夜间产在叶背，单层成块。若虫共5龄，高龄若虫适应性较强。

六、双翅目害虫

1. 美洲斑潜蝇

（1）为害症状。该虫于1994年由南美从海南传入，现已扩散至全国各地，成为继小菜蛾、跳甲之后的重大野特菜害虫，主要为害瓜类、豆类、茄果类野特菜。雌成虫可把植物叶片刺伤，进行取食和产卵,幼虫潜入叶片和叶柄取食为害,产生不规则的由细渐宽的蛇形白色虫道,其内有交替排列整齐的黑色虫粪,老虫道后期呈棕色的干斑块区,一般一虫一道。破坏光合作用,严重者致叶片脱落,影响植株生长。

(2)发生规律。世代短,繁殖力强,在华南地区世代重叠严重,无明显越冬现象。一年可发生两个明显的高峰期,即6—7月和9—10月。成虫白天活动,有趋黄性。

2. 南美斑潜蝇

(1)为害症状。成虫和幼虫均可为害。幼虫多从叶背主脉基部开始为害,沿叶脉伸展,形成1.5~2.0mm宽的虫道,虫道不受叶脉限制,可若干虫道连成一片,形成取食斑,后期变枯黄,被害部分透亮光。幼虫为害嫩茎,在表皮下纵向取食,使植株生长缓慢,重者致茎尖枯死;叶柄亦可受害;幼苗一出土,子叶即可受害枯死,造成毁种重播。植株受害枯死,受害部位下部重于中部、中部重于上部,顶端嫩叶基本不受害。成虫在叶片正面取食和产卵时要刺伤叶片细胞,形成针尖大小近圆形的刺伤孔。孔初期呈浅绿色,后变白色,肉眼可见,大小为0.12~0.24mm。成虫数量大时,每叶孔的数量可达数千个,使叶片发白,影响光合作用。幼苗子叶上孔多时,受害枯死。

(2)发生规律。该虫生长发育和繁殖与温湿度的关系密切。适宜温度范围为20~25℃,冬季温暖的年份利于其越冬与提早繁殖,利于虫口的积累,翌年发生早、危害重。气温高于30℃或低于10℃时,生长发育受阻。适宜的相对湿度范围在70%~95%,最适宜湿度为75%~80%。虫口数量消长有明显的季节性。一般4—5月虫口数量直线上升,6—7月达最高峰,盛夏高温干旱期间数量减少,9—11月虫口数量又回升。12月至次年3月,数量剧减,2月为最低。

七、蜱螨目害虫

枸杞瘿螨

(1)为害症状。主要为害菜用枸杞叶片、嫩梢及花蕾。被害叶片上密生黄色近圆形隆起的小疱斑，严重时呈淡紫色或黑病状虫瘿，植株生长严重受阻，造成叶片、果实产量和品质下降。

（2）发生规律。以老熟雌成螨在枸杞当年生及二年生枝条的越冬芽、鳞片及枝条缝隙内越冬。翌年4月中下旬枸杞枝条展叶时，成螨从越冬场所迁移到叶片上产卵，孵化后若螨钻入叶片造成虫瘿。5月中下旬新枝梢进入速生阶段，叶片上的瘿螨从虫瘿内爬出，爬行到枝梢上为害，从此时起至6月中旬是第一次繁殖危害高峰期，9月达到第二次危害高峰期。10月中下旬进入休眠期。

第七章 野特菜采后处理及贮藏加工技术

野特菜种类多，产品从生产基地到消费终端所经环节也多，应根据不同野特菜产品和运输时间，采取不同的采后处理与贮藏加工措施。

第一节 野特菜的采后处理

野特菜采后处理作业，包括适时收获、按规格或质量分级、清洗加工、包装、预冷、短期贮藏、运输、市场销售的系列过程。其最终目的是使野特菜从产地到市场，在一定时间内保持野特菜新鲜、不变质，并维持各种野特菜特有的风味。野特菜经采后处理，既便于上柜销售，又方便消费者携带，有利于增强产品的市场竞争力，提高经济效益。

一、采收前各种因素对野特菜贮藏保鲜的影响

采前因素包括野特菜种类、气候、施肥、灌溉、病虫害防治等。

1. 野特菜种类

不同种类野特菜的耐贮性差异很大，适宜贮藏的条件和要求也各不相同。这里列举部分野特菜的贮藏期，具体请参见表7-1。

表7-1 部分野特菜贮藏期

品种	温度（℃）	湿度（%）	贮藏期（d）
龙须菜	4	80	6

（续）

品种	温度（℃）	湿度（%）	贮藏期（d）
叶用枸杞	6	70	6
守宫木	4	80	5
黄秋葵	4	70	4
山苦瓜	8	70	7
长寿菜	8	80	4
人参叶	4	80	5

2. 气候

在野特菜生产过程中，光照、温度、湿度、雨量等因素，对产品的耐贮性影响也很大。光照充足，雨水偏少，空气较干燥，昼夜温差大的地区，其产品的耐贮性较好。昼夜温差大、海拔高的山区生产的高山野特菜，一般比较耐贮藏，而且品质好。反之，连续阴雨、昼夜温差小的气候会严重影响产品的耐贮性。

3. 施肥

多施有机肥和富含氮、磷、钾的复合肥，增施钙、铁、硼、锰、锌、铜、钠等微量元素肥料，不仅能提高野特菜的品质，还可增强耐贮性，能减少贮藏过程中生理病害的发生，延缓衰老过程。

4. 灌溉

土壤水分不足，野特菜生长不良，产量降低；土壤水分过多，降低产品质量，耐贮性变差。如新西兰菠菜、皇帝菜等，为了保持良好的贮藏性能，应在收前 3 周停止浇水。

5. 防治病虫害

野特菜生产中，发生病虫害是难以避免的，贮藏前必须把有病虫害的产品剔除，以免在贮藏期间继续发生蔓延，影响产品的等级和价格，造成销售困难。

二、收获

主要依据品种特性、成熟度、贮藏期长短、气候条件等因素考虑。如新西兰菠菜采收过早，叶片小，而且对产量影响很大；采收过晚，已成熟，结果了，品质差。各种野特菜产品应按各自的标准适时采收，同时注意轻采轻放，防止对产品造成机械损伤，以免影响耐贮性，也可减少病菌感染机会。

三、分级

野特菜的分级原则：按大小一致、果皮颜色统一、形状基本相同等进行分级。

四、清洗

清洗野特菜，去掉泥土、杂质，是为了使上市产品外观干净、外形美观。

五、包装

野特菜产品的包装应实行标准化，其包装物应符合《无公害蔬菜》地方标准要求，这是保证安全运输、贮藏的重要措施，也是实现净菜上市和产品进超市的重要途径。上市的包装野特菜，在其包装表面必须标明产地、品种、净重、生产单位及地址、采收日期和包装日期等字样。野特菜包装后，不仅能对产品起到保护作用，在运输、周转、搬动中减少摩擦、碰撞、挤压等造成的损伤；还能减少病菌感染和避免产品呼吸发热、造成温度剧变以致产品变质的损失。

1. 包装容器

包装容器种类很多，如木箱、条筐、竹筐、塑料筐和纸箱等。容器要求其材质有一定的硬度、不易变形，能承受一定压力，质轻，无不良气味，价廉易得，大小适宜，规格一致，有利于搬运、堆放等。同时，野特菜包装容器也应符合《无公害蔬菜》地方标准的要求。一般用纸箱包装时，每箱装野特菜以 15～20kg 为宜，用各种筐放置时，每筐装野特菜以 20～25kg 为宜。

2. 包装填充物品

为减少野特菜在运输、搬动过程中的摩擦，应考虑包装容器内壁光滑平整，还可用垫衬物或填充物，特别是远途运输时，要考虑途中的气候变化，为防止热伤腐烂或受寒冷冻，可以采取加冰防热或保温防寒。运输是野特菜产、供、销三个环节中的纽带，要求快装快运，轻搬轻放，以减少损失。

第二节　野特菜的贮藏保鲜

野特菜贮藏保鲜方法主要依据不同品种本身采后生理变化、对环境要求和销售情况而定。

一、预冷

野特菜采收后，在装车发运或入库贮藏以前，有条件的都必须进行简易预冷，使野特菜产品的温度降至贮藏适温范围内，以减少呼吸消耗或引起变质。预冷程度视不同品种的耐冷性而定。简易预冷有以下两种方法：

1. 自然预冷

利用自然气温变化，使野特菜降温至适合贮藏的温度，再进库贮藏。如冬季贮藏，在收获后，让其自然降温，待适合贮藏时，再入库存放。

2. 机械制冷设备进行预冷

在野特菜加工厂应用较为普遍，大型的野特菜生产基地也有配备冷库的。主要有风冷却、冷却水冷却、强制通风冷却、真空冷却和包装加冰冷却等冷库设备。

二、贮藏

野特菜采后仍然是活体，含水量高，营养物质丰富，保护组织差，容易受机械损伤和微生物侵染，是易腐商品。野特菜贮藏，除了必要的采后处理，还必须有适宜的贮藏设施；并根据不同品种采后的生理特性，创造适宜的贮藏环境条件，使野特菜在维持正常新陈代谢和不产生生理失调的前提下，最大限度地抑制新陈代谢，从而减少野特菜的营养物质消耗、延缓成熟和衰老进程、延长采后寿命和货架期；有效地防止微生物生长繁殖，避免腐烂变质。野特菜的贮藏方式较多，一些传统的贮藏方式也很有效，现代化的冷藏和气调贮藏正在不断发展，应根据具体条件和要求灵活选择采用。这里简要介绍两种野特菜贮藏方法。

1. 低温贮藏

有自然降温贮藏和人工降温贮藏。将预冷后的野特菜送进冷藏车、冷藏库进行贮藏。冷藏场所可以利用自然冷源、人工机械制冷和加冰降温来创造适宜野特菜冷藏的温度。

2. 气调贮藏

人工控制贮藏场所的气体成分，达到抑制产品呼吸消耗作用的目的。气调法就是把野特菜产品放置在低温、相对密闭的环境中，通过改变贮藏环境中的氧气、二氧化碳、氮气等气体成分比例，达到调节空气各成分的浓度，使其保持不完全呼吸状态，以便抑制野特菜产品的新陈代谢和环境中的微生物活动，大大延长贮藏时间，从而达到贮藏保鲜的目的。气调贮藏有自然降氧鲜藏、常温气调贮藏和冷库气调贮藏等。

三、贮运

贮运是将野特菜从产地运输到市场的过程。野特菜采收后，经过一系列加工、贮藏后要进行销售，如果产地离市场较近，贮运过程就比较简单，但应防止途中日晒、雨淋、压伤等；反之，野特菜贮运就比较复杂。因为野特菜种类多，有不同的保鲜、包装要求，途中过冷、过热，都极易引起产品腐烂变质，降低商品价值、失去食用价值。所以，科学地进行野特菜的贮运，是为了在运输过程中更好地保持各种野特菜原有的新鲜度、色泽、品质及风味。

1. 整修加工

采后或经过贮藏的野特菜，在装车运输前，应去掉黄叶、烂叶及病虫感染的产品，力争做到产品均匀一致，符合各品种上市销售的要求，再装入相应的包装容器。

2. 贮运

包装好的野特菜产品，如要长途运输，有条件的最好先进行预冷，使待运的野特菜产品温度下降到各种野特菜适合贮藏的温度。如果用集装箱冷藏车运输，只要按标准件包装，装入冷藏车即可；冷藏车可按需要调温，达到野特菜保鲜、保质的目的。如果用没有冷藏设备的火车或汽车运输，就要考虑野特菜产品的耐冷耐热性、包装材料的性能和运输时间长短、地区间气候变化等因素，采取相应措施，防止野特菜在途中变质。

第三节 野特菜的加工

野特菜加工一方面是为了保存鲜菜，另一方面可以制成多种风味的加工产品，促进产品升级，提高野特菜产品的附加值。野特菜的加工类型有腌制、脱水、保鲜、速冻等，相应的产品有脱水野特菜、干菜、腌菜、酱菜、速冻野特菜、保鲜野特菜等。这里简要介绍几种野特菜加工技术。

一、腌制

野特菜腌制主要是利用食盐的高渗透压作用、微生物的发酵作用、蛋白质的分解作用以及其他一系列的生物化学作用，抑制有害微生物的活动，增加产品的色、香、味，制成鲜香嫩脆、咸淡或酸甜适口且耐保存的腌制品。野特菜腌制是最广泛、最普遍的一种加工形式，目前主要以家庭自制为主。

野特菜腌制品包括咸菜、酱菜、盐渍菜、泡酸菜等，目前山区农户主要采用盐渍方法进行制作。腌制加工工艺流程（以苦菜为例）：新鲜苦菜采集→洗净→晾干半脱水→食盐拌揉→装罐→封口贮藏保管等。

（一）咸菜类

采用各种脱水方法，使原料成半干态（水分控制在 60%～70%），再进行盐腌、拌料和后熟（发酵），成为具有多种风味的咸菜类产品。用盐量 10% 以上，色、香、味的来源靠蛋白质的分解转化，具有鲜、香、嫩、脆、回味返甜的特点。

（二）酱菜类

酱菜是将新鲜野特菜适当晾干，或先用盐预腌成盐坯，经脱盐后再浸渍于黄豆酱、豆瓣酱、甜面酱或酱油中，而制成的一种别具风味的野特菜加工品。酱菜加工包括制酱、盐腌和酱渍三个部分，酱必须事先准备，才能及时进行酱渍。

（三）盐渍菜

用 15%～20% 以上的食盐腌制野特菜原料，制成半成品保存，或供制作各种酱菜用。这样的腌制品很咸，不适于直接食用。主要产品有盐腌苦菜、盐腌紫苏等。

（四）糖醋菜

将野特菜经预处理后，浸渍在糖醋液内而制成。其产品吸收糖醋液风味，并利用其防腐作用得到保存。糖醋菜甜酸可口、爽脆，可作餐前小菜或闲暇时零食。

（五）泡酸菜

用低浓度的食盐水溶液，或少量的食盐腌泡各种鲜嫩的野特菜而制成的一种带酸味的腌制品，含盐量不超过 2%～4%。泡酸菜鲜美可口，增食欲、助消化。

二、脱水

又称干制或干燥，是在自然条件或人工控制条件下促使野特菜中的水分蒸发的加工方法。其产品为脱水野特菜或干菜。具有良好的贮藏性，能较好地保持野特菜原有的风味。随着方便食品和休闲生活的流行，脱水野特菜在国内市场的潜力也越来越大。

野特菜脱水加工技术日新月异，以生产优质、方便、经济、不必冷藏、货架期长、生产效率高的产品。野特菜脱水加工的主要设备有干燥机、多切机、离心机、洗菜机、烫漂槽、冷却槽、分选工作台、封口机等。

（一）自然脱水

利用太阳辐射热、干燥空气使野特菜干燥，分晒干和风干两种。自然脱水可充分利用自然条件，节约能源，方法简易，处理量大，设备简单，成本低；但其缺点是受气候限制。主要用于苦菜、香菇及笋干的晒制。

（二）人工脱水

利用专门的机械设施和设备，促使野特菜水分蒸发。不受气候的影响，干燥速度快，产品质量高；但是设备投资大，成本高。主要方法有：

干制机干燥：即利用燃料加热干燥。

冷冻干燥：又称升华干燥或真空冷冻升华干燥。这是一项高新加工技术，能保持野特菜原有的外形、色泽和风味。

微波干燥：用高频电磁波干燥，速度快，加热均匀，热效率高。

远红外干燥：野特菜吸收远红外线后，被加热干燥，速度快、效率高、设备规模小。

减压干燥：在真空条件下，采用较低的温度使野特菜脱水的方法。特别适用于热敏感性的原料。

（三）一般工艺

脱水野特菜一般的工艺流程为：原料选择→清洗→整理→护色→干燥→后处理→包装→成品。

（四）羽衣甘蓝脱水加工技术要点

1. 工艺流程

原料选择→清洗调理→切断、清洗→漂烫、冷却、风选→离心拌和渗透→干燥→出烘（暂放）→选别→计量包装→贮藏。

2. 原料及清洗

选用新鲜、无污染、无虫蛀的羽衣甘蓝，除去烂叶、老叶等不良部分，清洗时视季节、原料情况，可加适量食盐以利驱虫。

3. 漂烫及冷却

漂烫水温 90℃ 以上，时间 2～3min，视不同规格、原料、季节和适宜的熟度进行相应调整。冷却水为自来水，冷却后温度以保证菜叶不变色为度。

4. 离心拌和渗透

用离心机进行离心后的物料与添加剂按比例添加，添加剂必须符合生产标准要求和客户要求。净置渗透 30～60min，以保证渗透效果。

5. 干燥

烘箱应提前用酒精消毒处理，干燥过程如下：①烘箱温度 85℃±5℃，时间（2.0±0.5）h；②温度 75℃±5℃，时间（2.0±0.5）h；③闷箱，以 3～4 箱为基准，温度 85℃±5℃，时间（3±1）h。具体可视干燥情况进行适当调整，控制水分 7% 以下，或按客户要求控制。

6. 出烘

出烘时，先关闭蒸汽，打冷风 10～15min；然后按批次顺序，定量装入包装袋；做好日期、批次、数量等标识，按规定存放于清洁干燥、防虫防鼠的环境中。

7. 选别

产品选别室温度 15～25℃，相对湿度≤60%；操作人员和选别台经消毒后方可操作，剔除不良品和杂质。

8. 计量包装及贮藏

必须按生产规定和客户要求准确称量，不得有负公差；内塑料袋密封，外纸箱胶带呈"工"字形或按生产要求封箱。贮藏库应清洁卫生、干燥（相对湿度 60% 以下）、低温（25℃ 以下）、密封，防虫防鼠；入库产品应做好标识，贮藏期一年。

（五）山苦瓜茶脱水加工技术要点

选择无病害、不过熟的鲜瓜（瓜瓤白色），用清水洗干净，切去瓜蒂和尾尖，然后将山苦瓜切成 0.5～0.7cm 的薄片，采用南靖同永顺农业机械有限公司生产的 TYS-6CHG-6 型烘焙机

（6 000 元/台左右，16 格配 16 个竹圌，每次可烘焙 100kg 左右），将均匀铺好 5kg 山苦瓜片的竹圌放入格栏，设定 60～80℃ 的烘干温度，打开风机和旋转开关烘焙至干，判断标准以手掰山苦瓜片即断并伴有清脆音为准，烘干后在 90～100℃ 的恒温下提香 30～60min 即可，这样烘焙的山苦瓜干泡出的茶水色、香、味俱全。大概 12～16kg 的山苦瓜鲜品能加工成 1kg 的成品山苦瓜干，每千克山苦瓜干的用电成本约为 10 元，切片成本 10 元（如对山苦瓜干片的规格和形状要求不严，可采用切片机切片，这样可节省人工成本）。

三、速冻

利用低温使野特菜快速冻结，并贮藏在 −18℃ 及以下，达到较长期贮藏的目的。它更能保持野特菜原有的色泽、风味和营养成分，是一项先进的野特菜加工方法。

速冻野特菜要求快速冻结，对冻结时间、设备、温度及原料的种类、大小、堆放厚度等都有较高的要求，否则会影响速冻质量。其形式按使用的冷冻介质与野特菜接触的状况，可分间接冻结和直接冻结两大类。

（一）速冻野特菜的加工工艺

原料选择→采收运输→整理（清洗、挑选、整理、切分）→烫漂或浸渍→冷却→沥水→装盘（或直接进入传送网带）→预冷→速冻→包装→冻藏→运销。

（二）几种速冻野特菜的加工技术要点

1. 野菠菜（番杏）速冻加工技术要点

原料要求鲜嫩，呈浓绿色，无黄叶，无病虫害，长度 10～15cm，收获与冻结加工的间隔应越短越好，贮藏时间不得超过 24h，初加工时要逐株挑选，摘去黄叶；清洗野菠菜时要逐株洗净。

具体操作方法：将洗净的野菠菜全部浸入热水中漂烫 1min，为了保持野菠菜的浓绿色，漂烫后应快速冷却至 10℃ 以下。冷却后的野菠菜要逐株沥水，每 500g 一捆装入塑料袋内，置于封口机上封口，然后在－30℃的低温下冻结 20min，速冻后的野菠菜很脆，容易破碎，包装时应轻拿轻放，一般每 20 袋装一箱。

2. 山芹菜速冻加工技术要点

原料要求叶柄鲜嫩、无黄叶、无病虫害、鲜绿色，长 30cm 以上。初加工时要逐株挑选，摘去全部叶子，切除根部。洗净后切成 3.3cm 的段，在 100℃的热水中漂烫 1.5～2.0min，接着快速冷却至 10℃以下。经过沥水，送入冻结装置内（－30℃以下）冻结 10min，最后包装、冷藏。

3. 野韭菜速冻加工技术要点

野韭菜可以加工成速冻韭菜馅。原料要求鲜嫩、无黄叶、无病虫害。初加工时要逐株挑选，剔除尖部黄叶和根部老叶。洗去泥沙及脏物，沥水后切成细末，定量包装，在－30℃下冻结 10～15min，食用时再拌入食用油、盐及其他辅料。

下篇

各论

第八章　根　菜　类

第一节　鱼　腥　草

一、概述

鱼腥草（*Houttuynia cordata* Thunb.）又称臭菜、蕺菜、菹菜、折耳根、菹子、九节莲、濛子、臭星草、侧草根、摘耳根、十药、紫蕺、猪鼻孔，为三白草科蕺菜属多年生宿根草本植物。鱼腥草产于我国长江流域以南各省，贵州省种植面积较大。早在20世纪80年代末，四川广汉市高坪镇引入田间规模种植，现已带动周边乡镇种植近万亩[①]，形成我国最大鱼腥草种植基地，近年来湖北

图 8-1　鱼腥草

---

① 亩为非法定计量单位，15 亩＝1hm²。下同。——编者注

省种植面积也不断扩大。鱼腥草味微辛，具有清热解毒、利尿消肿、止咳镇痛、驱风顺气、健胃等功效。其嫩根、嫩茎、嫩叶可凉拌或煮汤，味道鲜美，常食可预防流感、肺炎、湿疹等多种疾病，是一种药食兼用的保健野特菜。在南方地区常将鱼腥草用作佐料，食法有凉拌鱼腥草、鱼腥草蒸鸡、鱼腥草炒鸡蛋、鱼腥草炒肉丝、鱼腥草烧猪肺、鱼腥草粥、腊味小炒鱼腥草、鱼腥草猪肺汤、鱼腥草炒腊肉。鱼腥草叶片也可食用，在印度、泰国，鱼腥草的嫩叶是一种常见的凉拌菜佐料。食用前最好用冷水浸泡，消除异味，烹饪时最好用大火炒熟或生食材凉拌，根茎则可以用来煲汤。

二、生物学特性

1. 植物学特征

株高 15～50cm。根状茎白色，圆柱形，纵棱数条，长 20～35cm，直径 0.2～0.3cm；节明显，质脆，易折断，下部节上有残存须根；其茎下部伏地，茎上部直立，紫红色，叶互生，叶片阔卵形，先端尖，叶片卷折皱缩，展开心形，上表面暗黄绿色至暗棕色，下表面灰绿色或灰棕色；叶柄细长，基部与托叶合生成鞘状，全缘，叶长叶宽 3～5cm，托叶膜质；初夏开花，花小色白，无花被，穗状花序顶生，黄棕色，花序基部有 4 片白色花瓣状苞片，合称总苞，蒴果卵形，顶端开裂，种子多数卵形，花期 5—6 月，果熟期为 10—11 月。

2. 对环境的要求

鱼腥草性喜温暖湿润的气候，忌干旱，地下茎－10℃时不会冻死，可安全越冬，温度在 12℃以上时，地下茎开始生长并长出小苗，地下茎成熟期要求 20～25℃。鱼腥草喜湿耐涝，要求土壤潮湿，含水量最好保持在 75%～80%。土壤微酸（pH＝6 左右）有利鱼腥草生长，以肥沃的沙壤土及腐殖质含量高的壤土为佳。

三、栽培技术

1. 育苗及种植方法

（1）种植地选择与整地。选择地势平坦、向阳、肥沃、土层深厚、有机质含量高、排灌方便的壤土或沙壤土作为种植地，干旱地、黏性和碱性土壤不宜种植。耕深 30～40cm，施优质土杂肥 22.5～30.0t/hm² 作基肥，整平耙碎。作畦，要求畦宽 1.2m、高 20cm，长度因地而宜。定植时按行距 15～30cm、株距 5cm，保持土壤湿润，持水量为 75％～80％。

（2）育苗、定植。

①根状茎直栽。3 月上中旬（南方地区适当提前）植株未萌发新苗之前，挖出根状茎，用剪刀剪成 10～15cm 小段，尽量选节间短的茎，并保留须根。按行距 20cm，用小锄头开 3.0～4.5cm 深沟，按株距 5cm 排放于沟中后覆土 6～10cm，稍加镇压后浇水，并保持土壤湿润，20d 后可出苗。

②分株繁殖直栽。在 3—4 月鱼腥草均已出土时，将母株挖出，进行分株，按株行距 15cm×15cm 直接种植于大田。

③扦插育苗后移植。最好在育苗温室中进行，采用 72 穴的穴盘育苗，可自制基质土，也可直接购买基质土，自制基质可用腐叶土（或泥炭土）：园土：河沙按 4∶3∶3 的比例配制，然后选择粗壮的鱼腥草地上茎作插条，插条长度以 3～4 节为宜。扦插时 2～3 节插入土中，1～2 节露出土表，插后浇透水，大棚温度保持在 25～30℃，相对湿度 90％以上，插条生出根后，可将小苗早晚移出棚外炼苗 3～4d 后室外管理，10～15d 后可将小苗移栽大田。

2. 田间管理

（1）中耕除草。用根状茎种植的鱼腥草可以在种植日 1～2d 内用精异丙甲草胺、丁草胺等芽前封闭除草剂除草；幼苗成活到封行前，中耕除草 2～3 次。如田间禾本科杂草发生严重时，可在杂草 3～5 叶时选用 10％精喹禾灵乳油、12.5％盖草能乳油、15％精稳杀得乳油兑水 600kg/hm² 喷洒茎叶。双子叶杂草需人工拔除。

（2）追肥。鱼腥草以食用嫩茎为主，商品菜要求叶肥棵大、秆茎粗、纤维少，生长期以追施氮肥为主，叶面喷施多种微量元素为辅。为了增加鱼腥草生长期的抗逆能力，在追肥时可适当增加磷、钾肥，一般在定植返青后可进行第 1 次追肥，追施腐熟人粪尿

15t/hm² 或尿素 150kg/hm²；2 个月后进行第 2 次追肥，追施尿素 225kg/hm² 结合浇水可冲施碳铵 600kg/hm² 或腐熟人粪尿 12～15t/hm²；生长后期，如出现叶片变黄或暗红色失绿时，可用施宝、植保素等叶面肥喷施，也可用硝酸钾喷施或 0.4％磷酸二氢钾＋1％尿素叶面喷施，喷施叶面肥时尽量选择晴天无风的下午或傍晚喷施，做到叶面叶背均匀喷雾。每次收割后，结合中耕松土，追施有机土杂肥 30t/hm²、尿素 300kg/hm² 或硅钾基复混肥 600kg/hm²、硒素叶面喷施剂 1 000 倍液，以促进植株重新萌发。越冬期可施用腐熟厩肥 30.0～37.5t/hm² 后培土过冬。采收期施肥以氮肥为主，适当施磷钾肥，在有机质充足的土壤中，鱼腥草的地下茎生长粗壮。整个生育期内保持土壤湿润，幼苗成活至封行前，每亩追施尿素 8～10kg 作苗肥，茎叶生长盛期，每亩追施复合肥 10～15kg。以后改为根外追肥，用 0.4％磷酸二氢钾溶液，每 7d 喷施一次，共 4～5 次。整个生育期不浇灌污水，禁止施用未经发酵腐熟的人（畜）粪尿、硝态氮（硝酸铵）等，采收前 30～35d 不施任何肥料。

（3）灌水。鱼腥草喜潮湿的环境，整个生长期要经常保持田间土壤湿润。如天气干旱，应及时灌溉。

（4）病虫害防治。鱼腥草在整个生长期病虫害较轻，一般不用喷药防治。在高温干旱季节，一旦有叶斑发生，可用 32％唑酮·乙蒜素乳油 1 000 倍液喷洒。也可用 1：1：100 波尔多液在初发病时喷洒。为了杜绝叶斑病原菌在田间积累，每年越冬前，要彻底清除田内植株败叶，带出田间深埋或烧毁。地表喷一遍 3 波美度石硫合剂或土病铲除剂等药剂。主要虫害卷叶螟，以幼虫为害嫩叶、嫩芽，在幼虫发生期可用 1.8％爱福丁（阿维菌素）4 000 倍液喷洒。

3. 采收

作为鲜食的鱼腥草，通常在 2—4 月当地上茎高 5～10cm 时，采挖较幼嫩的地下茎和地上嫩茎。在采摘或购买时，要选白色粗嫩的根茎食用，手折不断或色泽变黄的一般不能作为鲜食食材。

4. 留种

选择无病虫害、地下茎粗壮的菜地进行翌年扦插繁殖。

第二节 地 参

图 8-2 地参

一、概述

地参（*Lycopus lucidus* Turcz.）别名地笋、银条菜、地藕、甘露子等，为唇形科地笋属多年生草本植物，主要产于云南、广西、山东、四川等地。因其地下根茎部分形似虫草、状如人参，营养可与人参媲美，故又名虫草参。地参是药食兼用、集众多药用功能于一体的保健植物。春夏季采摘地上部分的茎叶炒食、凉拌、做汤等食用，茎叶晒干即为常用中药——泽兰，具有活血调经、祛瘀消痈、利水消肿的功效，临床常用于治疗月经不调、产后瘀血腹痛、疮痈肿毒、水肿腹水；地下根茎部分是植物的核心，成熟后采挖出的新鲜洁白脆嫩环形肉质根茎可直接炒食、做汤、油炸、做酱菜，其口感绝佳、营养保健价值高，享有"蔬菜珍品""山中之王"等美誉。根茎干燥做药用，具有化瘀止血、益气利水之功效，治黄疸，临床上常用于治疗急性黄疸型肝炎、湿热型慢性肝炎。

地参含有丰富的蛋白质、氨基酸、糖类、维生素和矿质元素等营养成分，具有很高的营养价值。在有机物含量方面，地参鲜品中总糖含量为 57％，淀粉含量为 6％，亚麻酸含量为 3.5％，硬脂酸含量为 13.1％，粗蛋白、粗脂肪、软脂酸含量为 10.5％。在氨基酸含量方面，地参中含有 18 种氨基酸，其中人体必需氨基酸有 7 种，以天门冬氨酸含量最高，达 580mg/100g，其次为苏氨酸、丝氨酸、赖氨酸。在维生素含量方面，富含维生素 E、维生素 C 和维生素 A，其中以维生素 E 含量最高，达 3.5g/100g。在矿质元素含量方面，地参含有丰富的钙、钾、铁、钴、锌、锰、铜、镁等元素。地参干品中钙含量更是高达 423.16mg/100g，是一种很好的补钙食品。

二、生物学特性

1. 植物学特征

株高 50～120cm，茎直立，四棱形，无毛。叶交互对生，有短柄，披针形，厚纸质，先端渐尖或锐尖，基部近圆形或广楔形，边缘有较整齐的锐锯齿，表面绿色，密布腺点。花期 7—9 月，花簇生于叶腋处，成轮状聚伞花序，花冠唇形白色。地下大量匍匐生长的白色肉质根茎，形似虫草，粗如手指，多环凹，其膨大期 9—10 月。气生根根茎长 50～70cm，单株有效根茎 5～8 个。

2. 对环境的要求

适应性强，耐寒、耐湿、耐热，一般土壤均可种植。以在背风向阳、湿润、排灌条件好、土层深厚、土质疏松肥沃的壤土或沙壤土（pH＝5 左右）种植为宜。既适宜旱地种植，又宜于林间或山坡地种植。

三、栽培技术

1. 种参选择、处理及种植方法

（1）种参选择、处理。生产上地参主要以根茎无性繁殖为主，选择头年种植的地参根茎作为种源。参体要求匀称饱满、无病虫害、环形结构明显、分布均匀。播种前先用 50％多菌灵可湿性粉剂 500 倍液浸泡种参 15～20min 捞出，用草木灰拌种晾干后即可进行播种。

（2）整地种植。选择排灌条件好、土层深厚、土质疏松肥沃的田块，每亩施优质有机肥 2 000～3 000kg、过磷酸钙 30～50kg、硫酸钾 15～20kg，翻耕耙细整平作畦。畦宽 60cm、高 30cm。种植时在畦中间开深 8cm、宽 30cm 的种植沟，按株距 30cm 单行种植，覆土后充分浇水，一般 10～15d 即可出芽。

2. 田间管理

（1）适时追肥，中耕培土。出芽后要及时除草松土，保持田间无杂草。若收割茎叶，每次收割后应及时每亩追施尿素 8～10kg。

地参根系生长旺盛，会不断产生新的植株，植株长到 60～80cm 时要进行中耕培土，有增苗、保温作用，并使根茎合理分布在土壤表层下 15～25cm 的耕作层。培土后的深厚土层能起到防止倒伏、促进茎秆稳健生长的作用。

（2）病虫害防治。夏季高温季节，地参易受锈病、蚜虫和尺蠖的危害。

锈病：发现病害时，及时摘除病株，并用敌锈钠 300～500 倍液防治。

蚜虫：为害植株嫩梢及叶片，可采用黄色粘虫板诱杀防治；化学方法用 3‰啶虫脒（莫比朗）乳油 2 000 倍液或用 20％康福多乳油 8 000～10 000 倍液等农药交替轮换进行喷雾。

尺蠖：以幼虫取食叶片，用 90％敌百虫可溶性粉剂 800～1 000倍液喷雾防治。一般间隔 7～10d 喷施一次，连喷 2～3 次效果较好。

3. 采收

（1）参根采收。每年 10—12 月开始采挖，采挖后洗净即可作为鲜参销售，也可晒干后出售干参。一般亩产鲜参 2 000kg 左右，晒干后可得干参 500kg。

（2）茎叶采收。茎叶一年可采收 2～3 次。若以采收根茎为主，则不宜在生长期间采收茎叶，以免影响根茎生长。只能在采挖根茎时割取地上部分晒干入药。

4. 留种

选择生长健壮、无病虫害的根茎作为种参，在背阴处挖坑埋于其内，覆薄层细沙，加盖稻草等作物秸秆，最后覆膜盖实。

第九章 茎菜类

第一节 龙须菜

图 9-1　龙须菜

一、概述

龙须菜为佛手瓜（*Sechium edule*（Jacq.）Swartz）的嫩梢，佛手瓜又名千金瓜、隼人瓜、安南瓜、寿瓜、丰收瓜、洋丝瓜、合手瓜、捧瓜、土耳瓜、棚瓜、虎儿瓜等，是葫芦科佛手瓜属多年生宿根草质藤本植物，原产于墨西哥、中美洲和西印度群岛，19 世纪传入中国，在中国江南一带都有种植，以云南、贵州、浙江、福建、广东、四川、台湾最多。20 世纪 80 年代末，台湾首创食用佛手瓜的嫩梢，随后广西、福建、云南等多省份得到快速发展。广西柳州市种植面积达上千公顷；2019 年贵州省惠水县发展一县一品，龙须菜种植规模达数千亩，产品销往全国各地，并产生了较好的效益；福建每年栽培面积在 1 000 亩以上。由于富含矿质元素、维生素 C，高钾、低热、低钠，氨基酸含量丰富且配比合理，素炒和凉拌口味均佳。

二、生物学特性

1. 植物学特征

弦状须根，随植株生长，须根逐渐加粗伸长，形成半木质化的侧根，上生不规则的副侧根。侧根长而粗，在一般条件下，一年生的侧根长达 2m 以上。根系分布范围广，吸收肥水能力强，耐旱。多年生的佛手瓜，进入第 2 年以后，在不十分炎热的地区可形成肥大的块根。茎蔓性，攀缘性强。主蔓可长达 10m 以上。分枝能力强，几乎每节上都有分枝，分枝上又有 2 次、3 次分枝。节上着生叶片和卷须。叶互生，叶片与卷须对生。叶片呈掌状五角形，全缘，中央一角长，淡绿色至深绿色。叶面较粗糙，叶背的叶脉上有茸毛。雌雄同株异花，雄花多生于子蔓上，开花早；雌花多生于孙蔓上，开花迟于雄花。雄花 10～30 朵在总花梗的上部，总状花序，每雄花有雄蕊 5 枚、花丝连合。雌花单生，枝头头状，花柱连合，子房下位 1 室、仅具 1 枚下垂胚珠。弯片、花冠均为 5 片。异花传粉，虫媒花。花期 7—9 月，果期 8—10 月。

2. 对环境的要求

龙须菜喜温暖但又怕炎热，怕严寒。适宜在 18～25℃ 条件下生长。其地上茎叶遇霜冻即枯萎死亡，0℃ 时茎叶出现冻害，零下 3～5℃ 时叶片全部冻死。

三、栽培技术

1. 育苗及种植方法

（1）品种选择。选用种皮深绿无刺品种。

（2）育苗时间。最好在温室内育苗，育苗宜在 9 月下旬至 12 月上旬进行。南方地区为了提前采收，一般在秋冬季用整瓜播种育苗。

（3）方法。

①整瓜播种育苗。在温室内进行。佛手瓜种子无后熟和休眠期，果实成熟后只要条件适宜，种子就会在瓜中发芽。先将种瓜于温室催芽，温室温度在 15～28℃，7d 左右瓜缝开裂，幼芽露出果实。此时选择已发芽的种瓜播种育苗。播种时将发芽的种瓜平放在盛有营养土的塑料袋内（塑料袋大小 20～30cm），覆 5cm 左右厚的细土，浇足底水，每袋播 1 粒瓜，在 20～30℃条件下保温培育。种瓜于 9 月下旬放在阴凉避雨的室内保存，最好置于 15～20℃环境条件下，在种瓜贮藏期间，自始至终（即使表皮皱缩）不给水。也可在春季和秋季采用分株繁殖的方法。

②扦插育苗。整瓜播种育苗不足时，在 4 月上旬，利用佛手瓜长根的分蘖茎直接定植或用茎段扦插育苗。可用腐熟黑木耳渣作基质，将老熟茎条剪成带 2～3 节的茎段，把每段的基部浸入 200 mg/kg 的生根粉水溶液中浸泡 60min，取出后插入 32 孔的装满基质穴盘中，保温保湿促根培育。

③整地定植。佛手瓜易受冻害，一定要选择设施温度稳定在 15℃后定植。温室栽培于 2 月初定植；露地及庭院等栽培宜在 4 月气温稳定在 15℃以上时移栽；温度超过 30℃时避免种植。

2. 田间管理

（1）水肥管理。

①苗期管理。控制棚温，幼苗出土前一般不浇水。出苗后白天保持 20～25℃，夜间保持 10～12℃，并注意保持较好的通风和光照条件。苗期不可施用人粪尿肥，适当控水控温蹲苗。幼苗期瓜蔓幼芽留 2～3 个为宜，多而弱的芽要及时摘掉。对生长过旺的瓜蔓留 4～5 片叶摘心，控制徒长，以促发侧枝。定植前 7d 加强通风炼苗。

②栽后管理。浇水施肥缓苗后，定期浇水，水量不宜大，以地表湿润为宜。越夏时注意给大棚盖上银灰色遮阳网，保持侧帘常开，在晴天的傍晚浇水，增加空气湿度、降低土温，并及时中耕松土，适当培土，促进根系生长发育。进入旺采期，佛手瓜对肥水的

需求量较大，须及时浇水施肥，以氮肥为主、三元复合肥为辅，15d 左右喷施含氨基酸的叶面肥一次。

（2）病虫害防治。佛手瓜抗病性较强，生长期间一般不进行药剂防治。但环境不佳时也会发生部分病虫害，防治措施以预防为主，采取农业防治、物理防治、生物防治为主，化学防治为辅的无害化综合防控原则。

①农业防治。与非瓜类作物实行 2～3 年轮作。

②物理防治。植株上方悬挂黄色粘虫板防治粉虱和蚜虫。

③生物防治。使用生物源农药防病害。

④化学防治。蔓枯病：发病初期用 50% 的瓜病唑可湿性粉剂 600 倍液或 64% 杀毒矾可湿性粉剂 400 倍液喷雾，交替轮换使用，间隔 7～10d，连续防治 2～3 次。

美洲斑潜蝇：可于幼虫 2 龄期前用 0.9% 阿维菌素水剂 2 000 倍液和 90% 万灵可湿性粉剂 3 000 倍液混合喷雾，6～7d 喷施一次，连续喷 2～3 次。

霜霉病和炭疽病：药剂防治霜霉病，可用 69% 安克锰锌可湿性粉剂 800 倍液，或 72% 克露可湿性粉剂 800 倍液，或 53% 金雷多米尔锰锌可湿性粉剂 600 倍液，或 52.5% 抑快净可湿性粉剂 2 000 倍液，或 72.2% 普力克水剂 800 倍液等药剂防治，每 5～7d 喷施一次，交替用药，连喷 3～4 次。炭疽病可用 25% 使百克 1 000 倍液，或 2% 阿司米星 200 倍液，或 2% 抗霉菌素 200 倍液，或 80% 炭疽福美 800 倍液，或 40% 炭克 800 倍液，或 25% 炭特灵 500～800 倍液，或 50% 施保功 1 500 倍液等防治，每 5～7d 喷施一次，连喷 2～3 次。

佛手瓜虫害较少，雨水多时有蛞蝓和蜗牛危害，可每亩均匀撒施 6% 四聚乙醛颗粒剂（密达）3kg 防治，注意避免药剂被水淋湿。

3. 采收

当侧枝长至 30cm 长时，即可采摘，采摘长度以 20～25cm 为宜，基部留 1～2 节，采摘的嫩梢尾端对齐，茎基用刀切齐，每

0.25～0.5kg挷成一捆。采用大棚栽培产量比正常季节栽培可提早一个月上市，夏季产量比露地栽培增产20%左右。

4. 留种

采收授粉后30d左右、肥壮、单瓜质量250～500g、表皮光滑、蜡质多、微黄色、茸毛不明显、芽眼微微突起、无伤疤、充分成熟的前中期瓜作种瓜。

第二节 蒌 蒿

图9-2 蒌蒿

一、概述

蒌蒿（*Artemisia selengensis* Turcz.）又名藜蒿、水蒿、芦蒿等，为菊科蒿属多年生草本植物。原产于亚洲。我国东北、华北和中南地区野生于荒滩、荒坡等地。我国很早就有食用蒌蒿的记载，明太祖朱元璋曾将蒌蒿作为贡品来享用。近年来，江苏省南京市八卦洲乡发展迅速，将野生蒌蒿作为一年生蔬菜来种植，种植面积达1.5hm²，已发展成露地栽培和大棚栽培两种方式，每年冬、春季盛产，年产量达2 000万kg，并销往全国20多个省份，外销量近1 000万kg。

据测定，每 100g 蒌蒿嫩茎含有蛋白质 3.6g、灰分 1.5g、钙 370mg、磷 102mg、铁 2.9mg、胡萝卜素 1.4mg、维生素 C 49mg、天门冬氨酸 20.4mg、谷氨酸 34.3mg、赖氨酸 0.97mg，并含有丰富的微量元素和酸性洗涤纤维等。蒌蒿以鲜嫩茎秆为食用部位，可凉拌或炒食，不仅营养丰富，而且鲜美清香、脆嫩爽口。据史料记载，蒌蒿与笋同拌肉食用，最为美味。蒌蒿根性凉，味甘，叶性平，平抑肝火，可治胃气虚弱、浮肿及河豚中毒等病征，以及预防牙病、喉病和便秘等疾病。蒌蒿抗逆性强，很少发生病虫害，是一种无污染的绿色食品，是冬春市场供应的主要野特菜品种之一。

二、生物学特性

1. 植物学特征

株高 1.0～1.5m，根系发达，须根着生于地下茎上，须根密生根毛，吸收肥水能力极强。地下茎白色，新鲜时柔嫩多汁，既是繁殖器官，又是养分贮藏器官。入土深 15～25cm，长可达 30～40cm，粗 0.6～1.0cm，节间长 1～2cm，节上有潜伏芽，能抽生地上茎，茎粗 1～2cm。食用嫩茎青绿色、淡绿色或略带紫色，长 25～30cm，粗 0.3～0.5cm，叶片绿色。叶羽状深裂，叶长 10cm、宽 5～8cm，裂片边缘有粗钝锯齿。叶面绿色无毛，叶背有短密的茸毛，呈粉色。秋初，顶端和叶腋抽生头状花序，直立或下垂，有短梗，多数密集成狭长的复总状花序，有条形苞叶，总状近钟状，长 2.5～3.0mm，宽 2.0～2.5mm，总苞片约 4 层，外层卵形，黄褐色，被短绵毛，内层边缘宽膜质。花黄色，内层两性，外层雌性，每花序能结瘦果约 1 个，瘦果细小。果实黑色，无毛，老熟后易脱落。花果期 7—10 月。

2. 对环境的要求

性喜冷凉湿润气候，耐湿、耐肥、耐热、耐瘠，不耐干旱。无明显的休眠期，早春气温回升到 5℃左右，地下茎上的侧芽（潜伏芽）开始萌发，日平均气温 12～18℃时生长较快，日平均气温 20℃以上时茎秆容易木质化。温带地区露地野生蒌蒿一般春季 2 月中下旬萌发，4 月上中旬营养生长加快，是露地蒌蒿上市高峰期。蒌蒿适宜温度范围较广，喜阳光充足的生长环境，只是在强光下嫩茎易老化。对土壤要求不严，但以肥沃、疏松、排水良好的壤土为宜。

三、栽培技术

1. 育苗及种植方法

（1）种植地选择与整地。选择前茬为非菊科作物、灌溉条件好、土壤肥沃的沙壤土为宜。栽种前进行耕翻晒（冻）垡，结合施足底肥，每亩施腐熟猪、牛、粪 3 000～4 000kg 或腐熟饼肥 150kg 左右，整地作畦，畦宽 1.5～2.0m，深沟高畦。

（2）育苗定植。蒌蒿周年均可种植，生产上根据市场需求及气候环境选择不同蒌蒿品种。市场上主要有两个类型，即大叶青蒌蒿和碎叶白蒌蒿。大叶青蒌蒿又名柳叶蒿，叶羽状三裂，嫩茎青绿色，清香味浓，粗而柔嫩，较耐寒，抗病，萌发早，产量高；小叶白蒌蒿又名鸡爪蒿，叶羽状五裂，嫩茎淡绿色，香味浓，耐寒性略差，品质好，产量一般。繁殖方式有两种，即种子繁殖和无性繁殖，生产上主要采用无性繁殖。无性繁殖主要有 4 种方式，即分株栽种、茎秆压条繁殖、扦插繁殖、地下茎繁殖。

①分株栽种。5 月上中旬，在留种田块将蒌蒿植株连根挖起，截去顶端嫩梢，在筑好的畦面上，按株行距 40cm×45cm，每穴栽种 1～2 株，栽后踏实浇透水，经 5～7d 即可成活。

②茎秆压条繁殖。每年 7—8 月将半木质化的茎秆齐地面砍下，截去顶端嫩梢，在整好的畦面上，按行距 35～40cm，开沟深 5～7cm，将蒌蒿茎秆横栽于沟中，头尾相连，然后覆土，浇足水，经常保持土壤湿润，促进生根与发芽。

③扦插繁殖。每年 6 月下旬至 8 月，剪取生长健壮的蒌蒿茎秆，截去顶端嫩梢，将茎秆截成 20cm 长的小段，在筑好的畦面按株行距 30cm×35cm，每穴斜插 4～5 小段，地上露 1/3，踏实浇足水，经 10d 左右即可生根发芽。

④地下茎繁殖。四季均可进行。地下茎挖出后，去掉老茎、老

根，剪成小段，每段有 2～3 节，在筑好的畦面上每隔 10cm 开浅沟，将每小段根茎平放在沟内，覆薄土，浇足水。

2. 田间管理

（1）水肥管理。

①清除杂草。蒌蒿地下茎主要分布在 5～10cm 土层内，栽种成活后，要及时拔除田间杂草，促使根系发育良好，积累更多养分。

②浇水。蒌蒿耐湿性很强，不耐干旱，高温干旱季节要经常浇水，保持田间湿润，促进生长。蒌蒿地上部被严霜打枯后，应齐地面砍去蒌蒿茎秆，清除田间枯枝残叶和杂草，浅松土，每亩撒施尿素 10kg 或复合肥 80kg，浇足底水，5～7d 后扣棚盖膜。一般在 11 月下旬至 12 上旬进行，同时用地膜直接覆盖在植株上，将棚四周压严压实。如土壤湿度过大，则地膜覆盖可推迟进行。晴天中午要在背风处通风换气，以降低棚内空气湿度。

③浇肥。大棚覆盖蒌蒿，第一茬采收后，应立即清除杂草、残枝落叶，并追施肥水，每亩追施 5～10kg 尿素，覆盖后管理同上。

（2）病虫害防治。蒌蒿生长期间病虫害时有发生，主要有蚜虫、玉米螟、棉铃虫、刺蛾及蒌蒿大肚象等害虫。蚜虫、蒌蒿大肚象可用 3%啶虫脒（莫比朗）乳油、10%一遍净（吡虫啉）、20%好年冬乳油 2 000 倍、20%康福多乳油 8 000～10 000 倍等农药交替轮换使用。玉米螟、棉铃虫、刺蛾等害虫可用抑太保（定虫隆）、卡死克（氟虫脲）等农药防治。

3. 采收

露地栽培蒌蒿约 30d 即可采摘，茎秆侧芽长出 15～20cm 时，即可剪取嫩枝。随着自然界温度变化自行萌发，当日平均气温12～18℃时，嫩茎迅速生长，4 月上中旬是露地蒌蒿上市高峰。采收时，用利刀平地面在基部割下，嫩茎上除保留极少数心叶，其余叶片全部抹除，扎捆码放在阴凉处，用湿布盖好经 8～10h 的简易软化，剪下的嫩枝用湿麻袋盖住，2d 后将嫩枝上叶片抹除即可上市。收割时剪大留小，分批收获。每收 1～2 次施一次肥，浇一次透水，保持畦面湿润，促进生长。

设施栽培蒌蒿可采用多种不同的覆盖方式，分期分批覆盖，可提早上市，错期上市，均衡供应。大棚覆盖栽培蒌蒿，一般覆盖后40～45d，株高20～25cm时即可采收。第一茬采收后，应立即清除杂草、残枝落叶，并追施肥水，加强覆盖后管理。这样再经45～50d，即收获第二茬。一般大棚蒌蒿冬春季可收获2～3茬，亩产量达800～1 000kg。

第三节 守 宫 木

图 9-3 守宫木

一、概述

守宫木〔*Sauropus androgynus*（L.）Merr.〕，系大戟科守宫木属多年生常绿复叶小灌木，又称天绿香、树仔菜、树菜、小姑娘菜、越南菜、南洋菜、泰国枸杞等。原产于东南亚热带雨林，广泛分布于印度和东南亚各地，是一种珍奇的纯天然野生蔬菜。其味道鲜美，口感佳，在东南亚地区栽培、食用历史悠久。20世纪90年代，守宫木作为一种时尚蔬菜被引入中国，在广东、海南等地规模化种植，其中广东的种植面积曾经超过100hm^2。

守宫木以刚抽出的 15～20cm 长的笋状嫩梢为食用部位，炒食、做汤或作为火锅原料均可，质地爽脆、风味独特、营养丰富。据测定，每100g 鲜重含热量 310kJ、水分 79.5%、蛋白质 7.6g、脂肪 1.8g、纤维 1.9g、碳水化合物 6.9g、灰分 2.09g、维生素 A 10 000国际单位、维生素 C 136～180mg、钙234mg、磷64mg、镁 3.1mg。种子富含对人体具有特异生理活性的 α-亚麻酸。具有养颜润肤、降压降脂、养肝明目、开胃消滞、清热解毒、利血祛湿、滋阴补肾、去腻醒酒等保健功效，是一种具有极高营养保健价值和独特药用价值的天然绿色保健食品。但由于守宫木富集镉能力较强，具有一定毒性，因此，作为蔬菜不宜长期大量食用。

二、生物学特性

1. 植物学特征

根系发达，茎直立，株高 1～3m，茎叶绿色，嫩梢叶黄绿色，全株无毛，侧枝萌发力强，羽状复叶，复叶顶端可不断长出小叶，小叶披针形，叶柄长 30～40cm，夏秋开花，数朵着生于复叶腋间，雌雄同株异花，花较小，果实为淡黄色球形蒴果，内有 6 粒黑色棱状种子，一般结果极少。

2. 对环境的要求

性喜温暖湿润环境，气温 15℃ 以上时开始抽发新枝芽，20℃以上进入丰产期，超过 37℃ 生长受到抑制，10℃ 以下开始落叶。怕霜冻，霜期较长会造成植株死亡。热带地区可常年种植，亚热带地区春、夏、秋三季可露地种植，冬季要注意保温越冬。在阳光和水分充足、略荫蔽、土壤肥沃疏松湿润条件下生长快、产量高。

三、栽培技术

1. 育苗及种植方法

（1）扦插育苗。守宫木自然生长时结实率低，不易采种，因此生产上一般采用扦插育苗。扦插时应选用已木质化的枝条，剪成15cm 左右、带 2～3 个节的小段。扦插时期以春秋季日均温 20℃

以上为宜，扦插苗床土壤要疏松，精耕细耙后，每亩施有机肥
1 000～1 500kg、复合肥 20～30kg 作基肥。扦插株行距为 5cm×
5cm，扦插后浇透水。温度低于 15℃时需覆膜保温。扦插苗一般培
育 30～40d 后即可进行移栽。

（2）定植。选择土质疏松肥沃、排灌条件好、无铅、镉污染的
田块，深翻细耙，每亩施用有机肥 3 000～4 000kg、复合肥 100kg
作基肥。整畦，畦宽 1.2m，沟宽 30cm，按 30cm×30cm 株行距进
行移栽，定植后浇足定根水，此后 7d 内每天早晚各浇水 1 次，保
持土壤湿润。采摘前视土壤肥力状况可追施 2～3 次稀薄水肥。

2. 田间管理

（1）水肥管理。守宫木在生长期生长迅速，长势强，连续采收
时间长，需水肥量较大，若水肥不足极易出现缺素症，影响产量和
品质。因此，除在种植前除施足基肥，在开始采收后可结合浇水、
除草和松土，每 20d 追肥 1 次，每次每亩施用尿素 10kg、复合肥
20kg，生长期间一般追肥 5～6 次。

（2）病虫害防治。守宫木抗性较强，病虫害发生较少。病害以
茎腐病为主，该病易在高温高湿条件下发生，发病初期茎表面有白
色菌斑，后期茎表面腐烂，导致全株失水枯萎。发病时可用多菌
灵、百菌清等药物进行喷洒防治，并及时清除病死株，以防止交叉
蔓延传播。虫害有地老虎、尺蠖、蜗牛、粉虱等，可喷施低毒、低
残留的施百平、敌百虫等药物进行防治，喷药 10d 内禁止采摘
上市。

3. 采收

守宫木一次种植可多次采收，连续采摘 5～6 年。采收期为每
年的 3 月下旬至 10 月底。当嫩梢长至 12～15cm、颜色为黄绿色时
即可采收。采收过早影响产量，过迟则影响品质。

4. 留种

一般在秋冬季白天温度低于 15℃时开始保留母株，选择生长
旺盛、茎秆粗壮、无病虫害的植株作为留种株，采用拱棚覆盖方式
保存，翌年 3 月份气温回暖时扦插育苗。

第四节 茭 白

图 9-4 茭白

一、概述

茭白［*Zizania latifolia*（Griseb.）Turcz.］又名高瓜、菰笋、菰手、茭笋、高笋、茭瓜，为禾本科菰属多年生宿根草本植物，可分为双季茭白和单季茭白（或分为一熟茭和两熟茭），双季茭白（两熟茭）产量较高、品质较好。古人称茭白为"菰"。唐代以前，茭白被当作粮食作物栽培，其种子——菰米（或称雕胡）是"六谷"之一。后来人们发现，有些菰感染黑粉菌而不抽穗，但茎部膨大并形成纺锤形的肉质茎，即现在食用的茭白。人们便利用黑粉菌阻止茭白开花结实而繁殖这种畸形植株作为野特菜。目前，世界上把茭白作为蔬菜栽培的国家只有中国和越南，且以中国栽培最早。我国茭白的产地分布区域广泛，全国各地均有种植。

茭白以丰富的营养价值而被誉为"水中人参"，其质地鲜嫩，味甘实，被视为野特菜中的佳品。每100g可食用的茭白中含能量6 210J、蛋白质1.2g、脂肪0.2g、碳水化合物5.9g、钙4mg、磷36mg、钾209mg、钠5.8mg、镁8mg、铁0.4mg、锌0.33mg、

硒 $0.45\mu g$、铜 $0.06mg$、锰 $0.49mg$、维生素 $A5\mu g$、胡萝卜素 $30\mu g$、维生素 $B_1 0.02mg$、维生素 $B_2 0.03mg$、维生素 $C 5mg$、维生素 $E 0.99mg$ 以及烟酸 $0.5mg$ 等。由此可见，茭白营养丰富，属于低热量、低脂肪、高钾低钠的食物。

我国医药著作中有不少关于茭白药效的介绍。《本草纲目》认为，茭白性凉味甘，具有清热除烦、止渴、通乳、通利大便的作用，用于治疗热病烦渴、酒精中毒、二便不利、乳汁不通等症状。《本草拾遗》载："去烦热，止渴，除目黄，利大小便，止热痢，解酒毒。"《食疗本草》谓茭白"利五脏邪气，酒齄面赤，白癫疬疡、目赤。热毒风气，卒心痛，可盐、醋煮食之"。食用茭白对治疗黄疸型肝炎、口腔溃疡有益。由于茭白热量低、水分高，食后易有饱腹感，成为人们喜爱的减肥佳品。茭白中含有的豆醇能清除体内的活性氧，抑制酪氨酸酶活性，从而可阻止黑色素生成，同时还具有软化皮肤角质层的作用，使皮肤润滑细腻。但因茭白性寒，凡脾胃虚寒者忌食，此外，由于茭白含难溶性草酸钙较多，影响人体对钙的吸收，凡患有肾脏疾病、尿路结石或尿中草酸盐类结晶较多者，不宜多食。

茭白洁白甘甜，鲜嫩芬芳，烧、炒、蒸、炖、焖等。在湖北，茭儿菜与黄颡鱼煮汤（俗称野茭笋黄咕鱼汤）是一道乡土名菜；江苏南京传统名菜茭儿菜鸡丝，是著名餐饮店"金陵人"的时令挂牌菜，深受老南京人的欢迎。茭白与鸡、鸭、鱼、肉、蛋等荤料合烹，或辅以豆类、食用菌、叶菜类合烧，其独特味道令人赞不绝口，也可以单独做菜，如茄汁茭白、葱油茭白丝、油焖茭白、糖醋茭白、腐乳汁茭白等，风味也甚佳。此外，茭白还可作为水饺、包子和馄饨的馅料搭配，食之回味无穷。

二、生物学特性

1. 植物学特征

株高一般在 $1.5\sim2.4m$。其根为须根系，在分蘖节和地下匍匐茎的各节上抽生，每一个分蘖节和地下匍匐茎的节上着生 $5\sim25$

条根，根长 20～70cm、直径 1～3mm。根系主要分布在地表
30cm、横向半径 30～60cm 的土层中，植株抽生的地下匍匐茎各节
上着生的须根则分布在离株丛 40～70cm 的土层内。

茎可分为地上茎和地下茎。地上茎在营养生长期呈短缩状，是
孕茭的主要场所，但是地上茎的下部埋入土中，坚硬且呈青棕色或
棕色，无食用价值，并拥有多个节，节上能发生 2～3 个分蘖；而
地上茎的上部一般分为 4 节，由叶鞘包裹着，当进入生殖生长期
后，上部开始拔节形成花茎，其在未抽穗前可作为蔬菜食用，称为
"茭儿菜"，在抽穗后则可以开花结实，若茎端受黑粉菌寄生，会畸
形膨大形成肥嫩的肉质茎（即茭白），而不抽穗开花。地下茎着生
于地上茎基部的节上，呈匍匐状或根状横生在土中，又称"根状
茎"，一般长 40～60cm、直径 1.0～1.5cm，具有 8～16 节，中空
且带有叶状鳞片，节位处皆能发根，茎的顶芽和侧芽可向地上萌发
生长，形成新的分株或株丛。

叶着生于地上茎上，由叶鞘和叶片组成。叶鞘长 25～45cm，
每个茎上有多层叶鞘相互抱合，高度在 45～65cm；叶片扁平，呈
线状或长披针形，互生，长 1.0～1.6m，宽 3～5cm，草绿色，叶
脉平行，表面粗糙，叶缘膜质，锯齿状，一般秋茭的茎上叶片数可
达 24～26 片，而夏茭仅为 9～12 片；叶片基部与叶鞘相连处着生
有三角形膜质舌片，称叶枕，俗称茭白眼。

花从花茎顶端抽生，为圆锥花序，长 30～60cm，花序上半部
着生细长形雌花，下半部平展着生雄花，花单生，小花梗呈棍棒
状，开花结实后形成"菰米"。由于菰的花期太长，单粒种子的成
熟期差异很大，需要分次采收，费工费时，因而栽培过程中多不使
其开花结实。

2. 对环境的要求

茭白属喜温性植物，生长适温 10～25℃，不耐寒冷和高温干
旱。当春季气温达 5℃以上时萌发，幼苗生长适宜温度 10～20℃，
分蘖期适宜温度 20～30℃，孕茭期温度以 15～25℃为宜，如温度
低于 10℃或高于 30℃，会影响黑穗菌的生长和植株养分的积累，

一般不能结茭，或即使结茭，个体也很瘦小，品质也差，15℃以下分蘖停止，地上部生长也逐步停滞，5℃以下时地上部枯死。茭白生长对土壤环境的要求不十分严格，以土层深厚松软、土壤肥沃、富含有机质、保水保肥能力强的黏壤土或壤土为宜。一般水田、低洼地、浅水塘、沟边、湖滨皆可种植。忌连作，防止重茬产生各种病害。

三、栽培技术

1. 育苗及种植方法

除了过去常用的分株育苗，随着技术的发展，当前还开发了茭白剪秆扦插育苗、薹管平铺寄秧育苗和双季茭两次假植育苗等技术。

分株育苗。种墩选择生长整齐、成熟一致性好、节紧缩、结茭多、孕茭率高、茭肉嫩而洁白，母株丛中没有灰茭和雄茭的茭墩。于9月中旬至11月将选好的种墩挖出移到秧田中，其间施尿素150kg/hm²左右，保持浅水层。第二年，当苗高达25cm左右时，日平均温度在15℃以上，即可挖出种墩，用锋利的小刀将种墩纵向劈成若干小墩，使每个小墩至少有1个老薹管和若干萌发的茭苗，且应尽量避免伤害种苗，然后再分苗定植于大田。

剪秆扦插育苗。在单季茭收获前，提前选定种性良好、生长整齐、成熟度一致、结茭多、孕茭率高、茭肉嫩白、母株丛中没有灰茭和雄茭的种墩作剪秆扦插材料，并于9月中旬至10月中旬，把选中的母株秆，从泥面下2～3cm处挖起，剪取附带1～2个须根、20～25cm长的秆，然后扦插到畦宽1.2m、沟宽30cm的寄秧田，其间施尿素112.5kg/hm²，浅水管理，待次年4月苗高25cm左右时移栽定植。

薹管平铺寄秧育苗。该技术常应用于单季茭白产区，母株的选定方法与剪秆扦插育苗相同，剪取长度为20～25cm。其关键环节在于寄秧前要将整个母茭秆的叶梢（即薹管）剥掉，并促使薹管各节间快速生根发芽，形成新的茭白苗。在寄秧时应注意把薹管平铺摆放到备好的秧田畦面上，没有芽的一边朝下，行距 5cm，薹管首尾连接，秧田水位以齐畦面为宜。当新芽抽出泥面后，可灌水上秧板，出苗后 7d 左右，追施复合肥 150～225kg/hm^2，苗高 15～25cm 时，即可将每个茭白苗带根剪下，移至大田定植。

双季茭两段假植育苗。在 11 月中旬秋茭采收基本结束后，选择株形整齐、孕茭率高、茭肉肥大、结茭部位低、母株丛中没有雄茭和灰茭、分蘖节位低、成熟一致的茭墩作种墩。将整墩挖起，每个茭墩分切 4～6 个小墩，假植到预留的寄秧田中，密度为 20cm×30cm，于次年 2 月底施尿素或复合肥 112.5kg/hm^2，浅水层灌溉。清明前后再次把整墩移出，分株假植，每穴 1 苗。假植密度 30cm×40cm，4 月中旬施尿素 112.5kg/hm^2，5 月中旬施复合肥 225kg/hm^2，6 月中旬施复合肥 225～300kg/hm^2，全程以浅水管理为主。

2. 田间管理

（1）水肥管理。茭白是水生作物，整个生长期间不能断水，但水位要根据不同生育阶段进行调节，水分管理总体上以“浅—深—浅”为原则，即栽植后到分蘖前期，浅水勤灌，保持 5～6cm 水深，便于土温升高，促进分蘖和发根；而后保持 10～13cm 水深，控制无效分蘖发生，大暑时气候炎热，加深水层，降低土温，生长过旺时排水晒田，控制地上部旺长；在孕茭时为达到软化目的，宜深灌，但不能超过茭白眼，以免水进入叶鞘内部发生腐烂；孕茭后期以薄水或土壤潮湿状态越冬。

茭白植株高大，生长期较长，具有需肥多且耐肥的特点，施肥时应掌握适时适量，除施足基肥，必须适时追肥。基肥一般亩施土杂粪 3 000～4 000kg 或人粪尿 2 500kg，新茭白田结合整地施肥，使肥土混合；老茭白田，在立春后追施。茭白追肥，应根据早熟高产的要求，采用“促—控—促”的追肥方法。新茭在栽后 7～10d 每亩追施碳酸氢铵 25kg，深施在离根 8～10cm 的泥中，促幼苗早分蘖。在栽后 45～50d 第二次追肥，每亩追施尿素 8～10kg，采用撒施法，撒完后用树枝轻扫叶片，使撒落在植株上的肥料落田，最好浇一遍水，避免肥伤叶片，促苗早起。此后一段时间不追肥，控制生长过旺，以免影响孕茭。第三次追肥是看苗施肥，新茭在立秋前后至处暑前 5d 左右追施孕茭肥，或见有 5%～10%茭白叶鞘张开、茎秆呈扁圆形时，是追孕茭肥的关键时期。茭白苗长势好，每亩可追施碳铵 25kg；长势弱，每亩需追施碳铵 40～50kg，田间保持水层 6～7cm，肥效期控制在 12～15d，孕茭期追肥的原则是见效快、肥效猛、肥效期短；切忌追施长效氮肥，否则会增加雄茭、灰茭，从而影响产量。

（2）病虫害防治。茭白的病虫害与水稻类似，主要有锈病、瘟病、胡麻斑病、纹枯病、飞虱、蚜虫、钻心虫等。防治方法可分为化学防治、物理防治、生物防治等。

①化学防治。防治锈病可采用 20%井冈霉素水剂 600 倍液，或 20%咪鲜胺乳油 600 倍液喷施 1 次，或采用 12%萎锈灵乳油 200 倍液在茭白生长期喷施 1～2 次，两次施药相隔 20d，最后一次施药 30d 后采收；防治瘟病可采用 40%稻瘟灵乳油 1 500 倍液，或 20%三环唑可湿性粉剂 600 倍液，或 25%多菌灵可湿性粉剂 600 倍液喷施 1 次；防治飞虱可采用 20%吡虫啉乳剂 600 倍液，或 25%噻嗪酮可湿性粉剂 600 倍液在茭白幼苗期喷施 1 次；防治蚜虫可采用 20%吡虫啉乳油 600 倍液，或 25%噻虫嗪可湿性粉剂 600 倍液，或 40%乐果乳油 2 000 倍液在茭白幼苗期喷施 1 次；防治钻心虫可采用 20%吡虫啉乳油 600 倍液，或 1.8%阿维菌素乳油 1 000 倍液，或 100g/L 三氟甲吡醚乳油 1 000 倍液在茭白幼苗期喷施 1 次。

②物理防治。利用黄色粘虫板诱杀长绿飞虱；利用频振式杀虫灯诱捕杀虫等。

③生物防治。维持茭田生态系统内生物多样性的相对平衡，保护和利用害虫天敌，如蜘蛛和青蛙等；还可以在茭田放养鸭、鱼等。

④其他防治法。建立轮作制度，最好是与旱作轮种，也可与水稻轮作；及时摘除病枯叶，与其他蔬菜插花种植可有效隔离病菌传

播；诱使螟虫产卵，再进行集中杀灭；科学肥水管理，施足底肥，适当增施磷、钾肥，控制氮肥用量。

3. 采收

采收及时，是保证茭白产量和质量的一个重要环节。采收过早，茭白过嫩，产量低；采收过迟，茭肉发青，质地粗糙，纤维增多，品质变劣。及时采收的标准为：心叶短缩，3 片紧身叶的叶片、叶鞘交接处明显束成腰状，假茎中部明显膨大，叶鞘一侧略有裂口，微露茭肉，露出部分不超过 1.0～1.5cm，即可采收。茭白大多分多次采收，一般每 2～4d 采收一次，种性好的采收 2～4 次可以结束。采收次数越少，产量越集中，种性越好。采收方法是齐茎基部将薹管掰断，每收 10 只左右时用茭叶捆扎起来放到田头，统一齐茭白眼割去叶片，切去残留薹管和残须，保留茭长 40～50cm 不等。将采收好的茭白放在阴凉通风处自然降温。推行分级上市销售，需外运销售的产品在采收后需用清洁冷水浸泡，以保持肉质茎鲜嫩。

4. 留种

茭白品种的种性受其本身变异、寄生黑粉菌变异及环境条件的综合影响，很不稳定。种株好坏直接影响茭白结茭率、产量和品质，需年年严格挑选，剔除雄茭、灰茭和容易发生壳黑青（即包着叶鞘的茭肉由白变绿）、"爬管"（结茭部位过高）现象的茭白植株，选择具有本品种特征、生长势中等、结茭整齐、成熟期一致、结茭部位较低、结茭较多（每墩不少于 4 个）、无病虫害的茭墩，插竹竿做好标记，作为种株备用。

第五节　芦　　笋

一、概述

芦笋，为天门冬科天门冬属多年生草本植物，即石刁柏（*Asparagus officinalis* L.）的嫩芽，因其形似芦苇的嫩芽和竹笋而得名。芦笋枝叶呈须状，所以在北京、河北一带又称作龙须菜、猪尾巴、蚂蚁杆、狼尾巴根，在东北、华北、内蒙古一带称作药鸡豆子，甘肃一带则有假天麻、假天门冬等俗称。原产于日本、朝鲜和俄罗斯西伯利亚。我国于1976年引进后，现已有黑龙江等10多个省份进行芦笋的引种、驯化和栽培。因栽培方式不同，芦笋又有白笋和绿笋之分，白芦笋需培土栽培，使嫩茎在黑暗环境中生长，主要用于罐藏加工；绿芦笋不需培土，嫩茎在阳光下生长即为绿色，主要用于鲜食和速冻。

图9-5 芦笋

据报道，芦笋每100.0g可食部分含有能量5 254.6J、蛋白质1.4g、脂肪0.1g、碳水化合物4.9g、钙10mg、磷42mg、钾213mg、钠3.1mg、镁10mg、铁1.4mg、锌0.41mg、硒0.21μg、铜0.07mg、锰0.17μg、胡萝卜素0.1mg、维生素A17μg、维生素$B_1$0.04mg、维生素$B_2$0.05mg、维生素C 45.0mg以及烟酸0.7mg等，此外，还含有丰富的天门冬氨酸和天门冬酰胺等多种人体所必需的氨基酸等营养成分。

芦笋不仅被誉为"世界十大名菜之一"，而且具有很高的药用价值和保健作用。《神农本草经》中把野生芦笋列为"上品之上"，仅次于人参，在国际上被冠以"蔬菜之王"，常被列为"山珍""防癌蔬菜""富硒食品"等。

芦笋略有苦味，不宜生吃，也不宜存放1周以上才吃，应尽量低温避光保存。其质地鲜嫩，风味鲜美，柔嫩可口，烹调时切成薄片，炒、煮、炖、凉拌均可。冷藏保鲜可以先用开水煮1min，晾干并装入保鲜袋密封后放入冷冻柜保存。

二、生物学特性

1. 植物学特征

芦笋是雌雄异株的宿根性植物，秋末冬初地上部枯死，而地下部（包含地下茎和大量的根以及若干幼芽等）仍能越冬存活，于次年春天从根部发出许多嫩茎，经培土采收的幼茎即为平时食用的芦笋。

芦笋具有非常短缩的变态茎，叫地下茎。其上有许多节，节上有大小不一的许多芽，芽被变态叶鳞片所包被，称鳞芽，地下茎顶端的芽粗壮，在尚未抽生地上茎时，茎基叶腋中的侧芽亦发育成鳞芽，互相密接群生，称为鳞芽群。随植株的发育，地下茎不断发生分枝，鳞芽群数目随之增加。地下茎的生长有分枝、上升、自然分株等现象，并具有在地下15cm处水平生长的特性，其生长速度平均每年3~6cm，4年生芦笋根盘直径可达35cm以上，但随株龄增长，处于下部的地下茎部分及根部环境（空气、水分、营养）恶化，会导致植株趋向衰退，因此每年须对成年株进行培土以延缓衰退。

芦笋的地上茎由鳞芽群的鳞芽萌发形成，如果任由幼茎自行生长发育，最终的植株可高达2m以上。茎从抽出地面到停止生长一般需1个月左右。茎上有许多分枝可进行光合作用。茎上每节有一片淡绿色薄膜状的退化叶，呈三角形的鳞片，是区别品种和嫩茎质量的重要标志；从叶腋簇生出5~8条针状短枝，称为拟叶。地上茎及拟叶的繁茂情况可影响翌年嫩茎产量。

芦笋为须根系，不定根由根状茎节发生，形成肉质根，6年生的肉质根数超过1 200多条，总长可达900m以上，其伸展达3m左右，大多数分布在距地表30cm的土层内，而且寿命长，主要起固土和贮藏养分作用，肉质根又发生须根吸收养分。

芦笋的雌雄株之比约为1:1，雄株的地上茎多且粗大，因而其产量比雌株高出20%~30%。花形小呈钟状，黄绿色，花被6片，雄花较雌花长而色深，靠虫媒授粉，果实为圆球形浆果，成熟后暗红色，直径 7～8mm，内有子房 3 室，每室有 1～2 粒种子。其种子为黑色，略呈半球形，稍有棱角，每克约有 50 粒，一般情况下种子可以贮藏 2～3 年。

2. 对环境的要求

芦笋对气候条件的适应性很广，既耐寒又耐热，从亚寒带至亚热带均能栽培，但只有在适宜的环境条件中，才可以实现高产、优质。其生长的临界低温为 5～6℃，高温界限是 35～37℃，嫩茎伸长以 15～17℃ 为最适宜，20℃ 以上嫩茎细、品质差；温度过低，尤其长时间低于 10℃ 时，根株生长极为缓慢，甚至嫩茎不能伸出地面。芦笋种子发芽的始温为 5℃，最适温度是 25～30℃，高于 30℃ 时发芽率、发芽势明显下降。芦笋的生长对温度最敏感，凡是对温度有影响的因素都左右着芦笋的生长速度。

芦笋适合栽培于富含腐殖质的沙质壤土，在土层深厚、透气性好、保水保肥能力强的肥沃土壤上生长良好，且能耐轻度盐碱，但土壤含盐量超过 0.2% 时，植株发育受到明显影响，吸收根萎缩，茎叶细弱，逐渐枯死。对土壤酸碱度的适应性较强，在 pH 为 5.5～8.0 的土壤中均可生长，以 pH 6.0～6.7 最为适宜。

芦笋属深根性植物且蒸腾量小，因而具有较强的耐旱能力。但过于干旱会影响茎叶的发育和嫩茎的质量，导致生长芽回缩甚至枯死，所以土壤水分充足是芦笋丰产的重要条件。水分过多、经常积水也对芦笋不利，严重时根部腐烂、植株死亡。芦笋是喜光植物，地上部茎叶生长期需要充足的光照，以利于同化产物的制造和积累，因此需种植在无遮阴的地方，且定植密度不得过大、不进行间作，进而促进植株旺盛生长、延长植株寿命、提高产量和品质。

三、栽培技术

1. 育苗及种植方法

（1）播种育苗。播种时间以气温稳定通过 10℃ 为安全播种期，在长江流域，采用大棚育苗可在 2 月中旬至 3 月上旬播种，露地育苗应在 3 月下旬至 4 月上旬播种。普遍采用的育苗方式有畦播育苗和营养钵育苗。畦播育苗：在播种前应将育苗畦整平，灌足水，待渗下后播种，上覆 1.5～2.0cm 的过筛细沙土，然后覆盖塑料薄膜，设立风障，加盖草帘，当苗高 15cm 时去掉薄膜炼苗，苗龄 45～50d、地上茎 3 个以上时，即可定植。营养钵育苗：可选用直径为 6～8cm，高 8～10cm 规格的营养钵，营养土按水稻土、菜园土和有机肥为 2∶2∶1 的比例充分捣碎、过筛、拌匀，用薄膜覆盖密封闷置 7d，然后装钵，一般装 7～8cm 高、预留 1～2cm 以方便今后施肥浇水，播种时应先浇一次水，使土壤湿润，再用手指在钵体中央扎一小孔，将发好芽的种子播入孔中，再用营养土将孔填平，待出苗 20d、40d 后各追肥一次，水分管理上实行少浇勤浇，切忌苗床积水。

（2）移栽定植。选择地势高、排水好、有机质含量高、疏松保水的肥沃壤土或沙壤土种植；为了便于管理、采收及加工，定植田最好集中连片且交通方便。定植前，每亩施入充分腐熟的有机肥 1 000kg 左右、硫酸钾复合肥（15-15-15）50kg 作为基肥，然后机械深耕 30～40cm，彻底将犁底层下的生土翻到地表面，而把耕层表面熟土、有机肥、化肥充分混匀翻到底下。耕后耙细整平，修好排水沟，南北向起垄 1.5m 宽，在垄上挖上宽 60cm、底宽 40cm、沟深 60cm 的定植沟，每亩施 45％氮磷钾复合肥 50kg、饼肥 40kg、生石灰 25kg（调节土壤酸碱度），并与回填土壤混合均匀、施入沟内，保留定植沟深 10cm 左右。定植株距 25～30cm，每亩栽 2 000 株为宜。先将芦笋苗按大小、健壮程度分级，同一级别种在同一地块上，芦笋苗放入定植沟，注意根系舒展，用小锄覆土后轻轻压实并浇水，以利于缓苗。

2. 田间管理

（1）中耕除草。芦笋定植后易滋生杂草，应趁早拔除，幼苗期田间除草宜采用人工拔除或锄头除草的方法，严禁化学除草，结合中耕除草疏松土壤，防止植株周围土壤板结，在除草时，发现缺苗应及时取苗补栽。

（2）水肥管理。定植当年的施肥主要以养根壮株、猛促秋发为核心，而正常采收年份的重心在于施好催芽肥、复壮肥和秋发肥。在定植一个月后即可开始追肥，每亩施45％三元复合肥20kg，结合中耕培土条施于根系周围。以后每隔30~40d追肥一次，连续追肥3~4次，原则上是少量多次；在进入秋发期，新嫩茎大量抽发并越来越粗，应加大追肥量，一般每亩施有机肥2~3m³、复合肥50kg、尿素10kg和饼肥50kg，在距植株40cm处开沟条施。第二年进入采笋期后，一般每年要追肥3~4次，3月结合垄间松土、培土，施好催芽肥，每亩施腐熟有机肥3~4m³、复合肥50kg；6月上中旬，施好复壮肥（接力肥），每亩施尿素10kg，起接力作用，为秋季延长采笋期、提高中后期产量奠定基础；8月中旬，重施一次秋发肥，每亩施有机肥4m³、复合肥75kg、尿素10kg、氯化钾10kg，促使芦笋健壮秋发，同时由于这一阶段植株生长密集，也需及时剪除细弱、衰老枝；进入10月，株高1.5~2.0m时进行打顶。此外，在采笋结束后，可追施一次冬肥，以腐熟有机肥为主，每亩施农家肥4 000kg左右，确保芦笋旺盛生长，为次年优质高产积累营养。

芦笋较耐干旱不耐涝，土壤水势接近田间持水量时长势良好且能形成较高的产量，应当避免因田间积水而造成根部腐烂。在定植后，如遇干旱天气，应及时浇水，确保幼苗成活。在半干旱的北方区域，芦笋全生育期平均用水量420~610mm，平均日需水量3~5mm，当5~20cm深土层的土壤含水量降到7.5％~18％以下时需及时浇水。幼苗期需水量小，耕作层应维持60％左右的相对含水量；采笋期土壤相对含水量以60％为宜；营养生长期应维持土壤相对含水量在70％左右，采用少量多次的灌溉原则。湿润多雨季节须排水，防止田间积水。

（3）病虫害防治。芦笋病虫害防治以农业防治为主，药剂防治为辅。选用抗病优良杂交一代新品种，因地制宜，做好留茎换茎；冬春季彻底清理田园，保持田间通风透光，及时排出田间积水，降低地下水位和田间湿度，控制发病条件；加强中耕除草，多施有机肥和钾肥，促使植株健壮，增强抗病能力。在通风口用防虫网封闭，夏季覆盖防虫网并用塑料薄膜盖顶，进行避雨防虫栽培，减少病虫害发生；在设施棚内悬挂黄板诱杀蚜虫，或利用频振杀虫灯、黑光灯、高压汞灯和 Bt 杀虫剂诱杀和防治害虫等。

茎枯病是芦笋生产上最严重的毁灭性真菌病害，可在新茎长高至 10cm 时涂药预防，药浆采用水 2.5L、达科宁 10g、胶体硫 1kg、黏着剂 5mL 混合搅匀即可；根腐病主要为害茎基和根部，根部受污水浸过后发生严重，可用 25％多菌灵可湿性粉剂 500 倍液灌根防治；褐斑病用 75％百菌清可湿性粉剂 600 倍液防治；枯萎病可用 25％敌力脱乳剂 2 000 倍液防治。芦笋虫害较少，主要有斜纹夜蛾，此外还有蚜虫、地老虎、红蜘蛛、蓟马等。斜纹夜蛾可在初孵幼虫期用 25％灭幼脲悬浮剂 3 000 倍液防治；蚜虫可用 3％啶虫脒乳油 2 000 倍液或 1.8％阿维菌素乳油 3 000 倍液或 20％噻虫胺悬浮剂 2 000 倍液，5～7d 喷施 1 次，交替用药 2～3 次；地老虎用辛硫磷颗粒结合中耕培土撒施（一个生长周期用 1 次），或 90％敌百虫可溶性粉剂 500 倍液拌麦麸撒施。

3. 采收

受光热条件影响，在我国南方地区，芦笋生育期较长，每年可在春、夏、秋三季采收，而北方地区则以春季采收为主。采笋方法为切割法，即用刀具将符合采收标准的芦笋嫩茎齐地下 1cm 处割下，切割时注意不要伤及周围的嫩茎和母茎。鲜销笋采收长度一般为 17～27cm，笋茎非本色部分不超过总长度的 10％，笋茎本色部分不得有杂色，不得有异类品种，长短、茎粗一致，笋条新鲜、脆嫩、挺直，无萎蔫现象，可食部分不低于 95％。采笋时间一般早晚各一次，早春气温低，芦笋嫩茎少，生长慢，可隔 1d 采收一次，温度上升至 20℃以上时，嫩茎多，生长快，每天可多次采收，当嫩茎变细、变硬、老化时应停止采笋。芦笋采后应放入采笋箱内，用湿布覆盖，置于阴凉处，防止跑水老化，风化变色，确保嫩笋质量，及时进行冷藏或销售。此外，芦笋的采收期不宜过长，否则营养体生长期缩短，同化物质积累减少，从而导致次年植株弱小、产量降低以及易衰老、发生病害。

4. 留种

芦笋完全是异株异花授粉植物，其个体间差异大，变异性也大，因此育种手段复杂，不易提纯。其良种繁育都是原先确定雌株雄株或品种，进行配种生产种子，或者通过无性繁殖的方法将原先确定的雌株雄株或品种延续下去。因此，选育成的芦笋品种实际上都是品种间的杂种一代或同一个品种植株方面的杂种一代，都不是继代繁殖的品种。另外，芦笋的雄株具有比雌株早熟、寿命长、产量高的特性。而芦笋两性的遗传是由一对独立因子所支配，雄性是显性。可以在雄性雌雄株完成自交（雄性雌雄株出现概率为 $0\sim2\%$）后，用后代测验法，将异质整因型（Mm）雄株与同质整因型（MM）雄株分出，再用同质整因型（MM）雄株与优良雌株交配，即可获得全雄的后代。在雌花经授粉受精后，果实发育成类似豌豆的球形浆果，待成熟采收 3d 后，将浆果碾碎，在水中漂洗，去掉浆果皮和未完全成熟的籽粒，选留饱满种子并晾晒，当种子含水量降至 15％以下时，即可常温保存。

第十章 叶菜类

第一节 叶用甘薯

一、概述

叶用甘薯，即以收获嫩茎叶作野特菜食用的专用甘薯[*Ipomoea batatas*（L.）Lam.]，俗称苕叶尖，又称长寿菜、番薯叶、地瓜叶、绿茸菜等，属旋花科番薯属草本匍匐性蔓生植物。甘薯原产于美洲的墨西哥以及从哥伦比亚、厄瓜多尔到秘鲁一带的热带区域，在明中叶才传入我国，现今在我国分布很广，全国各地均有栽培，但大都以利用地下块根为主。19世纪末，在我国香港、台湾、广东、广西等地开发出以食用嫩茎尖和嫩叶为主

图 10-1 叶用甘薯

的叶菜型甘薯品种，因其营养丰富、味道鲜美而被誉为"野特菜皇后"，并逐渐成为餐馆常用稀特野特菜品种之一。

据测定，叶用甘薯每 100.0g 叶片可食部富含能量 14 330.75J、蛋白质 4.8g、脂肪 0.7g、碳水化合物 9.0g、钙 174mg、磷 407mg、钾 495mg、钠 41.6mg、镁 104mg、铁 3.4mg、锌 0.32mg、铜 0.64mg、胡萝卜素 5.97mg、维生素 A1.0mg、维生

素 B_1 0.13mg、维生素 B_2 0.28mg、维生素 C 56mg 以及烟酸 1.4mg 等。叶用甘薯的蛋白质含量高于一般叶菜类蔬菜，所含胡萝卜素与油菜相近，维生素 B_2 的含量也显著高于甘蓝、菠菜、芹菜、白菜、油菜等。

叶用甘薯具有较高的医疗作用和保健价值，其含有丰富的黏液蛋白，能保持消化道、呼吸道、关节腔、膜腔的润滑和血管的强性，可防止动脉硬化和肝、肾等器官结缔组织的萎缩，能减轻人体器官的老化，提高机体的免疫力，可防治结肠癌和乳腺癌，还有止血、降血糖、通便、利尿、催乳、解毒及防治夜盲症等功效。

食用方法有凉拌、热炒、做馅、做汤、加工叶汁饮料等，需要注意的是食用叶柄时最好将表皮撕去，凉拌时配上蒜末、炒食加以海米、香菇等辅料味道更佳，有口感滑嫩、食味清香的特点。

由福建省农业科学院作物研究所育成的叶用甘薯新品种"福薯7-6"，具有株型短，蔓半直立，单株分枝 10 条左右，顶叶、成叶、叶脉、叶柄和茎蔓均为绿色，叶脉基部淡紫色，叶片心脏形，茎尖绒毛少等特点。其茎叶品质好，颜色翠绿，煮熟后食味清甜，无苦涩味，适口性好，每公顷产量可达 40 000kg 以上。

二、生物学特性

1. 植物学特征

叶用甘薯根系发达，主要分布在 5～30cm 的土层，须根有许多根毛，幼根发育过程中如遇不良条件，不能继续增粗形成侧根。块根呈纺锤形，薯皮有白色、淡红色和紫红色等，薯肉微黄色或橘红色。茎蔓细长，多条分枝，茎上有节，节间长 2.0～3.8cm；茎蔓表面光滑，有光泽，绿色，其节上都能发根长成独立的植株。薯叶有叶柄、叶片而无托叶，叶的两侧都有绒毛，嫩叶上的更密，叶片长 7～15cm、宽 5～15cm，长宽都因栽培条件而有很大差异，叶片与叶柄交接处有 2 个腺体，叶柄长度 6～23cm；叶片性状很多，大致分为心形、肾形、三角形和掌状等，叶缘又可分为全缘和深浅不同的缺刻，甘薯叶形变异多，不仅品种间变异显著，而且同一植株在不同生育阶段和不同着生部位的叶形也有较大的变异；叶茎色可分为绿、紫、褐或绿中带紫色等，叶片背面叶脉色分淡红、红、紫、淡紫和绿色等，为品种的特征之一，是鉴别品种的依据。叶用甘薯的花形较小，花柄长，从叶腋抽生，丛集成聚伞状花序或花单生，淡红色，花萼 5 裂，花冠似漏斗，雌蕊 1 枚，柱头 2 裂，子房2～4 室，雄蕊 5 枚，长短不齐着生于花冠的基部，花粉囊 2 室，呈纵裂，花粉粒为球形，表面有许多乳头状的小突起；异花授粉，自然结实率很低，花期长，且只开花不结实。

2. 对环境的要求

叶用甘薯对不同质地土壤均有较强的适应性，耐酸碱性也好，在土壤 pH 4.2～8.3 范围内都能够生长。属于喜温作物，在气温达到 15℃以上时才能开始生长，18℃以后可以正常生长，在 18～32℃范围内，温度越高，发根生长的速度也越快，超过 35℃时生长受到影响；低温对甘薯生长极有害，较长时期在 10℃以下时，茎叶会自然枯死，若一经霜冻将很快死亡。喜光但对光照要求不太严格，耐旱但在湿润条件下长势更好、品质更优。

三、栽培技术

1. 育苗及种植方法

（1）种苗繁殖。由于采用种薯育苗方法费工较多且繁殖系数低，但其育出苗不易感染病害、生长势强，因而叶用甘薯可以先用种薯育苗，再扦插扩大繁殖。种苗的繁殖场地应选在日光温室或塑料大棚中，苗床整成宽 120cm、四周高 20cm 的沟畦，早春温度低时育苗，可在底层垫 10～20cm 厚的马粪和沙土混合的酿热物，温度适合时垫一层洁净的河沙。所选种薯要无病虫害，薯块大小在100～250g；播种前用 50％甲基托布津或 50％多菌灵 1 000 倍溶液浸种处理 10min。每畦排布种薯 2～3 行，株行距 20cm×30cm，每亩苗床用种 1 500kg 左右，下种时应注意种薯头尾不能倒放，薯头斜排成 45°，薯蒂向上且在一个水平面上，埋一层洁净的细河沙，使薯蒂微露土层为宜，调节床温在 20～25℃。苗床应保持湿润，如床土或薯皮出现发白现象，要及时喷水保湿。待苗高约 10cm 时，每亩浇施稀薄有机液肥 200～250kg，清沟培土护苗；苗高 15cm 左右时，及时剪苗扦插扩繁。扦插苗应带 2～3 个叶的茎，基部剪成马蹄状，在黄腐酸溶液中浸泡 10～20min，或在生根粉溶液中浸一下，有利于生根和抑制病菌，然后斜向扦插在沙壤土的苗床中，也可插在营养钵或塑料穴盘中，以草炭和洁净的河沙（或蛭石）为基质，比例为 2：1，插入深度约 2/3，上面搭拱棚覆农膜保温保湿，保持气温 20～28℃，地温 16～23℃，土壤湿度以床土见干见湿为准。待薯苗长 20～25cm，有 6～8 片完整叶片时，即可割苗定植。

（2）整地定植。选择肥力较好、排灌方便、土层深厚、周围无生产和生活污染源的露地和保护地种植。露地栽培在春季地温稳定在 14℃ 以上时即可定植；保护地可于春、秋两茬定植，全年可陆续采收供应。因为叶用甘薯的采收期较长，施足基肥是关键，每亩应施用腐熟细碎的有机肥 3 000kg 以上，做到深耕细整、肥土掺匀，畦面宽为 1.2～1.5m，低洼易涝和土壤黏重的地块要做成高畦或瓦垄高畦，畦高出地面 15cm，株距 15～20cm，行距 30～35cm，插植密度以每亩 8 000～10 000 株为宜。定植应选晴天进行，采用斜深插方法，栽植深度 8～10cm（以苗的 3/5 为宜），定植后浇定根水，既有利于幼苗成活又利于抗旱，保证全苗。

2. 田间管理

（1）水肥管理。叶用甘薯对水肥要求较高，必须保证其水肥的持续供应，在水分管理上宜采用小水勤浇，做到见湿不见干；在施肥上做到有机肥与无机肥相结合。具体地，薯苗定植后，第一次浇水应在缓苗中耕松土后蹲苗 15d 左右，目的是使根系有良好的发育，以后视季节和天气情况浇水，大约间隔 6～10d 浇水一次，切忌不能浇大水，夏季雨后应及时排水。追肥一般在蹲苗结束后开始，每亩穴施活性有机肥（膨化烘干鸡粪加生物菌制成）200kg，采收期间每隔 15～20d 追肥一次，每亩穴施活性有机肥 100kg 或三元复合肥 15kg，本着薄肥勤施的原则，结合浇水进行；此外，每隔7~10d叶面喷施0.3%浓度的磷酸二氢钾加0.5%浓度的尿素混合溶液一次，磷酸二氢钾要用温水化开与水搅匀后再放入喷雾器中，一般全生育期喷4~6次。

（2）病虫害防治。叶用甘薯适应性较好，病虫危害轻。一般没种过甘薯的地块种叶用甘薯很少发病。防治食叶性害虫，应尽量采取捕捉、诱杀、防虫网隔离等非药剂方法，或采取高效低毒的生物农药防治，确保食用安全。

薯瘟病：严格实行轮作，最好保证三年以上轮作；做好清洁田园工作，将病薯和病蔓叶等残体收集销毁；用200mg/L农用链霉素药液喷雾，于发病初期开始，每隔7~10d喷1次，连喷2~3次。蔓割病：严格实行轮作；定植前可进行药液浸苗，用70%托布津或25%多菌灵500~600倍液浸苗10~20min；发病初期用50%甲基托布津可湿性粉剂500倍液喷洒。茎螟、斜纹夜蛾等害虫：用2.5%功夫2 000~4 000倍液或10%氯氰菊酯2 000~5 000倍液喷洒。

3. 采收

一般在植高40cm时，即可陆续采收顶尖的嫩梢和嫩叶，嫩叶要带叶柄采摘，也可用剪刀剪下。采收后3d内可自然保鲜，食味不变。由于叶用甘薯茎叶含水量大，易失水萎蔫，因此要适时采收，加速流通，及时批售，有条件的可放置在保鲜库中进行短时间保存，以保持较高的产品品质。一般每隔10~15d可采收一次。为了保证叶用甘薯的产量和品质，必须适时对其进行修剪，首次修剪应在第3茬采摘完成后开始，修剪必须保留10~15cm的分枝，每株从不同的方向保留健壮的萌芽4~5个，剪除基部生长过密和弱小的萌芽，以后每采摘3~4次修剪一次，以保证群体的通风透光和养分的集中供给，从而提高茎叶的鲜嫩度、减轻病虫害发生，利于采收期达到6个月以上。

4. 留种

叶用甘薯系块根繁殖作物，几次采收后，地上部茎叶生长较快，地下部生长消耗相应增加，易导致笔管状（条状）薯发生。因此，留作种薯的地上部茎叶不可采摘，以保证留种质量。应在霜前选晴朗天气采收种薯，力求做到"四轻"即（轻挖、轻拿、轻运和轻放），尽量减少薯块损伤，以提高种薯的贮藏效果。种薯应选择大小匀称的薯块，并经严格检查，剔除破伤薯、病虫薯、裂薯、受冻薯等。收获要选晴天进行，薯块贮藏应注意通气、保温，冬季保持在10～15℃。次年春季用种薯繁育种苗、用种苗扦插，南方地区可避开冬季周年扦插。

第二节　菜用枸杞

图 10-2　菜用枸杞

一、概述

菜用枸杞（*Lycium chinese* Mill.）别名叶用枸杞、枸杞菜，是一种茄科枸杞属中多年生落叶小灌木，从叶的形态上可分为大叶、中叶、小叶品种三个品种。以嫩茎叶为食的菜用枸杞在我国南方农村很早就有种植，近年来成为我国发展的新兴的特菜之一，尤以漳州市南靖县的枸杞生烫小吃在福建颇为出名。菜用枸杞营养丰富，据福建省农业科学院亚热带农业研究所测定，每100g菜用枸杞鲜品中含钙量112.18mg、铁20.69mg、维生素C34.5g、氨基酸

4.45%。菜用枸杞具有很好的医疗保健作用，常吃可明目、养肾、去热，具有增强免疫力、降血糖、降血脂、延缓衰老、抗病毒、养颜美容等功效。菜用枸杞的嫩枝叶粗壮而肥厚，味道鲜美，可炒食、凉拌、做汤，更是涮火锅的上佳菜品。

二、生物学特性

1. 植物学特征

植株丛状生长，株高 50～150cm。主根发达，入土深度 1m 有余。不同品种间的一年生枝条颜色略有差别，一般为灰白色、淡绿色；二年生以上植株枝条较难分辨，均接近灰褐色。叶单生，披针形或长椭圆形，不同品种新叶差别明显。花为完全花，花瓣 5 枚，腋生，一般 2～8 朵簇生，也有单生。花冠紫红色，筒状。果实为浆果，卵形或长圆形，成熟时鲜红色或橙红、橙黄色。

2. 对环境的要求

喜冷凉的气候条件，适宜生长的温度白天 20～25℃，夜间 10℃左右。白天温度连续半个月以上超过 35℃。菜用枸杞叶片变黄、脱落，进入休眠状态；昼夜平均温度低于 15℃，生长缓慢。喜光照，尤其是在采收后基部枝条腋芽萌发和枝条伸长时，要求较多的光照，但在其他时期较耐阴。需经常保持土壤湿润，但不耐涝。

三、栽培技术

1. 育苗及种植方法

（1）品种选择。以冬天生产嫩梢上市为主的选择耐较低温小叶品种，以夏天生产叶片上市为主的选择大叶品种。

（2）育苗与种植。菜用枸杞生产上采用扦插育苗。选择有机质含量高、土壤疏松肥沃的沙壤土地块种植，扦插前，提前 7d 每亩施 2 000kg 左右腐熟的猪粪和 10kg 三元复合肥作基肥。翻耕整地作畦，畦面宽 0.9m，沟宽 0.3m。华南地区可周年进行扦插种植，但以春、秋两季最为适宜。方法是挑选直径 0.5cm 以上的硬枝作为扦插枝，剪成 10～12cm 长的插条，每畦插植 4 行，按株行距 20cm×25cm 进行扦插，插条倾角 30°，枝条入地深度以枝条 2/3 为宜，有条件于可用活性促根剂 100mg/kg 在扦插前浸泡 1h，利于提早生根、提高成活率。插后浇足水，以后每天保持土壤湿润，扦插后 6～10d 新芽和不定根开始形成，14～20d 一般便可生出 6～7 条新根和 4～6 条新梢。

2. 田间管理

（1）中耕除草。新梢长到 10cm 左右时，应中耕除草一次，以后视土壤板结和杂草生长情况进行松土除草，一般每个月至少进行一次。

（2）修剪和施肥。菜用枸杞每年要平地面修剪两次，方法是在初春和初秋剪去地上部枝条，只留头部。剪完后，每亩撒施 20kg 三元复合肥，再施入鸽子粪 200kg 或蘑菇土 3～4m³，直接撒于畦面，然后清沟培土，培土后第 2 天灌水一次；4 月上旬开沟追肥，每亩施氮磷复合肥 75kg；6 月上旬开沟追肥，每亩施氮磷复合肥 75kg。采收间隔期内喷洒叶面营养液 3～4 次。

（3）灌水。一般采用漫灌方式，晴天 7d 左右灌一次水，如天气干旱出现中午萎蔫时要立即灌水，进入采收期后 15d 左右灌水一次。

（4）虫害防治。蚜虫：采用 2%苦参素水剂 1 000 倍液或 25%阿克泰水分散粒剂 2 500 倍液或 30%啶虫脒乳油 1 000 倍轮流喷施，选晴天中午全园喷洒防治；甜菜夜蛾：可喷施 4.5%的高效氯氰菊酯乳油 1 000 倍或 34.8%速灭杀丁乳剂 2 000 倍液，每隔 7d 喷 1 次，连续喷 2 次。

3. 采收

叶用枸杞嫩梢亩产量可达 4 117kg，旺季时 3～4d 就可采收一次。也可待枝条长至 40～60cm 高时平地收割，从中摘取叶片，南方地区 30～40d 就可收割一次，一年大约可收割 7～9 次，如此收割的叶片亩产量可达 10 000kg 左右。

第三节　羽衣甘蓝

10-3　羽衣甘蓝

一、概述

羽衣甘蓝（*Brassica oleracea* L. var. *acephala* D. C.）又名洋芥蓝、绿叶甘蓝等，是十字花科芸薹属甘蓝的一个变种，以采收卷曲嫩叶为主，是近甘蓝野生种的蔬菜，为二年生草本植物。原产欧洲地中海沿岸，在欧美一些国家栽培历史悠久，近年我国从美国、荷兰、德国等国家引进，在北京、上海等城市郊区作为特菜种植。

羽衣甘蓝营养丰富，含有多种维生素和矿物质，尤其是维生素A、维生素 B_2、维生素 C 和钙的含量高，具有健胃功能。每 100g 嫩叶含维生素 A3 300～10 000 国际单位、维生素 $B_2$0.26～0.32mg、维生素 C153.6～200mg、胡萝卜素 0.484mg、还原糖 1.68g、粗蛋白 4.11g、粗纤维 1.27g、钾 367mg、钠 21.7mg、镁 30.1mg、钙 108mg、磷 86.6mg、铁 1.66mg。羽衣甘蓝以嫩叶供食，可炒食、凉拌、做汤、做火锅料或腌渍，品质柔嫩，风味清鲜。羽衣甘蓝是甘蓝类蔬菜中最耐寒的种类之一，栽培容易，生长期长，采收期也较长。在冬季及早春冷凉季节栽培的产品品质最佳，秋冬经霜冻后风味更好、更甜，初夏风味稍差，纤维多。

羽衣甘蓝适应性广、抗寒、耐热和耐肥水，栽培容易，并且一次定植多次采收，在全国大多数地区都能种植。其叶形奇特、叶缘呈羽状深裂，美观漂亮，其中彩色品种有很高的观赏价值，可作为盆栽蔬菜种植出售，也可种在园区的路边及花坛中美化环境。

二、生物学特性

1. 植物学特征

株高 60cm 左右，主根不发达、须根较多，主要根群分布在30cm 左右的土层中。茎直立，肉质，较粗壮，叶羽状深裂至浅裂，叶缘皱褶。

2. 对环境的要求

喜温和，耐寒性强。种子在 3～5℃ 条件下便可缓慢发芽，20～25℃时发芽最快，30℃以上不利于发芽。茎叶生长最适宜温度18～20℃，夜间适温为 8～10℃，但能耐－4℃的低温，生长期间能经受短暂的霜冻，温度回升后仍可正常生长。也较耐高温，在30～35℃条件下也能生长，但叶片纤维增多，质地变硬，品质降低。在生长发育过程中，具有一定大小的营养体，在较低温度条件下完成春化阶段并在长日照条件下开花结实。在营养生长期间（未完成春化阶段以前），较长日照和较强的光照有利于生长。但在产品形成期间，要求较弱的光照，强光照射会使叶片老化、风味变差。喜湿润，但在幼苗期和莲座期能忍耐一定的干旱，而在产品形成期则要求较充足的土壤水分和较湿润的空气条件。在土壤相对湿度 75％～80％、空气相对湿度 80％～90％情况下，生长良好，产量高，品质佳。土壤水分不足会严重影响叶片生长，产量将明显降低。对土壤的适应性较广，但在富含有机质的壤土中栽培更有利于提高产量和品质。适宜中性或微酸性的土壤，不宜在低洼易涝的地块种植。喜肥，由于采收期长、需肥量多，所以必须满足其对氮素肥料的要求，并配施磷、钾肥和微量元素。

三、栽培技术

1. 育苗及种植方法

（1）选种与育苗。羽衣甘蓝有紫羽和绿羽2种，市场上绿羽又有2个品种，其中一个品种颜色墨绿、叶片较脆、纤维较短，另一品种叶片绿色、较柔软且含纤维长。建议选用中国农业科学院的京羽1号，每亩用种量为10～20g。白天温度低于28℃即可播种。

（2）定植与育苗。整成畦宽110cm、沟宽40cm的畦面，亩施2 500kg左右的腐熟基肥。9月中下旬定植，株行距为30cm×40cm，每亩栽3 500株左右。

2. 田间管理

（1）水肥管理。缓苗后松土1～2次，促进根系生长，并结合除草、浇稀薄肥水，一般定植后7d即要追施速效肥1次，以后每隔7～10d追施复合肥或淋施人畜粪水，至采收前需追肥2～3次。前期少浇水，使土壤见干风湿；长有10片叶后浇水次数增多，经常保持土壤湿润，但每次浇水量不要过大，以小水勤浇为好。采收期间每隔7d左右追肥一次，可每亩轮换追施尿素15kg和三元复合肥15kg。生长旺盛期为重点追肥阶段，可结合中耕除草进行追肥。

（2）病虫害防治。危害羽衣甘蓝的病虫害主要有斜纹夜蛾、菜青虫、蚜虫、小菜蛾、霜霉病、黑斑病等。

斜纹夜蛾、菜青虫：用生物农药"百草一号"1 000倍液或氯氰菊酯1 500倍液喷雾防治；蚜虫：保护地可悬挂环保诱虫板（黄板）进行诱杀或用1.5％苦参素1 000倍液喷雾防治；小菜蛾：用12％甲维·虫螨腈悬浮剂500倍液或2.5％多杀霉素C菜喜乳油750倍液或撒施Bt粉防治。

霜霉病：可用75％百菌清可湿性粉剂500～600倍液、58％瑞毒霉锰锌可湿性粉剂300～1 000倍液等交替使用防治；黑斑病：可用50％喹啉铜2 000～3 000倍液，配合三唑类苯醚甲环唑或戊唑醇或氟硅唑一起使用防治。

3. 采收

定植后 20～30d，具 10～12 片基叶时，即可陆续采收嫩叶上市。采收时注意保留 4～10 片基部叶片作为营养叶。以嫩叶长15～20cm、叶缘皱褶、重叠未展开时收获为宜，此时产量高、品质好，每次每株可收 1～2 片叶。当植株基叶开始老化时，则需重新留4～5 片新叶制造养分供植株生长需要，以促进嫩叶的不断发生，待新叶充分成长后，摘除老化的基叶。温度适宜 3～4d 即可采收一次。在南方地区可从 10 月采收到次年 4 月，亩产量可达 3 000kg 以上。

4. 留种

羽衣甘蓝为严格的异花授粉作物，有高度的自交不亲和性。自交结实有以下特点：温度高低对结实有明显影响，适当高温对提高自交结实率有利；蕾期自交结实率较正常花期自交结实率高，利用蕾期自交是解决结实率低的方法之一。

第十一章 花 菜 类

第一节 黄 花 菜

一、概述

黄花菜(*Hemerocallis citrina* Baroni) 别名金针菜、金针花、柠檬萱草、忘忧草，为百合科萱草属多年生草本植物，其花蕾可食用，是我国的特色蔬菜之一。黄花菜许多国家都有分布，但目前商品化生产的国家仅有中国、马来西亚、日本和马达加斯加。我国是世界上重要的黄花菜生产国，种植、食用历史悠久，有文字记载的就已经有 2 700 多年，东起台湾，西至新疆，北自黑龙江，南到海南省均有种植。2018 年我国

图 11-1 黄花菜

种植面积约 90.51 万亩，产量约 58.48 万 t，主要产区有甘肃庆阳、河南祁县和淮阳、山西渠县、四川达县、陕西大荔、江苏泗阳、台湾台东和莲花等地。

野生黄花菜被列为"四大素山珍"之一，营养价值丰富。每 100g 黄花菜干品中含有蛋白质 14.1g、脂肪 0.4g、碳水化合物 60.1g、钙 463mg、磷 173mg、铁 16.5mg、胡萝卜素 3.44mg、维

生素 B_1 0.3mg、维生素 B_2 0.14mg、烟酸 4.1mg 等。其中，碳水化合物、蛋白质、脂肪三大营养物质分别占到 60％、14％、2％；磷的含量高于其他蔬菜，胡萝卜素和维生素 C 含量是西红柿的 5倍。黄花菜性味甘凉，有止血、消炎、清热、利湿、消食、明目、安神等功效，对吐血、大便带血、小便不通、失眠、乳汁不下等有疗效，可作为病后或产后的调补品。此外，还具有较好的观赏价值和保持水土的作用。

二、生物学特性

1. 植物学特征

株高 30～65cm。根簇生，肉质，根端有纺锤形状膨大。叶基生，狭长带状，下端重叠，向上渐平展，长 40～60cm，宽 2～4cm，全缘，中脉于叶下面凸出。

花茎自叶腋抽出，茎顶分枝开花，花葶长短不一，花梗较短，漏斗形，大，花被 6 裂，花多朵，花被管长 3～5cm，有橙黄色、淡黄色、橘红色、黑紫色等。从开花到种子成熟需 40～60d。蒴果革质，钝三棱状椭圆形，花果期 5—9 月，种子黑色、有棱。

2. 对环境的要求

耐瘠、耐旱，对土壤要求不严，地缘或山坡均可栽培。对光照适应范围广，可与较高大的作物间作。黄花菜地上部不耐寒，地下部耐−10℃低温。忌土壤过湿或积水。平均温度在 5℃以上时幼苗开始出土，叶片生长适温为 15～20℃；开花期要求较高温度，20～25℃较为适宜。

三、栽培技术

1. 育苗及种植方法

大田种植，整地前每亩施入 2 000kg 土杂肥和 30kg 的复合肥，用小型拖拉机进行深耕整畦，以 1.2m 宽度进行整畦，按株行距40cm×60cm 进行栽植，穴栽 2 株。栽植后要根据天气状况和土壤含水量浇足定根水，保证成活率。

2. 田间管理

（1）水肥管理。黄花菜整个生长期施肥可分3次进行，指导原则是施足基肥、早施苗肥、适施薹肥和补施蕾肥。第1次施催苗肥，结合中耕除草，每亩施用8～10kg的尿素，以速效肥为主，促进春苗的早生快发。第2次施抽薹肥，在抽薹前结合中耕除草，每亩施用25～30kg复合肥，促使抽薹粗壮、分枝多、早现蕾和花蕾饱满。第3次在采摘前期，结合下雨天，每亩施用20～25kg复合肥进行补肥，保证后期花蕾用肥需求，延长采摘期。

黄花菜相对比较耐旱，但为了提高其产量，也需保证水分的供给。在干旱时期，有条件也要进行浇水。特别在花蕾期，需水量较大，干旱时要及时浇水，提高产量和品质。忌湿或积水，要及时做好田间的排水工作，防止内涝。

（2）病虫害防治。主要病害有叶斑病、叶枯病、锈病和根腐病等，主要虫害有红蜘蛛和蚜虫。叶斑病：可用75%百菌清可湿性粉剂600倍液进行喷雾防治；叶枯病：可用50%多菌灵可湿性粉剂1 000倍液进行喷雾防治；锈病：可用25%粉锈宁可湿性粉剂600倍液进行喷雾防治；根腐病：可用硫酸铜100倍液进行灌根。红蜘蛛：可用15%扫螨净可湿性粉剂1 500倍液喷雾防治；蚜虫：可用25%抗蚜威3 000倍液喷雾防治。

3. 采收

黄花菜最适宜的采摘标准是花蕾黄绿、纵沟明显，果实饱满、含苞待放。通常在开花前1h采摘完毕。不同品种开花时间不同，有的品种在上午开花，有的品种在晚上开花，因此要根据品种开花时间进行采摘，保证黄花菜的产量和品质。采摘期结束后，及时把残留的枯薹和老叶全部割除。留茬一般从地面4～6cm处割除，并在行间进行清园深耕施肥，每亩施用1 500～2 000kg土杂肥，促进早发冬苗。

第二节 木 槿 花

图 11-2 木槿花

一、概述

木槿花（*Hibiscus syriacus* L.）又称佛叠花、面花、鸡腿蕾、鸡肉花、白牡丹等，为锦葵科木槿属多年生灌木或小乔木。原产于我国中部和印度，烹饪入馔早在晋代就有记载，在浙南、皖南、闽北、闽西和赣南等地区一直保留食用木槿花的习俗，目前在我国各地均有栽培，以华南地区较为常见。传统多作为园林植物种植，为夏秋季重要的观花灌木。以刚开放的花朵或嫩叶供食用，花朵大，花期长，花色丰富多彩，有单瓣、重瓣及半重瓣。

每 100g 食用部分含有蛋白质 1.68g、脂肪 0.19g、维生素 C24.6mg、总酸 0.38g、粗纤维 1.40g、干物质 10.3g、还原糖 2.10g、氨基酸总量 1.19g、铁 0.8mg、钙 60.66mg、锌 0.30mg，并含有黄酮甙、多量皂苷及黏液质等。木槿花中含有蛋白质、脂肪、粗纤维、糖、矿质元素和维生素等基本营养元素，与绿叶类蔬菜相比，蛋白质、脂肪、膳食纤维、钙、铁、锌的含量略高或基本相同，镁和钾含量较高。

微香，味甘，滑如葵，润燥，除湿热。新鲜花朵可上汤、做汤。木槿花含有的活性成分具有抗炎、退热、止泻、保肝、抗高血压、抗糖尿病、抗氧化、抗肿瘤等作用。

二、生物学特性

1. 植物学特征

木槿花在我国南方为小乔木，北方为落叶直立灌木。植株直立，根系发达，茎多分枝，高 3～6m。树干黑褐色，幼枝绿色，茎皮纤维丰富，具黏液，幼芽具短的星状毛，嫩枝、叶柄及花梗均被茸毛，老时无毛。单叶互生，通常 2～3 枚簇生于短枝之顶。叶片卵状长圆形或菱状卵圆形，长 4～7cm，宽 2.5～5.0cm，常有深浅不同的 3 裂或不裂，顶端急尖或短而渐尖，基部楔形或钝圆形，边缘具钝圆齿或尖锐的齿，主脉 3 条明显，掌状，具蜜腺，两面被绿色具疏的短星状毛，叶柄长 1～2cm。具托叶，托叶条形，2 枚，绿色，长约 3mm，早落。花冠漏斗状，紫红色、白色或黄白色，于夏、秋季开放。花单生于叶腋，花梗长约 1cm，小苞片线形，6～7 枚，长 7～9mm，宽约 1mm，被短柔毛。两性花，辐射对称，镊合状排列，花萼钟形，宿存，长 1.5～2.0cm，灰绿色，密生星状小茸毛，具 5 裂片，阔三角形，花萼外有数条线形副萼。花瓣基部与雄蕊合生，雄蕊多数，花丝连合成筒状，子房 5 室，花柱 5 裂，花期 5—11 月，在南方地区花而不实。

2. 对环境的要求

木槿花喜光，遮阳易导致植株徒长、不孕蕾增多或花量锐减，宜选择向阳地块种植。木槿花抗性强，生长快，耐热，耐寒，生长适温为 25～30℃，在 35℃ 下植株生长良好。木槿花耐贫瘠，不择土壤，但生长在土层深厚、肥沃、排灌水方便的土壤中，萌芽快，孕蕾多，花朵大，花期长，品质优，产量高。木槿花根系发达，耐旱，不耐渍，需水较少，但在花期及孕蕾期需及时灌水，以满足生长的需要。

三、栽培技术

1. 育苗及种植方法

（1）品种选择。木槿花的品种较多，按花瓣的数量可分为单瓣、重瓣和半重瓣 3 大类；按花瓣的颜色可分为白色、粉红色、淡紫色、紫红色等。目前较适宜于栽培且高产的主要有以下 2 个种类。

①重瓣白色花种类。植株生长势强，抗逆性好，萌芽快，孕蕾多，花朵大，花期长，品质优，产量高，花期多在 5—10 月。

②重瓣紫红色花种类。植株生长势强，抗逆性强，叶片生长茂盛，孕蕾多，花朵大，重瓣紫红色，品质优，产量高，花期多在 5—9 月。

（2）栽培方法。木槿花在南方地区不能结实，多采用压条、扦插等无性繁殖方法繁殖，成熟老枝或嫩枝均可扦插，以成熟老枝扦插效果较好。在当地气温稳定在 15℃ 以上时即可扦插，但在冬春季枝条开始落叶至枝条萌芽前扦插最为适宜。扦插时，选取 1～2 年生健壮不带病虫枝的枝条，剪 15～20cm 长的小段插于准备好的苗床。用生根粉药剂浸泡或蘸含生根药剂的泥水，能有效地提高成活率。扦插前苗床先浇透水，株行距为 5cm×5cm，入土深度为插条长度的 1/2，插后再浇一次水。夏季育苗时尽量避免太阳光直射，并保持土壤湿润。扦插后约 30d 发根出芽。

（3）定植。木槿花一般采用露地栽培，对土壤要求不严格，可充分利用荒地、坡地或作为绿篱进行栽培，一次种植多年采收。定植前挖好植穴并施足基肥（腐熟的动物粪肥、堆沤的秸秆）。植穴的大小可视定植苗而定，一般长×宽×高为 30cm×30cm×50cm。每穴施基肥 20kg。株距 60cm，行距 1m，每亩定植 1 200 株左右。通常在春季露地气温稳定在 15℃ 以上时定植。定植时间以阴天、雨后或晴朗天气下午 4:00 后为宜。定植后浇透定根水。

2. 田间管理

（1）中耕培土。由于刚定植的植株较小，前期植株基部易被雨水冲刷，田间易滋生杂草，需及时中耕除草培土。

（2）肥水管理。定植后7d左右应施一次薄氮肥，同时视田间情况进行浇水，促其早缓苗、快生根。嫩梢萌发期、孕蕾期、花期均需要较多的水分，水分不足易引起落花或落叶。枝条萌动时以施速效肥为主，辅以粪肥，至现蕾前追施1～2次，现蕾前追肥以磷钾为主，可辅助喷施叶面肥及植物生长调节剂，促进植株孕蕾。植株花期要追2～3次肥，一般每20～30d追肥1次，以磷钾肥为主，辅以氮肥，防止叶片过早衰落。8月下旬植株的叶片基本呈停顿状态，可喷叶面肥增加后期花量。当植株落叶越冬时，可通过沟施或培土压肥的方式施入有机肥，以利于越冬与次年早春萌芽和发棵。

（3）植株修整。木槿花在我国南方生长迅速，如水肥充足，在定植后1年能长至3m高，必须通过修剪控制高度，以提高植株花量、便于田间管理及产品采收。孕蕾多以新生枝条为主，二年生枝条孕蕾明显减少，故植株修剪适宜在早春萌芽前或入冬后进行，修剪时将枯枝、病虫弱枝、衰退枝剪除并将植株控制在0.6～0.8m高为宜。直立型植株枝条开张角度小，应将其培养成主干不分层树形，在主干上选留3～4个主枝，其余疏除，在每个主枝上选留2～4个侧枝。开张型植株可培养成丛生灌木状，对外围枝条短截，留外芽，成年枝适当回缩培养成枝组。内膛较细的多年生枝不断进行回缩更新。对中花枝在分枝处短截，可有效调节花枝生长势，提高花芽质量。

（4）虫害防治。易受螨类、蚜虫、粉蚧、天牛等的危害，须注意早期防治，避免在采收期使用农药，并定期检查枝干，发现虫害及时封堵洞口，熏杀蛀虫。

3. 采收

在5—10月盛花期，每天清晨采摘鲜花，如鲜销遇阻要即刻晾晒，晾干后置于通风干燥处贮藏，并避免挤压，有条件可在0～10℃冰箱内贮藏。正常季节，木槿花的年亩产量可达500kg左右。

第十二章 果 菜 类

第一节 山 苦 瓜

图 12-1 山苦瓜

一、概述

山苦瓜（*Momordica charantia* L.）又名凉瓜、金铃子、锦荔枝、红姑娘、红娘瓜、癞瓜、癞葡萄等，为葫芦科山苦瓜属一年生草质藤本植物。广泛分布于热带、亚热带及温带地区，在我国分布较广，福建、广西、广东、云南、贵州、江西、湖南、浙江、江苏、安徽等地都有发现。

据测定，山苦瓜的干物质含量达 92.2%，比普通苦瓜高出 1%～2%；含可溶性固形物达到 5%，比普通苦瓜高出 20% 左右。每 100g 鲜品含维生素 C152mg，含蛋白质 1.3g，分别比普通苦瓜高出 30％和 32％。相关研究结果显示，山苦瓜甲醇抽取物在 4 000 μg/mL 浓度下，在抑制铜离子诱导低密度脂蛋白过氧化活性方面，表现出保护效果，未来也许可以开发为天然抗氧化保健食品。具有抗突变、降血糖、抗肿瘤、降低胆固醇含量等功效。可用来炖汤、凉拌，还可加工成苦瓜茶。

福建省农业科学院亚热带农业研究所（原甘蔗研究所）以 BAL-22-31×山苦瓜-45 组配成"如玉 45"杂交一代山苦瓜新品种。该品种长势较旺，抗病性强，低温生长性好，较耐高温，结瓜多。瓜皮为深绿色、尖瘤，商品瓜长 6cm 左右，横径 3cm 左右，重 50g 左右。该瓜以侧蔓结果为主，产量高，采收期长达 6 个月，每亩产量在 3 000kg 以上，含降血糖成分皂苷总量 6.73％，是新翠苦瓜的 4.7 倍。

二、生物学特性

1. 植物学特征

根肥大，长椭圆形或棱形，有纵纹，褐色，数条簇生于根茎基部。茎长 2～5m，有细浅棱，叶互生，掌状 5～7 深裂，边缘有 3～5 浅裂和不规则浅齿。雌雄同株异花，叶腋开单性黄色小花，果实纺锤形，有瘤状凸起，嫩果是绿白色，成熟时呈白色，后熟果是橘红色，瓤鲜红色，味甜，嫩果或老果均可食用。单瓜结籽 10～30 粒。

2. 对环境的要求

喜弱碱性松软土壤，在酸性土壤中也能生长，但病害较重。对水分要求较严，不能干，也不能积水。湿度不能太高，低温高湿易发病。

三、栽培技术

1. 育苗及种植方法

（1）浸种催芽。在 50～55℃的温水中浸种 15～20min，自然冷却后继续浸种 8～10h，陈种适当缩短时间，在 28～32℃条件下保湿催芽，待种子露白后即可播种。

（2）整地。深翻土壤，亩施 1 500kg 的腐熟猪粪、50kg 过磷酸钙、25kg 复合肥、1kg 含量为 100％的硼沙作基肥，与土拌匀。为避免积水，可将地整成高 25cm、宽 4.5cm 的龟背畦面。

（3）种植。山苦瓜应采用平架式栽培，株行距比普通苦瓜宽，约为 400cm×450cm，定植后浇足定根水。

2. 田间管理

（1）水肥管理。定植成活后 15d 应及时浇提苗肥，一般用 0.3％尿素或复合肥浇灌，以促进根系生长，同时插好竹竿引蔓，竹竿长度以 2.1m 为宜，入土 20～30cm。

山苦瓜长势旺，易分枝，以侧蔓结瓜为主，采收期长，因此植株长至 1m 高时应先将主架搭好，架高 2.0cm，要求牢固结实，上覆网格大小为 25cm×25cm 的尼龙网。当植株抽蔓后引蔓上架，上架前主蔓 180cm 以下的侧枝摘除，以免浪费养分，同时促进主蔓伸长。主蔓上架后，要进行适当的理蔓，保证各个方向有长度、粗细一致的侧蔓，以利通风和采光。坐果后，应及时去除病果、虫害果、畸形果，将劣瓜果集中清埋或倒于废弃水池中。

山苦瓜需肥水量大，若缺水、缺肥，植株生长不良，易引起果实畸形和植株早衰。在第一朵雌花开放后结合中耕除草施一次肥，每亩撒施进口三元复合肥 15kg，以后根据采收及生长情况及时追肥以使植株不出现褪绿为准，一般 15～20d 追一次三元复合肥，30d 左右喷施速效硼肥。

（2）病虫害防治。

①病害防治。山苦瓜抗性较强，病害主要有病毒病，可用 20％的病毒 K 可湿性粉剂 1 000～1 500 倍液，或 1.5％植病灵乳剂 800～1 000 倍或纯度为 99.5％的高锰酸钾分析纯 1 000 倍液等农药交替轮换使用，一般防治 3 次以上。同时尽量避开周边种植的易感染病毒病植物，如一些茄果类和豆科作物、大戟科的守宫木等。

②虫害防治。虫害主要有蚜虫、瓜绢螟、瓜实蝇。

春季和秋季气温 16～24℃时是田间蚜虫的高发期，要注意观察，在虫害刚发生时，利用蚜虫趋黄习性，使用蚜虫粘虫板，或在黄色的塑料薄板上涂一层黏性明胶或机油或糖浆加杀虫剂敌百虫等，隔 3～5m 的距离吊挂 1 张，高约 70cm，该方法见效快、绿色环保；化学方法可选择 3% 啶虫脒乳油 1 000～1 500 倍液，含 18% 吡虫啉及 2% 溴氰菊酯的溴氰·菊酯悬浮剂 1 500 倍液，20% 康福多乳油 8 000～10 000 倍液等农药交替轮换使用。

瓜绢螟为害期多为 7—9 月，幼虫在叶背取食叶肉，呈灰白斑，3 龄后吐丝将叶或嫩梢缀合，隐居其中取食，致使叶片穿孔或缺刻，严重时仅留叶脉。幼虫常蛀入瓜肉取食，影响苦瓜产量和质量。防治方法可选用 100 亿孢子/g 的苏云金杆菌可湿性粉剂（Bt 粉剂）2 000 倍液，5% 甲氨基阿维菌素苯甲酸盐乳油（甲维盐）2 000 倍液，20% 氰戊菊酯乳油 3 000 倍等农药交替轮换使用。

瓜实蝇成虫体形似蜂，黄褐色，在闽南地区整年发生，以 6—11 月为害严重，如不采取有效措施，可能出现绝收。成虫产卵于瓜内，幼虫孵化后即在瓜内取食，受害瓜先局部变黄，而后全瓜腐烂变臭，大量落瓜。目前有效的方法是综合防治，即采用诱杀和化学药剂防治方法。成虫诱杀：一般利用台湾好田园农业发展公司生产的昆虫物理诱粘剂“好田园”，将诱粘剂喷在空矿泉水瓶的外侧，均匀挂于菜地，每亩 30～50 个，失黏性后需补喷诱粘剂。为防治雨水淋刷后诱粘剂失效，可采用改良方法，即用小刀在空矿泉水瓶的一侧中间挖一个 3cm×5cm 左右大小的孔，将黄色诱粘剂喷于矿泉水瓶的内侧，这样既可有效防止雨水淋刷，又可延长气味扩散时间，提高诱杀效果。药剂防治：在成虫盛发期，选中午或傍晚喷洒 2.5% 溴氰菊酯乳剂 3 000 倍液，或绿色 2.5% 功夫乳剂 2 000～3 000 倍液，或 5% 甲氨基阿维菌素苯甲酸盐乳油（甲维盐）2 000 倍液等农药防治，隔 3～5d 喷 1 次，连续防治 2～3 次。

3. 采收

花后 10～14d，单果重 10～25g，果粒饱满不变红，色泽亮丽，表示山苦瓜进入采收期。采收时轻拿轻放，避免碰伤瓜皮而缩短保鲜时间。

4. 留种

选择雌花率高、抗病性强、瓜型符合市场需求的植株留种。如所用种是杂交种，则不建议留种，以免后代出现性状分离，影响产量和品质。

第二节 黄 秋 葵

图 12-2 黄秋葵

一、概述

黄秋葵（*Abelmoschus esculentus* L.）学名咖啡黄葵，别名羊角豆、毛茄、越南芝麻（湖南）、羊茄、秋葵、补肾菜、黄蜀葵等，为锦葵科秋葵属一年生草本植物。广泛生长于热带和地中海气候地带，据记载，1216 年西班牙摩尔人到访埃及时，看到黄秋葵被当地人种植。1658 年经贩卖奴隶的船只由大西洋带入美洲，并在巴西留有记载。1686 年出现有关于黄秋葵的古荷兰语记载。1748 年美国费城开始种植黄秋葵；1781 年在弗吉尼亚得到很好的推广，1800 年在美国已经普遍推广，并在 1806 年出现了最早的变种培植记载。20 世纪初，黄秋葵从印度引入中国上海，福建闽南成为主产区，于 1997 年由台湾企业引种到漳州。

据测定，每 100g 嫩果中含还原糖 2.11g、纤维素 1.06g、粗蛋白 2.44g、胡萝卜素 0.682mg、维生素 B_1 0.2mg、维生素 B_2 0.06mg、维生素 C25.5mg、钾 210mg、钠 0.26mg、钙 59mg、镁 36.8mg、磷 46.8mg、铜 0.11mg、铁 0.89mg、锌 0.24mg、锰 0.13mg、锶 0.32mg、硒 2.18mg。嫩果黏滑的汁液中含有果胶（为可溶性纤维）、牛乳聚糖和阿拉伯聚糖等物质。经常食用具有助消化、增强体力、保护肝脏、强肾补虚、健胃整肠之功效。由于富含锌和硒等微量元素，黄秋葵还能有助人体防癌抗癌，加上含有丰富的维生素 C 和可溶性纤维，不仅对皮肤具有保健作用，且有利皮肤美白、细嫩、防黑。食用方法主要有切片后凉拌或水焯后炒瘦肉丝两种。

二、生物学特性

1. 植物学特征

以植株高度可划分为高、中、矮 3 种类型，高秆品种株高 2.5～4.0m，中秆品种 1.0～2.5m，矮秆品种 0.5～1.0m。主根发达；茎秆直立，茎粗 1.5～2.5cm，茎圆筒形，具髓心，茎色有白绿色、绿色、微红色、红色、紫色。叶互生，单叶，叶形有全叶、浅裂叶、深裂叶，叶色有浅绿色、绿色、深绿色，叶表面有刚毛，叶大，叶柄长。有托叶，叶脉有浅绿色、绿色、浅红色、红色、紫色。萼片有绿色或红色，花冠有大、中、小三种类型，花瓣数 5 个，花冠形状钟状，极少数螺旋状，花瓣叠生，常见花冠色为淡黄色、淡红色。花喉色为淡黄色、浅红色、红色、紫色。果实为蒴果，果形长条形，分有棱或无棱两种，中空，果长 5～30cm，果实表面有绒毛，果色有淡绿色、绿色、深绿色、浅红色、紫色。种子近球形，暗绿色或黑色，千粒重 50～87g。

2. 对环境的要求

在适宜环境条件下（25～32℃），种子从播种至出苗需 3～4d，

50%幼苗子叶平展需 10～15d。从幼苗期至现蕾期，需 25～35d。从现蕾期至采收期，需 30～40d。开花后 4～7d 采收的嫩果质量较好。开花后 32d 左右蒴果变褐色，即可以收获种子。

黄秋葵喜温暖，忌霜冻，耐热性、耐旱性强，不耐阴。种子适宜在 25～32℃发芽，最好育苗移栽。当气温低于 13℃时，种子不易发芽。开花结果期要求温度在 25～30℃，在 26～28℃时，开花多，坐果率高，果实品质好。开花期遇台风阴雨天气，落花落果多，果实结果率差。对土壤适应性较广，但以土层深厚、肥沃、排水良好的壤土或沙壤土效果较好。忌连作，忌选前茬种植锦葵科作物的田地。

三、栽培技术

1. 育苗及种植方法

播种或移栽前将土壤深耕翻犁，根结线虫严重的田地，结合施基肥，每亩撒入 2kg 左右的噻唑磷颗粒剂。施入有机肥 2 500kg 左右、过磷酸钙 50kg 左右。地块整平后，做成畦面宽 75cm、沟宽30cm 的畦，覆盖地膜，以防杂草及保湿。

直播法采用两行直播，播种前浸种 12h，之后置于 25～30℃下保湿催芽，约 24h 种子陆续开始露白，至 60%～70% 种子露白时播种。播种以穴播较好，每畦种植两行，播前用打孔器或易拉罐空瓶在地膜上按照 25～30cm 的株距打孔，每穴 2～3 株。

育苗移栽法采用阳畦或日光温室，床土采用 6 份园土、3 份有机肥、1 份细沙混合而成。播前种子要浸种催芽，整平苗床，近株行距 10cm 点播，覆土 2cm 左右，4～5d 出苗，幼苗至真叶 2～3片叶时定植。采用塑料钵、营养土育苗可提高定植成活率。

2. 田间管理

（1）水肥管理。生长期掌握"早间苗，迟定苗"原则，及时进行补苗，除去弱苗、残苗，间苗以每穴留 1～2 株为宜。对没有覆盖黑色地膜的种植田，中期结合中耕培土，施一次提苗肥，每亩沟施三元复合肥 4kg、尿素 6kg。

开花期要求保证较高的温度和土壤湿度。遇干旱时，要适量灌水。大雨过后，要及时排水。需肥规律掌握前期侧重施氮肥、中后期侧重施磷钾肥，一般在施足基肥的基础上，适当追肥 2 次，第一次在出苗后施一次提苗肥，第二次在开花结果期施一次保花保果肥，每亩施复合肥 20kg 或人粪尿 2 000kg，不宜过量。

结果期要求田间通风透气良好，要及时去除老黄叶和较密的侧枝。保持足够的养分供应，每 7～10d 追肥 1 次，每亩施用复合肥 30kg 左右。以收获种子为目的的，可以在 9 月进行摘心，以保证种子质量。

（2）病虫害防治。黄秋葵结果后几乎每天都采摘，药剂防治病虫害很难达到产品的优质、安全和无污染要求。为此，针对病虫害发生特点和日本肯定列表制度的农残控制要求，黄秋葵病虫害防治措施如下：

①选用抗病良种，做好种子处理。

②选用绿闪、五福、卡里巴等抗病性强、果形与果色合乎市场需求、产量高的品种。

③种子消毒灭菌的方法有温汤浸种、药剂浸种、高温处理等。其中尤以温汤浸种方法简便易行、成本低且杀菌效果好。温汤浸种一般是在播种前用纱布将种子包好（只装小半袋，保持种子松动）。将种子先放在凉水中浸泡 10min，然后放入 52～55℃ 的温水中浸种 10～20min，并用木棒不停地快速搅拌，以使种子受热均匀，然后在 25℃ 左右的温度下浸种 12～24d，待有 60％ 以上种子露白时播种。

④诱杀成虫。对斜纹夜蛾、甜菜夜蛾等害虫，可用频振式杀虫灯、糖醋盆和性诱捕剂等诱杀。对蚜虫等害虫，可利用其趋黄习性，使用粘虫板，或在黄色的塑料薄板上涂上一层黏性明胶，或在黄纸板上涂一层机油或糖浆加杀虫剂敌百虫等，隔 3～5m 的距离吊挂 1 张，挂高约 70cm，可使有翅蚜等"自投罗网"，既灭虫又不污染环境。

⑤人工防治。根据斜纹夜蛾多产卵于叶背、叶脉分叉处和初孵

幼虫群集取食的特点,在农事操作中摘除有卵块和幼虫群集的叶片集中处理,可以大幅度降低虫口密度。蚜虫零星点片发生时,可用手抹去叶片背面的蚜虫或摘除嫩梢。

⑥药剂防治。抓住害虫初发期及早防治。应选用出口国或地区有较高残留基准的农药,在害虫低龄幼虫高峰期喷药,严格控制施药浓度和次数,按照农药安全间隔期采收。

斜纹夜蛾或甜菜夜蛾防治应在卵孵化高峰至低龄幼虫盛发期用药。药剂可选用苏云金杆菌可湿性粉剂、5%定虫隆乳油(抑太保)、24%甲氧虫酰肼(雷通)、2.5%菜喜、10%虫螨腈乳油(除尽)等高效、低毒、低残留农药。喷雾时,雾点要细,喷施要均匀。

棉铃虫防治要抓住卵孵化盛期至二龄幼虫盛期,即幼虫蛀果前施药防治。

蚜虫或白粉虱防治可用10%铁沙掌可湿性粉剂1 000倍液或3%莫比朗乳油750倍液喷雾防治。

蓟马、蚂蚁防治可用90%的敌百虫500倍液防治。

猝倒病和立枯病防治在播前将种子用清水浸种3～4h,再用99.5%的高锰酸钾分析纯500倍液浸种15min,然后洗净阴干后播种。出苗后,每7～10d用高锰酸钾800～1 000倍液(先稀后浓)喷洒3次。在配制、喷洒高锰酸钾时要不断搅拌,使药粒全部溶解,且随配随用。幼苗期使用浓度不能过高,幼苗喷药5min后用清水喷洒或冲洗叶片,喷洒时间宜在上午9:00左右或下午4:00以后进行。

病毒病由蚜虫传播,除应及时防治蚜虫,可在植株发病初期,增施叶面营养剂。每隔5～7d喷1次,连喷3～4次。

3. 采收

(1)采收准备工作。穿长衫长裤,戴好手套、头巾,带上小刀或剪刀、编织袋。

(2)采收标准。采收标准为果长8～15cm,具体视其嫩度决定。

（3）采收周期。高温季节，每天采收。气温较低季节，每隔2～7d采收一次。

第三节　四棱豆

图 12-3　四棱豆

一、概述

四棱豆（*Psophocarpus tetragonolobus* DC.）又名翼豆、四角豆、翅豆、热带大豆、杨桃豆等，为豆科四棱豆属一年生或多年生攀缘草本植物。原产于热带雨林地区，早在 17 世纪的新几内亚就有栽培记录。主要分布在菲律宾、马来西亚、印度尼西亚等东南亚国家和地区，亚洲南部、大洋洲、非洲等地均有栽培。四棱豆传入我国已有 100 多年的历史，主要分布于滇、桂、琼等南方各省（区），我国大部分地区均可种植栽培。

其根、茎、叶、花、豆荚和种子不仅营养丰富，还具有很好的药用价值，尤其在根、种子、嫩荚中富含蛋白质、不饱和脂肪酸、矿物质、维生素 D、维生素 E 以及钾、磷、铁等微量元素，具有抗氧化、抗衰老、预防骨质疏松等作用；叶片的 β-胡萝卜素含量是胡萝卜的 4.4 倍，能有效预防癌症、保护心血管等，是制药和护肤美容产品的极佳原料。四棱豆的嫩叶、嫩荚可作蔬菜，块根可食用和药用，种子富含蛋白质，是一种粮、菜、油、药、生物氮肥资源及优质饲料兼用的高蛋白作物，具有重要的研究和开发利用价值。

二、生物学特性

1. 植物学特征

根系发达，横向分布可达 40～50cm，纵向分布可以达 50～60cm，根系能形成较多的根瘤，固氮能力强。茎为绿色或绿紫色，光滑，茎攀缘蔓生；叶为复叶，互生，呈阔卵圆形，顶端急尖；花为腋生总状花序，花冠淡紫色、紫蓝色或白色，花较大；豆荚为长条带棱方形四面体，棱缘翼状，边缘有锯齿，有绿色、绿紫色或紫色几种类型，老熟后变深褐色，荚长 20～35cm，一般为 20cm；种子光滑，卵圆形或近球形，边缘具假种皮，种皮有白色、褐色、棕色、黄色和黑色及介于它们之间的多种颜色斑纹。

2. 对环境的要求

四棱豆属于短日照作物，对光照时间比较敏感，尤其是晚熟品种，长日照环境下造成营养生长过旺而不能开花结荚，每天最佳的日照时常为 11～12h；四棱豆较喜于温暖及多湿的环境，有一定的抗旱能力，但不耐久旱，尤其开花结荚期要求水分充分；对土壤要求不严格，但在黏重板结的土壤中生长差，以疏松肥沃通气的沙壤土种植结出的嫩荚、块根产量和品质最佳。白天温度 27℃ 左右、夜间温度 18℃ 以上、相对湿度 70％ 左右是最理想的生长条件，但也能在温度较低（不低于 4℃，遇霜冻即死亡）及相对干旱地区（相对湿度不低于 26％）生长，其种子发芽的最佳温度为 25℃ 左右，植株生长的最佳温度在 20～25℃，如果温度高于 35℃ 或者低于 15℃ 都可能影响四棱豆的生长。

三、栽培技术

1. 育苗及种植方法

四棱豆可通过薯块繁殖和种子播种两种种植方法，通常采用种子播种。

（1）种子处理。挑选表面光滑明亮、无虫眼、无破损的种子播种；由于四棱豆种皮较厚且坚硬，种植前晒种 2～3d，然后用 50～55℃温水浸泡，持续搅拌 10min 消毒，其间不停搅拌；消毒结束用清水冲洗干净，再用 30℃温水浸泡 8～10h，这样可提高发芽率，减少病虫害的发生。

（2）育苗。在播种前将钵浇透水，待水渗下后，在营养钵中播 1 粒种子。播后再轻轻压实，使豆种与营养土密接，再覆 2cm 厚的细土。播完后，立即盖严塑料薄膜，提高苗床温度。出苗前须保持苗床温度，白天保持在 25℃左右，晚上控制在 18℃以上。

出苗后，应及时通风，适当降低温度，以防幼苗灼伤。苗期适时浇水，以保持苗床的湿润和周围的空气湿度。随着外界气温升高，需加大通风量。定植前炼苗 8～10d，待幼苗具有 4～6 片真叶、苗龄 30d 左右时即可移栽。

（3）移苗定植。移苗定植时，应选气温稳定在 15℃以上的晴暖天气进行。南方地区在 3 月末至 4 月初适合移苗定植。移栽后要浇定根水，覆盖地膜，以提温并抑制杂草生长。栽培田每亩施 2 000～3 000kg 腐熟有机肥，深翻并耙平地面，做成小垄。垄距 80cm，按穴距 60cm 开穴。种植密度以每亩种植 1 400 株为宜。

2. 田间管理

（1）间苗、补苗。直播时，播种 8～10d 后，幼苗相继长出，2～3 片真叶时应及时查苗、补苗，待幼苗长出 7～8 片真叶时，拔除弱苗和畸形苗，留健壮的幼苗，每穴保留壮苗 1 株即可。

（2）中耕培土。四棱豆幼苗期生长较慢，生长量比较小，可结合除草，进行浅中耕，以利保墒和提高地温。主茎蔓长到 100cm 左右时再中耕 1～2 次。待枝叶茂盛、植株封行时，应停止中耕，以免伤根。最后一次中耕要培土起垄，培土高 20cm 左右，以利地下块根生长，也便于后期灌排。

（3）肥水管理。在苗期，根瘤还未形成或形成较少，需施少量氮肥提苗。5～6 叶期，每公顷施硫酸铵 75kg。在生长旺盛期，因其根系有较强的固氮能力，切勿多施氮肥，氮肥过量易造成茎叶徒长，影响开花结荚。开始现蕾时，在植株旁开穴，每公顷施草木灰7 500kg、过磷酸钙450kg。结荚盛期每10d喷一次0.5％磷酸二氢钾液，每15d追施一次复合肥，每公顷施300kg。四棱豆喜湿润，应经常浇水以保持田间土壤湿润，春、夏两季一般3～5d浇一次水。

（4）整枝、搭架。四棱豆为攀缘性作物，出苗后30～40d、茎抽蔓开始下垂时，应及时引蔓，用较粗的竹竿作支架。一般把架搭成方便采收的"人"字形架或三脚架，架高1.5m左右。人工引蔓均匀分布于架上。开花结荚期，茎叶生长、开花结荚、块根膨大同时争夺养分，加上开花期长、花数多，如果营养供应不足，落花落荚十分严重，结荚率仅为2％～4％。为防止落花，提高结荚率，应合理调整植株，进行整枝打杈。一般在主蔓长叶10片（或1m高）时进行摘心，以促进侧枝生长，调节养分向高效花集中供给，同时降低结荚高度，抑制过旺生长，减少落花、促进结荚。盛长结荚期应进行多次摘心以减少养分的消耗、改善通风条件，提高结荚率，对于过旺、过密无效的侧枝、下部过密的叶片和花序，应及早摘去。

（5）病害防治。四棱豆抗性强，病害少。偶尔发生的病害有花叶型病毒病，发病后嫩叶皱缩，幼苗期感病致整株扭曲畸形。防治方法是幼苗期要及时拔除病株，剪去病枝，增施有机肥，发病初期喷病毒K500倍液，每5d喷1次，连喷2～3次。

3. 采收

四棱豆属总状花序，无霜冻地区周年均可采收。开花后10～15d，豆荚绿色、柔软、大小适中且未木质化时，是采收嫩荚食用的最佳时期。如过迟采收，豆荚会木质化，不适于食用。一般3～5d采收1次，每亩每季产量可达2 000kg。

4. 留种

开花至结荚45d，豆荚变褐和干枯时，要及时采摘老荚。采收过迟，则豆荚自然开裂。采后摊晒脱粒，晾干贮藏。此外，也可块根留种，一年生单株块根约1kg，两年生单株块根2.5kg以上。

第十三章　全株菜类

第一节　马　齿　苋

图 13-1　马齿苋

一、概述

马齿苋（*Portulaca oleracea* L.）别名长命菜、马苋菜，又名五行草、瓜子菜、蚂蚁菜、马齿菜、安乐菜、马蜂菜、马食菜等，为马齿苋科马齿苋属一年生肉质草本植物。起源于印度，后传播到世界各地，在墨西哥、中国和中东等地还是野生类型，在英国、法国、荷兰等西欧国家早已发展成为栽培蔬菜。马齿苋可食用部分是幼嫩茎叶。现代化学成分分析表明，每 100g 马齿苋嫩茎叶含蛋白质 2.39g、脂肪 0.59g、粗纤维 0.79g、抗坏血酸 23mg、维生素 E12.2mg、胡萝卜素 2.33mg、碳水化合物 39g、灰分 1.39g、维生

素 B_1 0.33mg、维生素 B_2 0.11mg、烟酸 0.7mg、ω-亚麻酸 300～400mg、钙 85mg、铁 1.5mg、磷 56mg。马齿苋入肴，可做汤、做馅、炒食、炖食及焯水凉拌。嫩茎叶可晒干供冬季食用，并且可以进一步开发其加工产品，如马齿苋、番茄和柠檬的复合甜味浓缩汁、甜酱及马齿苋的保健食品、保健饮料等。马齿苋全株均可入药，有解毒消炎和利尿功能，也是治疗细菌性赤痢的常用药物。马齿苋集食用、药用、养生保健价值于一身，具有广泛的开发前景。

二、生物学特性

1. 植物学特征

全株无毛，根系发达，茎斜生、直立或平卧，从茎基部分枝，茎枝为圆柱状黄绿色，向阳面褐红色。叶片匙形或倒卵形，基部楔形，先端圆或微凹，全缘，长 1～3cm，宽 5～15mm，对生或互生，叶柄极短，叶中脉稍突起，托叶小，干膜质。两性花，3～5 朵簇生于枝顶端，形成聚伞花序，花瓣 5 片，黄色小花，雄蕊 10～12 枚，雌蕊 1 枚，子房半下位。果实呈圆锥蒴果，成熟后顶端自然开盖，扩散出多粒种子，种子细小，扁圆，黑褐色，表面有小瘤状突起。根据相关试验研究结果，野生型马齿苋的种子长 0.57～0.76mm、宽 0.50～0.71mm；栽培型马齿苋种子长 1.08～1.44mm、宽 0.96～1.29mm；野生型的千粒重（0.079 5±0.002）g，极显著小于栽培型的千粒重（0.477 5±0.001）g，此外，野生种和栽培种的种皮饰纹显著不同。

2. 对环境的要求

性喜高温高湿、耐旱，适应性和生命力极强，有"晒不死"之说。发芽温度在 18℃以上，最适温度 22～28℃，植株生长的适温为 20～30℃。随温度的升高，生长发育加快，并进入生殖生长。对土壤的要求不严格，栽培中应重点施用氮素肥料，并保证水分供应。马齿苋种子适合在非干旱、淡水、pH 6～6.5 的环境条件下生长，野生型种子在轻度干旱和盐胁迫环境条件下易萌发和生长芽苗，但栽培型种子对中高度干旱和盐胁迫具有更大的抗性，两者都不耐强碱胁迫。

三、栽培技术

1. 育苗及种植方法

秋季11—12月未上冻前、春季3—4月解冻后播种育苗与繁殖。马齿苋可用分根繁殖、压条繁殖和种子繁殖三种种植方法。

①分根繁殖。利用成熟老株繁殖，将枝条从基部分枝处劈开，每枝都要带着须根，稍晾干些即可定植，行株距20cm×10cm，栽后覆土浇水，3～5d即可缓苗，随后追肥浇水，促其快长。

②压条繁殖。将母株四周长些的枝条每隔4～5cm用湿土压堆，形成一个底盘直径4～5cm的小土堆，但土堆前部要留出3～4节作为将来新植株的地上部分，土堆下枝条发根后，即可与母株分离，形成独立的植株苗种。

③种子繁殖。该方法是马齿苋生产的主要方法。整地施肥，每亩施用优质农家肥2 000kg、过磷酸钙50kg，浇水做墒后，人工耕翻15cm，打碎耙细，做成宽1.0～1.2m的畦。将畦面整平，在畦面上开播种沟，沟行距20cm、宽23cm、深1cm，将种子与3～5倍的细沙混合并均匀地撒到沟里，用细土覆盖种子，如果土壤干旱，用喷水桶沿沟浇透即可；也可在畦面撒种子，播种后盖土，稍在土面轻压，加盖一薄层保温保湿的稻草。每亩用种量500g。

2. 田间管理

（1）水肥管理。湿度适宜时，马齿苋播后2～4d即可出苗，其间如出现土壤干燥泛白，应注意浇水，出苗后可根据苗的大小用不同浓度的人粪尿提苗。当苗高5cm、10cm时，各间苗一次，保持株距10cm，间苗后浇一次清水。播后20d左右，要浇肥水一次。马齿苋长期处于野生状态，适应性极强，耐热、耐旱，对光照的要求不严格，很容易管理。要使马齿苋长得肥嫩，还得施入一定量的粪肥，每亩用尿素 600 倍或沼气肥液 300～500kg 浇灌 2～3 次。此外，在生长旺季，补充一些氮肥。因其耐旱能力强，一般情况下不用浇水，特别干旱时再补充一些水分。种植初期应适当中耕除草，一旦它生长起来其他杂草很难生存，几乎不受病虫危害。有研究者提出可经常喷洒小苏打溶液，碱性的小苏打溶液，不仅能防病，还可促进马齿苋的生长，提高产量和品质。

（2）花期管理。马齿苋为一年生植物，每年 6 月开花结果，如不需留种，可将茎顶花蕾部分去掉，促其长出新的分枝，增加产量。为了下一年继续生长，应适当留些花蕾，使其结果。种子自然落在地里，第 2 年便可萌发生长，这样栽种一次，可连续生长几年，不必每年种植。

（3）病虫害防治。病害主要有叶斑病、白粉病，虫害主要有斜纹夜蛾、蛞蝓。叶斑病可用 50％甲基托布津可湿性粉剂 1 000 倍液或用 70％代森锰锌可湿性粉剂 500 倍液喷治；白粉病用 20％粉锈宁乳油 2 500～8 000 倍液防治。虫害主要有甜菜夜蛾、斜纹夜蛾、野螟、蛞蝓等。甜菜夜蛾、斜纹夜蛾及野螟可用每毫克含 2 500 国际单位（IL）Bt 乳剂（原 100 亿活芽孢/g）500～800 倍液、20％灭幼脲Ⅲ号胶悬剂 500～1 000 倍液进行喷雾防治，使用 Bt 乳剂时尽量选择 20～25℃的时间段，避免强日照；蛞蝓可用四聚乙醛颗粒剂撒施在其取食处灭杀。

3. 采收

在播种或定植后 1 个月左右，茎叶粗大肥厚且幼嫩多汁时采收，注意在现蕾前采收上市，如已现蕾，则应将花蕾摘掉。采摘下来的马齿苋用清水洗净捆把上市。

4. 留种

马齿苋的蒴果成熟期一般于花后 20～30d，蒴果（种壳）呈黄色时种子成熟，成熟后应及时采种，否则会散落到地上。

第二节　中叶茼蒿

图 13-2　中叶茼蒿

一、概述

中叶茼蒿（*Chrysanthemum coronarium* L.）又名花叶茼蒿、菊花菜、蓬蒿菜、细叶春菊、中叶春菊等，属菊科茼蒿属一年生或二年生草本植物。原产于中国及地中海地区。在我国的种植分布较广，但各地栽培面积均不大，主要分布于安徽、福建、广东、广西、海南、河北、湖北、湖南、吉林、山东、江苏等省（区）。中叶茼蒿属于半耐寒性蔬菜，喜欢冷凉温和、相对湿度70%～80%的环境，因而较适合于北方栽植，在春、夏、秋三季只需露地栽植，冬季利用温室保持在10℃以上便可进行栽植。

测定结果显示，每100g可食部含有能量24 000cal，蛋白质1.9g、脂肪0.3g、碳水化合物3.9g、钙73mg、磷36mg、钾220mg、钠161.3mg、镁20mg、铁2.5mg、锌0.35mg、硒0.6μg、铜0.06mg、锰0.28μg、胡萝卜素1.51mg、维生素A 0.25mg、维生素B_1 0.04mg、维生素B_2 0.09mg、维生素C 18.0mg、烟酸0.6mg，另含丝氨酸、天门冬素、苏氨酸、丙氨酸

等。中叶茼蒿的根、茎、叶、花都可作药，其性味甘、辛、平，无毒，有清血、养心、降压、润肺、清痰的功效。研究表明，茼蒿提取物可作为植物源杀虫剂，用于防治尺蠖类、食心虫、蚜虫、菜青虫、山楂红蜘蛛、菜蚜、小菜蛾、棉红蜘蛛等。以幼嫩茎叶供食用，脆嫩可口，营养丰富，可炒食、凉拌、做汤，成为深受广大消费者喜爱的一道爽口菜。

二、生物学特性

1. 植物学特征

属浅根性蔬菜，根系分布在土壤浅层。茎圆形，直立，绿色，有蒿味。叶长形，叶缘波状或深裂，叶厚肉多。花茎高达 70cm，不分枝或自中上部分枝。基生叶花期枯萎。中下部茎叶长椭圆形或长椭圆状倒卵形，长 8～10cm，无柄，二回羽状分裂。一回为深裂或几全裂，侧裂片 4～10 对；二回为浅裂、半裂或深裂，裂片卵形或线形。上部叶小。头状花序，单花舌状，黄色或白色。果期 6—8 月。种子为瘦果，褐色、有棱角，千粒重 1.8～2.0g。

2. 对环境的要求

半耐寒，喜温和冷凉气候，既不耐高温，也不耐低温，生长适温 17～22℃，12℃以下生长缓慢，5～6℃以下枯萎，30℃以上则生长不良，易出现生理病害。种子 10℃时即能发芽，发芽适温 15～20℃。对光照要求不严，以较弱光照为好。在长日照及高温条件下，叶面易灼伤，植株生长不充分，易开花结籽。对土壤条件要求不甚严格，但以湿润的沙壤土、pH5.5～6.8 最为适宜。中叶茼蒿不可重茬种植 3 次以上，重茬过多易致产量减少及根腐病发生加剧。对肥水条件要求不严，但以不积水为佳。

三、栽培技术

1. 育苗及种植方法

为促进出苗，播前多进行浸种催芽处理。方法是播前 3～5d 把种子用 30℃温水浸泡 24h，淘洗、沥干并装入清洁的容器中，放在

15～20℃环境下进行催芽。每天用温水淘洗一遍，3～5d出芽。待种子"露白"时即可播种。撒播时，先隔畦在畦面取土0.5～1.0cm厚，置于相邻畦内，把畦面整平，浇透水，水渗后即可撒播种子，每亩播种3～4kg，为增加产量、提高质量，用种量可加大到5kg；条播时，在1.0～1.2m宽的畦内按15～20cm开沟，在沟内用壶浇水，水渗后在沟内撒籽，而后覆土，每亩用种量约2kg。早秋播时，因气温较高，出苗困难，应增加播种量，播种后覆土1cm厚。早春播种后应加盖地膜防寒；早秋播种的应遮阴防高温、日晒，并每天浇水，保持土壤湿润。一般播种后6～7d可出齐苗。

当幼苗长出1～2片真叶时，应及时间苗。撒播的留苗株行距为4cm×4cm；条播的株距保持3～4cm。结合间苗，除掉田间杂草。育苗移栽时，当苗龄达30d左右即可定植，密度以16cm×10cm为宜。

2. 田间管理

（1）水肥管理。田间直播的，间苗后幼苗第2片叶展开后可浇第一次水；育苗移栽的，定植后的2～3d内应每天喷1～2次小水，以后每天早晨或晚上各浇一次小水，直至缓苗。中叶茼蒿在生长期中不能缺水，应保持土壤湿润状态，但田间不能积水。在早春播种时，幼苗出土后要适当控制水分，防止发生痒倒病。当植株长到10～12cm时开始第一次追肥，每亩用尿素20～25kg，追肥后随即灌水。如果采嫩梢，每次采收后应追肥浇水，追肥量与第一次相同，以促进侧枝再生，直到开花不再采收为止。

（2）病虫害防治。中叶茼蒿有一定抗性，病虫害发生较轻，且生育期较短，一般情况下不进行防治。但在温度高、雨水多时易发生霜霉病，可在发病初期，用65%代森锌可湿性粉剂500倍液喷洒；虫害发生主要有蚜虫和潜叶蝇，可选用20%氰戊菊酯乳油800倍液喷雾防治。

3. 采收

一次性采收是在播种后40～50d、苗高20cm左右时，贴地面割收。分期采收有两种方法，一是疏苗采收，二是保留 1～2 个侧枝割收，每次采收后宜浇水追肥一次，以促进侧枝萌发生长，隔 20～30 d 可再割收一次，每亩每次的采收产量为 1 000～1 500 kg。

4. 留种

可在春播生产田中选留具该品种特性的健壮种株，待苗长大后及时剔除杂苗、病苗、弱苗。保持行株距 30 cm×30 cm，4—5 月开花，6 月上旬果实成熟。分 2～3 次采收，先收主茎，再收侧枝。收后晒干，压碎果球，簸净。一般每亩可收种子 80～100 kg。

第三节 绿青葙

图 13-3 绿青葙

一、概述

绿青葙（*Celosia argentea* L.）又名鸡冠菜、鸡冠苋、草蒿、白鸡冠、狗尾花等，为苋科青葙属一年生草本植物。盛产于热带、亚热带及我国东南部，一般喜生长于荒野、路旁、山沟、河滩等疏松土壤，栽培容易。绿青葙供食的主要部分为新鲜的嫩茎叶或幼苗，食用时要用沸水烫过清水漂洗去除苦味后再凉拌或炒食，其口感清香柔嫩，营养丰富，是一种可填补蔬菜淡季的无公害保健蔬菜。有关资料表明，绿青葙含蛋白质可达干重的 20% 以上，每100g 可食部分鲜重含胡萝卜素 8.02mg、维生素 65mg，还含其他多种维生素和烟酸等。此外，绿青葙具有凉血止血和清热解毒之功效，可用于治疗眼膜炎、角膜炎、高血压、瘙痒、白带等。其干燥成熟种子具有保肝、抗糖尿病、抗肿瘤等作用。种子富含人体必需氨基酸，油脂脂肪酸组成可用于制备高营养保健价值的食用调和油。

二、生物学特性

1. 植物学特征

根为直根系，表皮略带红色，根系发达，分布深广，株高30～90cm。茎直立，不分枝，摘除顶芽后多分枝。茎下部叶有柄，上部叶无柄或短叶柄，叶卵状披针形，全缘、光滑。穗状花序单生于茎顶或分枝末端，圆锥状，有白色、浅紫红色。胞果球形，盖裂，内有种子数粒，种子肾状圆形，黑色有光泽，千粒重 0.75g。

2. 对环境的要求

喜温暖，耐热不耐寒，生长适温 25～30℃，20℃ 以下生长缓慢，遇霜凋萎；高于 30℃ 时，产品品质较差。属短日照植物，在秋季高温日照条件下易抽薹开花。对土壤要求不严，但吸肥力强，在有机质丰富、肥沃的疏松土壤条件下，产量高品质好。

三、栽培技术

1. 育苗及种植方法

（1）整畦。选用地势平坦、排灌方便、疏松肥沃的壤土，施足基肥，一般每亩施有机肥 2 000kg、复合肥 15～20kg。将地整平，按宽 120～150cm、高 20～30cm 起畦，平整畦面，表土颗粒宜细小，浇透水，以利种子发芽。

（2）播种。春播抽薹开花迟，生长期长，品质柔嫩，产量高；夏秋播种易抽薹开花，品质粗老，产量较低。因此，在生产上露地栽培播种时间以春季日平均温度达 15℃ 以上时为宜。由于种子较小，为使播种均匀，可与2～3倍细土搅拌混匀播种，播种后覆一层1cm左右的薄细土稍压一遍，使种子和泥土密接，并以细水浇透。采用撒播方式每亩种子用量为500～800g。如以收获大苗为主，播种量可在上述范围适当增加100～200g。播种后保持畦面湿润，一般出苗时间为3～7d，成苗期间要防备暴雨。设施栽培可实现绿青葙周年种植，人工栽培多采用分期播种，连续采收，随时供应市场。

2. 田间管理

（1）水肥管理。抗病虫害强，管理比较粗放，田间管理的重点是肥水管理。采收期要确保充足的肥水供应，以达到优质丰产效果。出苗前后要小水勤浇保持畦面湿润，待苗长至2～3片真叶后根据生长情况追肥。一般追施速效氮肥1～2次，每次每亩随水冲施尿素5kg。以后每采收一次，每亩随水冲施尿素8kg或经腐熟的稀薄人粪尿2 000kg。因绿青葙种植密度大，需水量较大，特别是生长旺盛期正值高温，应注意经常浇水，保持土壤湿润不见白为度，雨天则应及时排水，防渍害败根。

（2）病虫害防治。在干旱、缺肥条件下绿青葙易得炭疽病，除加强水肥管理预防，在发病前或发现水渍状斑点时，用80%大生可湿性粉剂500倍或50%甲基硫菌灵·硫磺悬浮剂700倍液加75%百菌清可湿性粉剂700倍液交替轮换使用，7～10d一次，连续防治2～3次。偶尔可见病毒病，该病不很严重，可及时将病株拔除。虫害与菜地周边环境有关，生产过程中发现有草螟、斜纹夜蛾、蓟马为害。草螟可在其低龄时喷洒50%辛硫磷乳油1 500倍液防治，斜纹夜蛾可用10%除尽悬浮剂1 500倍、50亿PIB. mL^{-1}蛾尽Ⅱ号1 500倍液、20%米满悬浮剂1 000倍液等药剂交替轮换使用来防治。蓟马可用10%吡虫啉可湿性粉剂1 500倍液或5%辛硫磷乳油1 500倍液防治。

3. 采收

如果种子出苗率高，待植株长到10cm高时（约播后26d），可按3cm的密度间苗，间出的苗切除根基部后作为第一批产品直接上市。间苗后，浇一次薄薄的三元复合肥，待植株长到 15cm 高时可采摘绿青葙上部幼嫩部分上市，以后植株不断分枝，可陆续采摘其幼嫩部分上市，采收期 30～60d，每亩产量可达 1 500kg。

4. 留种

绿青葙为穗状花序，种穗的下部种子先成熟，应及时采收，不能待到整穗种子成熟时再采收；一般在花穗中下部种子成熟变成褐色时，剪取花头，晒干脱粒。

第四节　苦　　菜

图 13-4　苦菜

一、概述

苦菜［*Patrinia villosa*（Thunb.）Juss.］又名白花败酱、苦益菜、萌菜，属败酱科败酱属多年生草本植物。主要分布于我国华东、华中、华南及西南各地，日本也有生产。苦菜入药历史悠久，其辛散苦泄，性寒清鲜，兼有明目祛瘀、解毒良补之效。福建省农村地区很早就有食用苦菜的历史，随着人们生活和消费观念的变化，苦菜茎叶已成为大众化时兴蔬菜。据分析，每 100g 鲜嫩茎叶含 17 种氨基酸，总量达 14 995.69mg，含维生素 C42.65mg、B 族维生素 20.22mg、胡萝卜素 8.36mg、乙酸 75.8mg、苹果酸 92.77mg，同时富含铁、锌、铜、锰、钾、钙、镁等多种微量元素。苦菜富含蛋白质和多种维生素、生物碱、鞣质以及多种皂苷，其中败酱皂苷由齐墩果酸和鼠李糖、葡萄糖、阿拉伯糖、半乳糖、木糖等组成，药食兼用。苦菜风味独特，除鲜吃，经烘干脱水等工艺可制成苦菜干，一年四季均可享用。苦菜的食法主要是与猪肚、猪大肠煮汤。

二、生物学特性

1. 植物学特征

根系发达，地下茎细长，地上茎直立或半直立，茎圆柱形，长 50～100cm，有节，茎披粗毛，质脆易折断，断面中空。叶多皱缩，边缘有粗齿，密披细绒毛。伞房状圆锥花序，花萼不明显，花冠白色。茎叶挥发出臭味，味苦。苦菜有两个品种，一种茎颜色深，木栓化程度高，叶片细短；另一种茎较白嫩，叶片较长，生产上两种均有栽培。

2. 对环境的要求

苦菜适应性广，抗逆性强，且易栽培，耐热、耐寒但不耐高温，以 20～30℃生长最为适宜；喜湿不耐旱，以腐殖质丰富的壤土或沙壤土最佳，pH 以中酸性为适。耐阴，以林间坡地或背阴山垄田种植品质佳，阳光充足可提高产量。喜生于较湿润和稍阴的环境，较耐寒，通常生于海拔 50～2 000m 山地的溪沟边、山坡疏林下、林缘、路边、灌丛及草丛中。

三、栽培技术

1. 育苗及种植方法

（1）种苗准备。选择茎较白嫩、开白花苦菜品种，保留茎上部 20cm，剔除病弱老根，将簇生根茎瓣开，留带根茎做繁殖苗。

（2）整地施肥。选择排灌方便的中性壤土田。结合深耕整地，每亩施复合肥 50kg、腐熟有机肥 1 500kg 为基肥，然后细耙整平作畦，开好排水沟。畦面宽 1m，沟深宽 30cm×30cm。

（3）合理定植。种苗按 15cm×25cm 的规格进行栽植，每亩约植 10 000～13 000 株。栽植后浇 1 次透水，3d 后每亩喷施 50%丁草胺乳油 500 倍处理草芽。苗大封行后，当土壤有足够湿度、杂草生长旺盛时，每亩用 6.9%威霸水乳剂 50mL 兑水 25kg 对畦面进行均匀喷雾防除杂草。

2. 田间管理

（1）水肥管理。小苗成活后每亩用 48%三元进口复合肥 3kg加尿素 3kg 掺水施一次促苗肥。苦菜吸肥能力强，茎叶采摘后可视生长状况，结合疏松畦面，及时追施土杂肥和化肥。同时，需保持土壤湿润，天气干旱时，早晚应注意浇水，雨季要注意及时排水防涝渍，以促进植株正常生长。苦菜耐阴，阴凉湿润有利于枝蔓茎叶生长，反之生长受抑，所以每年 7—9 月畦面上应搭建简易遮阳棚，避免强光暴晒。一般棚高 1.5m，用竹木搭架，上覆盖塑料遮阳网，保持畦面通风透气，方便采收。苦菜生长旺盛，生长后期茎叶交叠，当植株枝条过密、过高及生长明显减弱时，不利于通风及田间操作，亦影响植株的生长，此时应将植株近基部的老化枝叶进行疏除更新，同时增施有机肥后培土一次。种植 1～2 年后需翻耕土壤，重新种植一次。

（2）病虫害防治。虫害主要以地老虎和斜纹夜蛾为主，叶片被取食后缺刻，物理防治可用杀虫灯来防治，化学方法可用 5%的阿维菌素苯甲酸盐微乳剂 750 倍液防治。病害主要有花叶病毒病，可用 1‰高锰酸钾和病毒 A 防治。

3. 采收

苦菜根系发达，分蘖力强，生长旺盛，茎尖生长快，主枝茎尖采摘后，能很快促进侧枝生长，一般新枝长至 5～6 节时就可以采收，生长旺盛期每 2～3d 就可采收一次。一年四季均可采收，年亩产可达 4 000kg。

第十四章　其他野特菜

第一节　番　杏

图 14-1　番杏

一、概述

番杏（*Tetragonia expansa* Murr.）别名新西兰菠菜、野菠菜、洋菠菜、白番苋，为番杏科番杏属一年生或多年生半蔓性草本植物。原产澳大利亚、东南亚及智利等地，亚洲、美洲、欧洲都有分布，主要在热带、温带栽培。1941年前后引入中国，由于早期栽培面积小、烹饪技术滞后，没有被民众所接受，因而逐渐变为野生。福建省农业科学院亚热带农业研究所1999年引种栽培并在当地开发成功，目前已有稳定的消费群体。

番杏含有多种维生素和金属盐，尤以维生素 C 含量较高，还含有番杏素、抗酵母菌素、经常食用有助于消除体内毒素，加速体内代谢物排出。常用作治疗消化道炎、面热目赤等症。番杏清脆爽口，食用方法多样，以凉拌为主，即将洗净番杏在开水中焯 1min 后捞起，沥干水分，用盘盛装，锅中热油爆香细蒜头或蒜茎叶碎，加入猪油、精盐、适量水等制成汤料，与盘中番杏拌食。

二、生物学特性

1. 植物学特征

番杏根系发达，入土深度达 25cm。茎圆形，初期直立生长，中后期匍匐生长，如不采摘，长达 1m 以上。叶互生，三角状卵形，上下表面均有腺状突起，每片叶的叶腋能抽生两条侧枝。花着生于叶腋，有四萼片，直径约 0.5cm，呈黄绿色，无花瓣，雄蕊几枚至十几枚，雌蕊 5～8 枚不等，子房下位。果实未成熟时绿色，成熟后黄色至褐色，坚硬，有棱角，种子千粒重 80～100g。

2. 对环境的要求

适应性强，具有耐高温、较耐低温、耐肥、不耐旱、怕涝的特点。湿润的气候条件有利其生长。种子最适宜发芽温度 20～28℃，低温条件下发芽缓慢。茎叶生长适宜的温度白天 20～30℃，夜间 11～18℃，温度超过 35℃植株生长缓慢或停止生长。高温、干旱、缺肥促进生殖生长。适宜在疏松、肥沃的壤土或沙壤土中生长。对光线要求不严，但夏天在遮光率超过 60% 的遮阳网覆盖下的大棚里生长不良。

三、栽培技术

1. 田园准备

选择排灌良好的壤土或沙壤土作为种植地，种植时间根据各地的气候条件定，南方地区于 8 月下旬将地翻晒，霜降前后每亩施入 2 500kg 左右的腐熟农家肥或食用菌下脚料，上面泼施 20kg 的尿素和 15kg 的复合肥水溶液。按南北朝向，畦高 20cm、宽 130cm（含沟宽 40cm）整畦待用。

2. 播种

将种子用始温 50～55℃ 的水浸泡 24h 左右，捞起保湿，待种子部分萌芽后播种。由于根系发达，番杏移栽易伤根，一般以直播为主，分穴播和撒播。穴播按 40cm×50cm 的株行距挖深 2cm、直径 10cm 左右的穴，然后靠近每穴边缘，按正方形四角放入 4 粒种子。盖上厚度为 1cm 的事先准备好的草木灰与细土的混合物。撒播每亩用种量 6kg，均匀播下，整畦覆盖厚度为 1cm 的事先准备好的草木灰与细土的混合物。播后均要保持土壤湿润，一般早晚各洒浇一次水。两种方法比较：穴播采收中期产量最高，从播种至采收需 45d 左右，总产量每亩可达 3 788kg。撒播前期产量最高，从播种至采收需 35d 左右，总产量每亩可达 4 500kg。建议用撒播法。

3. 田间管理

苗期需肥量少，穴播苗待真叶长出 3 片后每 7d 浇一次腐熟人粪尿，浓度可从 5% 逐渐递增，注意肥水不能浇到叶片上。撒播苗待真叶长出 3 片后可每 7d 轮换使用稀薄的尿素水溶液和三元复合肥水溶液洒浇。进入采收期后，每 7d 叶面喷施一次新保佳或 1% 的尿素和 0.5% 的磷酸二氢钾。水分管理以保持土壤湿润为宜，遇暴雨或连续阴雨天要注意及时排水。

番杏病虫害较少，很少喷施农药。偶尔发现病毒病，应立即将病株拔去。生长过程中要注意防治蚜虫，因为蚜虫会传播病害，一旦发现，可用 70% 吡虫啉水分散粒剂 800 倍液防治。生长后期若发现夜蛾类为害，可用 5% 卡死克可分散液剂 1 500 倍液或 2.5% 菜喜悬乳剂 1 000 倍液防治。若有跳甲类为害，则用 15% 乐斯本颗粒剂 1 200～1 500 倍液防治。

4. 采收

番杏长到 8cm 高时可将顶部的 2～3cm 枝条摘去，促发侧枝，之后长出侧枝即可采收。根据枝条的幼嫩程度，可采摘 5～10cm 长的嫩梢上市，采收过程中要注意留下萌发侧芽的茎叶。南方地区采摘期长达 7 个月。

5. 留种

到采收后期，由于外界气温高，番杏自然进入生殖生长，7月初即可采摘黄色至褐色种子，让其自然晾干即可；老熟果实易脱落，应分批采收，晒干后贮藏。由于种植番杏的地块自然落地种子多，在种上一茬短周期蔬菜（如蕹菜、小白菜等）后，8月可撒施一层2cm左右的农家肥，浅土耕翻，霜降前后保持土壤湿润，可再种植一年番杏，产量也相当可观。

第二节 冰 菜

图 14-2 冰菜

一、概述

冰菜（*Mesembryanthemum crystallinum* L.）又名冰叶日中花、非洲冰草，为番杏科日中花属一年生草本植物。原产非洲，亚洲西部和欧洲都有分布。近年，冰菜因口感好，含有对人体有益的多羟基化合物（松醇、芒柄醇和肌醇）、黄酮类化合物及天然植物盐、钙、钾等微量元素，被作为一种新兴的保健食材开始商业化种植。目前，日本和韩国有专门的冰菜培育研究机构，我国云南、山东及陕西等省有规模化种植，福建有小规模种植。由于冰菜富含肌醇、氨基酸、钠、钾、胡萝卜素等营养物质和抗酸化物质，经常食用能促进脂肪代谢，可预防脂肪肝、动脉硬化，也可以预防因血清素异常引起的忧郁症、恐慌症以及强迫症，还可以降低体内的胆固醇。分析表明，冰菜的营养成分大多集中在茎部和叶部。由于冰菜独特的外形与保健功效，在市场上很快得到了消费者的认可。冰菜最简单的食用方法是用来蘸酱吃，常见食用方法是凉拌。

二、生物学特性

1. 植物学特征

须根系，根系发达。茎圆柱形，半蔓生，初期直立型生长，后期匍匐生长，分枝力强，每个叶腋中都能长出侧枝，茎上着生有大量大型冰晶状、填充有液体的颗粒。叶片对生，形状略似菱形，全缘，肉质肥厚，呈浅绿色，叶片正面有大量点状液泡，叶片背面与茎上着生同样冰晶状颗粒。花单个顶生或腋生，直径约1cm，几无花梗；花瓣多数，瓣狭小，比萼片长，花白色，中心淡黄，花后分叉出枝，具有光泽，自春至秋陆续开放。蒴果肉质，星状4瓣裂，种子多数，千粒重0.28g。

2. 对环境的要求

耐旱及盐碱，喜日光，但不耐强光直射，可以在−5～30℃条件下生存，生长最适宜温度为10～25℃，低于5℃或高于30℃均会出现枯萎，且高于30℃茎叶上的冰晶状颗粒会不断减少，严重影响商品品质。适宜在排水条件良好和疏松透气的土壤环境下生长，水分过多或排水不畅会对冰菜造成严重影响，雨水过多地区不适宜栽培。通风干燥、光线充足有利其生长。耐盐碱，在含盐度达到35％的土壤中能够正常生长。

三、栽培技术

1. 育苗及种植方法

（1）育苗。初秋温度低于 28℃时开始播种繁殖。由于冰菜种子细小，露天直播不利发芽，需要温室育苗和假植。为防止日晒雨淋，育苗需在温室中进行，方法是在育苗盘内装 3~5cm 厚的育苗基质，播种前浇足底水。将种子与 5 倍左右干燥细沙土搅拌均匀撒播，撒播后在上面再覆盖薄薄一层基质，以刚好盖住种子为宜。播种量为 1g/m² 左右。夏季育苗温度不宜超过 30℃，有条件的可在人工气候箱或者空调房内进行，温度控制在 20~25℃，湿度约为60％。播种后 15d 左右，当有 2 对叶片时进行假植，用镊子将小苗从托盘上取出，移栽到 72 孔育苗穴盘中，刚移栽的小苗用遮阳网遮阴 2~3d。苗期不宜经常浇水，要见干见湿，否则容易发生猝倒病，并适当加强散射光照，假植后 7d、12d 各喷施甲霜恶霉灵 1 次预防猝倒病。假植后 30d 左右，待苗长到 3 对叶片时即可按株行距30cm×30cm 进行移栽。

（2）整地施肥。播种前将菜地深耕 20~30cm，施足基肥，每亩约施腐熟有机肥 2 000kg、复合肥 20kg。深耕后将地块做成1.2m 宽的高畦，畦间开排水沟 30cm 左右。

2. 田间管理

忌强光直射，30℃以上的晴天需要用遮阳网遮阴。温室栽培的冰菜长势和品质相对较好，叶色嫩绿、产量高、商品性好，室外栽培容易出现叶片褐色、老化、生长缓慢以及没有冰珠等问题。不喜水，移栽后浇透水，7d 后再次浇水，缓苗期一般每隔 5d 浇水；后期浇水应以见干见湿为原则，当土壤缺水、叶片略显萎蔫时浇水，每次浇水以浇透为宜。喜肥，要施足底肥，移栽后 40d 左右进入采收期，每采收一次需施一次三元复合肥，每亩施用量 15kg 左右。耐盐，电导值 2ms/cm 时仍长势良好。耐寒不耐高温，生长适宜温度为 15~25℃，30℃以上生长不良，冬季大棚栽培可以安全过冬。苗期温度控制在 20~25℃，采收期温度 20℃左右品质较好。当温度高时需用遮阳网遮阴降温，11 月中下旬，当白天温度低于 15℃、夜间温度低于 10℃时，需搭小棚保温，每天 16:00 左右盖上薄膜、次日 9:00 左右揭去薄膜，阴雨天可以不揭。在栽培过程中要防止叶片生长过旺过密造成通风不良而引发叶片腐烂，可适当摘除底部老叶。

病虫害较少，应以预防为主，尽量不要使用农药。注意控制湿度和日照，苗期主要防治猝倒病，湿度大时易发生茎基腐病。虫害主要有蚜虫、白飞虱、蛾类等。生产中应以病虫害预防为主，虫害以物理防治为主，通过搭建防虫网，悬挂黄、蓝粘虫板等进行防治。预防蓟马，可利用蓟马趋蓝色的习性，在田间设置蓝色粘板，诱杀成虫，粘板高度与植株持平。设施栽培注意勤通风除湿，以降低真菌性和细菌性病害的发病机会。

3. 采收

冰菜播种后 70d 左右即可进入采收期，采收要在上午温度较低时进行，以保证冰菜品质，下午采收会失水萎蔫。冰菜分枝性强，侧枝多，采收应结合整枝进行，待侧枝长约 10cm 时，选取生长密集处的侧枝，在自茎尖向下约 8cm 处用剪刀将侧枝剪断，保留下部叶芽继续生长。

采收后需对其进行预冷，以利于储藏和运输。冰菜在 5℃条件下保鲜期可持续 7d 左右。温度高时运输需要放在泡沫箱中，箱内垫层报纸并放入冰袋，冰袋数量根据运输距离与温度来定。

4. 留种

进入冬季，冰菜开始开花结果。冰菜花期长（30d 以上），花期植株长势弱、种子成熟慢，为了防止雨淋和暴晒造成植株死亡，留种需在温室内进行，最好采用盆栽方式，适当控制水分，肥水不宜过多施用，尽量少施。南方地区一般到 2 月种子即可成熟，此时将冰菜植株拔起置于竹匾内或油布上，晒干后用木棒将种子敲出，净化种子后晾晒 2d，密封包装并置于冰箱内保存。

第三节　紫背天葵

图 14-3　紫背天葵

一、概述

紫背天葵（*Gynura bicolor* DC）别名血皮菜、红凤菜、补血菜、观音菜、两色三七草等，为菊科土三七属多年生宿根草本植物。原产于我国四川、广东、广西、海南、福建、台湾等地，尤以四川、台湾栽培较多。据测定，每 100g 紫背天葵干物质中含钙 1.4 ～ 3.0g、磷 0.17 ～ 0.39g、铜 1.34 ～ 2.50mg、铁 20.97mg、锌 2.60～7.22mg、锰 4.77～14.87mg，鲜叶和嫩梢的维生素 C 含量较高，还含有黄酮苷，能延长维生素 C 的寿命，减少血管紫癜，提高抗寄生虫和抗病毒的能力，并对肿瘤有一定抗效。紫背天葵还有治咳血、血崩、痛经、血气亏、支气管炎、盆腔炎、中暑和外用创伤止血等功效，是一种集营养保健价值与特殊风味为一体的野特菜，备受消费者青睐。食用部分为嫩茎及叶，可以凉拌、爆炒、做汤，与肉类炒食具有茼蒿的清香，口感脆嫩。

二、生物学特性

1. 植物学特征

株高 50～100cm，全株肉质。根粗壮，主根不发达，侧根多，主要根群分布在 30cm 左右的土层中。茎直立，近圆形，肉质，较粗壮，带紫色，分枝性强，上有细毛，易抽生腋芽，并不长成新枝，分枝与茎约呈 40°角伸展。叶片互生，倒卵形或倒披针形，顶端尖，叶具柄或近无柄，长 6～15cm，宽 2～5cm，叶缘有锯齿，叶面绿色，叶背紫红色，表面有蜡质光泽。头状花序多数直径 10mm，在茎、枝端疏伞房状排列，深秋季节开花，花瓣黄色，筒状，两性花。果实为瘦果。栽培上很少开花结籽，生产上多采用无性繁殖。

2. 对环境的要求

喜温暖、潮湿环境，具有抗逆性强、耐旱、耐热、耐瘠薄的特性，也较耐阴。栽培容易，在气温 20～25℃、肥水和阳光充足的条件下，生长迅速，枝叶旺盛，产量高。能耐 3～5℃低温，但遇霜冻会冻伤或枯死。

种子在 3～5℃ 条件下可缓慢发芽，20～25℃ 时发芽最快，30℃ 以上不利发芽。茎叶生长最适宜日间温度 18～20℃、夜间温度 8～10℃，但能耐 -4℃ 的低温，生长期间能经受短暂的霜冻，温度回升后仍可正常生长。也较耐高温，在 30～35℃ 条件下也能生长，但叶片纤维增多，质地变硬，品质降低。属长日照作物，具有一定大小的营养体，在较低温度条件下完成春化阶段并在长日照条件下开花结实。在营养生长期间（未完成春化阶段以前）较长日照和较强的光照有利于生长；但在产品形成期间，要求较弱的光照，强光照射会使叶片老化，风味变差。喜湿润，但在幼苗期和莲座期能忍耐一定的干旱，而在产品形成期则要求较充足的土壤水分和较湿润的空气条件，在土壤相对湿度 75%～80%，空气相对湿度 80%～90% 条件下，生长良好，产量高，品质佳；土壤水分不足会严重影响叶片生长，产量将明显降低。对土壤的适应性较广，适宜中性或微酸性的土壤，不宜在低洼易涝的地块种植，富含有机质的壤土栽培有利于提高产量和品质。喜肥，采收期长、需肥量多，须满足其对氮素肥料的要求，并配施磷、钾肥和微量元素。

三、栽培技术

1. 育苗及种植方法

紫背天葵生产上通常采用扦插繁殖，南方地区周年均可进行，但以春、秋两季扦插生根快、品质佳。

（1）扦插育苗。从健壮的母株上取成熟枝条作插条，选择生长充实节段，每段长度 8～10cm，摘去茎基部 1～2 叶后，斜插于苗床，苗床可用壤土或细沙做成，插条入土约 2/3，扦插株距 8～10cm，经常浇水保湿，春秋季节 15d 左右、冬季 25～30d 成活，成活后即可带土移栽至大田。

（2）定植。一般选择排水条件好、有机质丰富、保水保肥能力强、通气性好的沙壤土栽培，有利高产丰产。生长期、采收期长，需肥量大，须注重施用腐熟后的农家肥作基肥，每亩约 4 000kg，并加适量磷、钾肥，深翻土地后经充分晒干，整成宽 1.0～1.2m 的高畦。种植密度根据地力而定，一般株距为 25～30cm，行距 30cm，每亩植 5 000～6 000 株，植后及时浇水保湿。

2. 田间管理

（1）水肥管理。紫背天葵为需肥力高的植物，栽培过程中每采收一次施肥一次；施肥以有机肥为主、无机肥为辅结合中耕除草进行，第一次施 1/10 清稀的清粪水（或沼气水），第二次施清粪水加少量 1% 尿素，第三次施较浓的清粪水并增加 2% 的三元复合肥。

（2）中耕除草。第一次用锄头松土、用手拔除行内杂草。第二次浅锄行间杂草，用手拔除行内杂草。第三次除草于封垄后进行，只能用手拔除行内外杂草，禁止运用锄头锄草，以免伤根。

（3）灌溉和排水。出苗初期需水较多，遇到干旱，要即时浇水，缺乏水分不利生长。喜阴凉湿润环境，但怕涝，遇到梅雨季节，要及时排出多余水分，防止因雨水过多而产生病害，导致植株根系腐烂。

（4）打顶、摘薹。9月底10月初，如未及时采收，就会抽薹开花，这时应摘除花薹和花蕾。

（5）病虫害防治。病害主要为根腐病。以农业综合防治为主，具体方法是：轮作倒茬2年以上，以蔬菜栽种为主；伏耕晒垄30d以上，消灭病源，耕作中尽可能消灭地下害虫和杂草；改良土壤，增加不含病原菌、有害微生物、虫卵等的有机肥料使用量；培育壮苗，加强田间管理，提高抗病能力。

化学防治应选用低毒、低残留、高效化学农药，具体方法是合理密植，注意田间排水，扦插时采用25%多菌灵可湿性粉200倍液浸种10min，发病期使用50%多菌灵可湿性粉800～1 000倍液或5%井冈霉素水剂500～800倍液防治。

主要虫害为红蜘蛛、蚜虫、斜纹夜蛾等。红蜘蛛主要为害植株的基部和细嫩部位，造成植株生长不良。蚜虫集中于植株细嫩部位的叶背为害，吸食叶的汁液，使叶变厚、卷缩，造成植株生长不良。斜纹夜蛾主要取食植株叶片。防治红蜘蛛，使用石灰水或0.2～0.3波美度的石硫合剂浇灌发生虫害的植株基部，也可用三氟氯氰菊酯（功夫）2 000～3 000倍液毒杀。防治蚜虫，可利用蚜虫的趋色性，在菜园中悬挂黄色粘虫板诱杀，也可用3%啶虫脒1 000～1 500倍液进行化学防治。斜纹夜蛾防治，可用杀虫灯诱杀，也可用生物制剂如核型多角体病毒、苏云金芽孢杆菌（Bt）防治，每个季度最多使用一次。

3. 采收

采收定植后25～30d即可采收，冬季约需40d左右，采收标准是摘取长15cm左右、具有5～6片叶的嫩梢作为产品，茎部留2～3节叶，以利新梢抽出，在福建福州地区每年4—6月和8—9月为采收盛期，一般每15d可采收一次，每次每亩产量400～500kg，其他季节一般每30d采收一次，全年产量在4 000kg以上。

4. 留种

一般采用扦插繁殖，但也可留种，留种在冬季进行，种子细小，产量低，成本高，生产上不建议留种繁殖。

第四节　土　人　参

图 14-4　土人参

一、概述

土人参〔*Talinum paniculatum*（Jacq.）Gaertn.〕别名假人参、参仔草（叶）、台湾野参、土高丽参、东洋参、土人参等，为马齿苋科土人参属多年生宿根草本植物。原产热带美洲，1915 年前后引入我国台湾，现在台湾广泛种植，四川、重庆、云南、贵州、福建、广东均有栽培。土人参风味独特，营养丰富，据测定，每 100g 土人参产品含水分 92.6g、灰分 1.32g、粗蛋白 1.6g、粗脂肪 2.2g、粗纤维 2.9g、胡萝卜素 3.34g、维生素 C8.7mg、烟碱酸 0.2g、磷 2.75mg、钙 61.6mg、铁 4.22mg、钾 330mg、钠 17.4mg、锌 0.33mg、镁 84.2mg。相关研究分析得出，土人参根、茎和叶的营养成分均较为全面。其嫩茎叶作蔬菜，可凉拌、炒食，也可做汤或涮食，口感柔滑，清淡爽口；肉质富含淀粉和糖分，供食用时可与排骨、鸡等炖煮。土人参有清热解毒、补中益气、畅通乳汁等功效，对痰多久咳、劳伤等有一定疗效，是一种天然的药、食兼用野特菜。食用方法主要有蚝油姜丝土人参、姜丝蒜茸土人参、土人参排骨汤、凉拌土人参根、土人参根炖排骨。

二、生物学特性

1. 植物学特征

株高可达 30～70cm，根肥大、肉质、似人参。茎直立或半卧，肉质，断面圆形（花茎三角形）。叶倒卵形，肉质，多汁，全缘，先端内凹，叶面光滑，互生或近对生，常集生于枝端，长 5.0～11.5cm，宽 2.5～6.0cm。长年均可开花，为聚伞圆锥花序，多呈二叉状分枝，小枝和花梗基部有苞片，直径约 6mm，萼片 2 片，卵圆形，早落，顶生，花小，两性花，粉红色，花瓣 5 片，倒卵形或椭圆形，淡红色或淡红紫色，长 6～12cm。雄蕊 120 枚。子房上位，圆球形，1 室，柱头 3 深裂。蒴果，椭圆球形至圆球形，3 瓣裂，每果含 15～24 粒种子，种子小，扁圆球形至肾形，黑色，光亮，千粒重 0.15～0.30g。

2. 对环境的要求

喜温暖湿润环境，较抗热、耐湿，在炎热高温季节也能良好生长，适宜温度 25～30℃，15℃ 以下生长缓慢，不耐霜冻，对土壤适应性较强，一般土壤均能栽培，尤以肥沃的沙壤土生长最好。属喜光作物，在强光、长日照下，茎叶生长快，叶片厚、多汁，在半荫蔽条件下也能良好生长，但叶片变薄；大部分品种对日照长短较敏感，在短日照下植株长得较矮。在有覆盖的条件下能终年生产。在寒冷、干旱或营养不足时会提早开花结实。

三、栽培技术

1. 育苗移栽

（1）育苗。主要采用种子繁殖，也可采用扦插或分株繁殖。土人参茎为肉质茎，在扦插育苗时，一般要选择已经充分老壮的枝条，插条长约 10cm，入土深度为 5cm。苗床尽量选择新土或经消毒的营养土。苗床消毒可用 40%五氯硝基苯、50%多菌灵可湿性粉 800～1 000 倍液淋施，同时添加 90%敌百虫晶体 500～800 倍液浇灌或拌土，以防害虫，然后整畦。土人参在生长季节均能扦插，但以 3 月下旬至 10 月中下旬最适。夏天育苗宜选择阴凉地段作苗床，或加盖遮阳网降温；冬天育苗则应选择避风温暖处，加盖小拱棚保温，以利提高成活率。一般扦插后 7d 便能成活生根，10d 左右应薄施粪水或复合肥水壮苗，15～20d 即可移植到大田。

应把育苗床土块尽量打碎整平，以利种子萌发和幼苗生长。土人参可采用条播和撒播两种方式，条播每亩直用种量 100～150g，0.9m 的畦面开沟 3 条，行距 30cm 育苗；另一种方法是撒播，用种量 300g。播种时可用 30～40℃的温水浸种 2d，其间去除浮在水面上的瘪粒种子，捞起后与 3～5 倍的干细泥土或细沙拌匀，直接撒播在浇透水的育苗床上，然后在种子上盖一层 0.5～1.0cm 厚的沙土或细土并覆膜，做好保水保墒。土人参种子细小，壳厚而硬，一般未经处理的种子需 20～25d 才能出芽。在寒冬或早春育苗，外界气温低，种子发芽困难，通过催芽和采用地膜覆盖来提供适宜的温度和水分条件，播种后 7～10d 即可出土。由于土人参种子很小，忌土面板结，故应选用结构良好的沙壤土，若土壤黏性大，则宜施有机肥、沙、炉渣等加以改良。夏季育苗要求床土富含有机质、疏松肥沃。苗床可覆盖遮阳网或碎草，防止土壤板结。播种时种子掺沙播于精细整平的苗床，并覆盖遮阳网或搭防雨篷，以免雨水或淋水冲走种子。

（2）定植。当土人参长出 5～6 片叶时即可移植，尽量选择在雨后、阴天或晴天傍晚定植，定植后注意保湿。定植株距一般25～30cm，行距 30～40cm，亩植 5 000～6 000 株，株行距大小与收获方法、采摘周期有关。土人参根系分布浅，宜选择肥沃、保水保肥力较好的疏松沙壤土栽培。定植前深耕晒垡，亩施农家肥 1 000～1 500kg。

2. 田间管理

（1）肥水管理。定植后要及时除草松土。以后每隔 7～10d 追施肥水一次，以氮肥为主。要经常保持土壤湿润，以利茎叶迅速生长和保持产品鲜嫩。田间杂草要及时清除，如土壤不板结，用手将杂草拔除即可；如土壤板结，则须进行浅耕，浅耕深度以 3～4cm 为宜。

土人参营养生长期较短，主枝具 12～16 片叶时开始抽薹，侧枝具 8～12 片叶时开始抽薹，在营养供应不足或干旱时尤为明显，故在种植时即可施定根肥或种植前施送嫁肥，施肥以氮为主，配施磷钾肥。如果土壤肥力贫瘠，应多施堆肥、厩肥等农家粪肥。种植后每 7d 可追速效肥 1 次，一般每采收一次追肥 1 次，亩施复合肥 15～20kg 或淋施腐熟的人畜粪水。

土人参喜湿润，保持湿润的土壤有利于提高品质和产量。在夏、秋季，蒸腾作用强，水分消耗大，应注意浇水，保持土壤湿润；同时，防止土壤积水，以免烂根。

（2）中耕培土。早春气温较低，中耕可提高地温，使移植的幼苗迅速发棵。在高温季节，中耕可保肥蓄水。定植后追施第一次肥时，结合中耕，以后可在采收后结合追肥进行。土人参采收期长，夏季易受雨水冲刷，一般每个月培土 1 次。

（3）整枝与摘花序。土人参营养生长期短，极易抽薹开花。在植株成活后，主枝花薹木质化前摘除花薹，可促使侧芽萌发。当侧枝再分化二级分枝时可视植株生长状况去除花序或采收部分产品。在生长过程中，应控制植株的生长状况，促进新梢粗壮和叶片肥嫩。在连续采收一段时间后，植株形态发生变化，有些枝条老化，萌发新梢能力减弱，需通过整枝和增施有机肥，以促进生长。

（4）越冬管理。土人参性喜温暖，在我国南方 11 月后生长缓慢，此时宜加塑料薄膜覆盖保温，去除老枝、弱枝、病枝，结合中耕培土，压肥保墒，既可使其顺利越冬，又有助于翌年早春萌发提前上市，但生产上一般一年种一次，很少进行多年生栽培。

（5）病虫害防治。土人参抗性强，较少受病虫危害。主要虫害有地老虎、斜纹夜蛾等，可用 80% 敌敌畏乳油 1 000 倍液、20% 灭扫利乳油 1 000 倍液、20% 速灭杀丁乳油 2 000 倍液、苏云金芽孢杆菌（Bt）8 000 水剂 500～1 000 倍液等喷雾防治。幼苗或成株在高湿或水浸条件下，根系会出现腐烂现象，一般清除病株后补种即可。

3. 采收

定植后 20～30d、株高约 15cm、具 5～6 片叶时，即可采收，以后每隔 4～15d 采收一次，可连续采收。采收标准以茎梢脆嫩为度，以嫩梢 15～20cm 长时采收品质较好，一般用手可折断为佳。采收时注意留下基部 2～3 叶，利于新梢抽生。及时摘除花穗有利茎叶生长，否则影响产量及品质。采用大棚栽培，可四季采收鲜菜。土人参以采收嫩茎叶为主，及时采摘产品是获得优质高产的关键。一般直播苗 45d 左右可采收，移植苗在 22d 后可陆续采收。南方地区可从 3 月采收至 10 月下旬，每年亩产 3 000kg 以上。11 月以后生长缓慢，极易开花，这时可采收优质地下茎上市，一般每亩可采收优质地下茎 50kg 左右。

4. 留种

留种地要求为有机质含量较高的田地，可利用边角地种植，株高约 20cm 时采摘顶芽促发侧枝，适当控水，注意施肥，使植株不因缺肥而变黄。土人参同一花轴上种子成熟不一致，成熟种子黑色，蒴果易爆裂，应及时分期采收。

第五节　一　点　红

图 14-5　一点红

一、概述

一点红 [*Emilia sonchifolia*（L.）DC] 又名叶下红、红背叶、红叶草、红花草、羊蹄草、红背果、石青红等，为菊科一点红属一年生或多年生草本植物。在我国华南、华东、华中、西南等地均有野生种分布。近年来，我国南方一些地方已开始进行人工栽培。一点红富含生物碱、黄酮类、三萜类、酚类等物质，性平，味苦微辛，具有凉血解毒、活血散瘀、利水消肿之功效，是我国民间常用中草药之一，可用于治疗感冒、咽喉肿痛、肠炎、泌尿系统感染等症。其食用部位嫩茎叶富含粗蛋白、粗纤维、维生素 C 等营养成分，食法多样，可炒食，也可作汤或火锅用菜，清香爽口，风味独特，具有类似茼蒿的香味。目前已被开发成名优野菜推上餐桌，并逐步受到消费者青睐。

二、生物学特性

1. 植物学特征

株高 10～40cm，根系浅，侧根多。茎直立或近直立，浅绿色，分枝多。耳叶稍肉质，生于下部的叶卵形，琴状分裂或锯齿状，长 5～10cm，上部叶细小，全缘，无柄，抱茎生，叶面灰绿色，叶背常为紫红色。全株含有白色乳汁。四季开紫红色花，头状花序，有长柄，总苞呈圆柱形。瘦果，冠毛白色，种子千粒重 0.4～0.6g。

2. 对环境的要求

喜温暖、阴凉、潮湿环境，适宜生长温度为 20～32℃，较耐旱、耐瘠，能于干燥的荒坡上生长，不耐渍，忌土壤板结。

三、栽培技术

1. 育苗及种植

（1）播种。选用新鲜、饱满的种子。播种前先把地整细、整实、整平，浇透水，待土略干后进行撒播，每亩用种 500g，播种后盖上一层薄薄的细沙土，注意不能盖得太厚，且经常保持苗床湿润，否则影响出苗。有条件的最好进行温室育苗。

（2）定植。选择排水良好的沙壤土进行定植，定植前 3～6d 每亩施入 2 500kg 腐熟厩肥，并按 3∶1 的比例施入尿素和三元复合肥共 10kg 作为基肥，整地为高 20cm、宽 90cm 的畦面和 30cm 宽的畦沟。移苗前 2h，将小苗浇透起苗水，起苗时尽量多带些土，然后按 20cm×20cm 的株行距进行种植。定植后马上浇定根水。

2. 田间管理

定植后需隔 20～30d 才可采摘，其间要注意防止草荒和土壤板结。在生长过程中，应使土壤见干见湿，湿时土壤不超过 60% 的含水量。采摘后按 3∶1 的比例施入浓度 0.5% 的尿素和三元复合肥，并经常松土，发现开花便即时摘除。病虫害较少，为害较多的虫害只有蚜虫，一旦发现，每亩用 10% 吡虫啉一遍净乳油 40g 兑水 60kg 防治，或用 3% 啶虫脒乳油 2 000 倍液，或 1.8% 阿维菌素乳油 3 000 倍液，或 20% 噻虫胺悬浮剂 2 000 倍液防治，每 5～7d 喷施 1 次，交替用药 2～3 次。为害较多的病害有锈病，发现后用的 25% 三唑酮乳油 1 500 倍液防治即可。忌积水，遇上雨天，一定要及时把水排掉，否则大大影响产量。

3. 采收

一般株幅直径达到 15cm 后即可开始采收嫩茎叶上市，若环境适宜，每 4d 即可采摘一次，每亩单季产量可达 1 500kg，采收期长达 4 个月。

4. 留种

生长期间均能开花结实，采种时可将一点红的花盘摘下，放在室内存放后熟 1d，待花盘全部散开，再阴干 1～2d 至种子半干时，用手搓掉种子尖端的绒毛，去除绒毛和杂质，然后将种子置于太阳下晾晒 1d，晒干备用。

第六节 豌 豆 苗

一、概述

豌豆苗，即豆科蝶形花亚科豌豆属中豌豆（*Pisum sativum* L.）的幼苗，又称龙须菜、豌豆尖、荷兰豆苗、龙须苗，是以豌豆幼嫩茎叶、嫩梢食用的一种绿叶菜。原产地中海沿岸及亚洲西部，当前国内几乎每省均有种植，以四川种植面积较大。豌豆苗营养丰富，含粗蛋白 4.4%、粗脂肪 4.7%，还含人体必需的 17 种氨基酸。其味鲜美清香、质柔嫩、滑润适口，可以用来热炒、

图 14-6 豌豆苗

做汤、涮锅，近年备受广大消费者的青睐。

二、生物学特性

1. 植物学特征

豌豆为一年生缠绕草本，高 90～180cm。植株绿色，主蔓上有一层淡淡的粉霜。叶片对生，长圆形、心形、扁圆形、椭圆形等，叶片长度 2～5cm，叶片宽度 1～3cm。果荚为长扁形，果实长 5～10cm，宽 1.0～1.5cm，内部有坚固的纤维层，果实的表皮外有比较细小的毛，长度 2～3cm，每个果实内含种子 2～15 粒，种粒的多少和品种有关，果实成熟后可以烹饪食用。

2. 对环境的要求

豌豆苗属长日照耐寒性作物，其生长过程中喜凉爽而湿润的气候，种子发芽最适温度为 18～20℃，茎叶生长最适温度为 15～

18℃。能耐 5℃低温，当温度高于 25℃时，种子发芽速度加快，但幼苗长势弱，植株易早衰；若温度低于播种适宜温度，种子发芽及植株生长缓慢，不利于获取高产。

豌豆苗对土壤要求不严，在新垦地上也可栽植，以透气性好、含有机质较高的中性（pH 6.0～7.0）土壤有利豌豆出苗和根瘤菌的生长，从而获得优质高产；当土壤 pH 低于 5.5 时，豌豆苗易发生病害。豌豆苗根系深，稍耐旱而不耐湿，生长期排水不良易烂根，因此在低洼地应高畦栽培。

三、栽培技术

1. 育苗及种植方法

（1）品种的选择。生产上应注意选择茎叶肥嫩、纤维少、生长旺盛、无卷须或卷须不发达的品种，种子质量要求颗粒大、无病虫、无破损、籽粒饱满、发芽率高。目前生产上使用较多的豌豆苗专用品种主要有翠玉、丰优 1 号（无须）、德华。"翠玉"为福州金苗种业有限公司从美国进口的豌豆苗专用品种，早熟，无须或卷须不发达，生长速度快，耐热耐寒性中等，苗菜嫩绿，多次采收不易变老，抗病能力强。"丰优 1 号"为成都仲衍种业有限公司选育的豌豆苗专用品种，早熟，无须，叶片肥厚，纤维含量少，幼苗嫩尖粗壮，叶色深绿，主蔓采收后萌芽能力强，侧枝生长快而粗壮，采收期长，商品性极佳，产量比普通豌豆苗高 30％左右，适宜秋季种植，保护地栽培可提早上市。"德华"为香港德华蔬菜种子有限公司选育的豌豆苗专用品种，无须，植株紧凑，茎秆粗壮，叶片厚嫩，蛋白质、维生素含量高，口感甜而清香，抗病、抗逆性强，适应性广。可作为豌豆苗生产的其他品种有饶平豌豆、中豌 4 号、60 豌豆、无须豌豆、重庆肥仔三号等，其中饶平豌豆、中豌 4 号产量高、抗性强、早开花，适合南方地区生产；604 豌豆抗性强，迟开花，适合延迟栽培；无须豌豆采收中前期产量高。

（2）整地播种。选择晴天将地块翻晒 7d 以上，在种植前 3d 平地开沟整畦，整畦前在畦面上每亩施腐熟的有机肥（如堆渣肥等）

500kg 左右、过磷酸钙 25kg、硫酸钾 8kg，然后将肥和土稍加混拌整理成 1.2m 宽（含沟）的平畦。豌豆苗适宜直播，一般采用条播或撒播方式，并适当密植。条播按行距 15cm 开沟，沟宽 10cm 左右、深 5～8cm，每畦种植 3 行，在沟中亩施三元复合肥 20kg，浇透水，待水略干后在沟中按 5cm 左右的株距下粒，每亩用种量约 4kg，播好后可在种子上面撒一层草木灰，然后盖土，盖土厚度以填满沟为宜。撒播用同样方法，每亩用种量 10～12kg，播种后盖疏松泥土 3～4cm。两种方法播后均要用有效成分含量为 900g/L 的乙草胺 40～50mL 兑水 30～40kg 进行地面封杀防除杂草，喷药时应做到不漏、不重，以喷湿地面为宜。

2. 田间管理

（1）水肥管理。豌豆苗出苗前忌浇水，过湿易烂种，雨后及时排涝，防止田间湿度过大诱发病害。追肥以速效氮肥为主，齐苗后每亩用稀释 10 倍的腐熟人畜粪 250～300kg、尿素 2kg 浇施，以后视土壤干湿情况浇施清水，保持土壤湿润，以促进豌豆苗嫩梢部肥大，提高产量。一般 10d 左右浇一次，雨天和晴天适当调整，每次浇水量不宜过大，采用小水勤浇法，防止土壤过干过湿，每采收 2～3 次后随水追肥 1 次，主要以氮肥为主，每亩追施尿素 10～15kg，并浇足水。春秋季节保护地生产需盖遮阳网降温，棚内温度宜保持在 18～24℃，以利苗菜茎秆粗壮、口感细嫩。

在南方，豌豆苗一般采用露地栽培方式。北方地区可采用露地和保护地生产两种方式，在温室内种植采收期较长，单季产量高。无论是南方还是北方，夏季 6—8 月气温偏高，自然条件下不适于生产。

（2）病虫害防治。豌豆苗病虫害较少，栽培上应采用综合防治措施，以防为主。首先应选用抗病品种，与非豆科作物实行 2～3 年轮作，清洁菜园，减小病虫源基数，做好土壤和种子消毒工作。生长期间主要病害有白粉病、根腐病等，主要虫害有蚜虫和潜叶蝇。白粉病多发生在生长中后期，喷药预防应在植株采收前 10d 进行，每亩喷 15% 三唑酮可湿性粉剂 1 500～2 000 倍液，或 10% 的苯醚甲环唑水分散颗粒剂 2 500～3 000 倍液，或 50％硫磺悬浮剂 600 倍液防治。根腐病用 77％氢氧化铜（可杀得）可湿性粉剂 500 倍液，或 50％多菌灵可湿性粉剂 1 000 倍液，或 70％代森锰锌可湿性粉剂 1 000 倍液灌根防治。蚜虫为害常致叶片卷缩变黄，使嫩梢失去商品价值，同时又易传播病毒病，使新叶黄化变小、皱缩卷曲，植株矮小枯死，应重点防治，可用含 25％噻虫嗪的阿克泰水分散粒剂 13 000 倍液或 3％的啶虫脒 1 000 倍液轮流喷施。潜叶蝇又称鬼画弧，潜于叶膜下或茎秆中，致使植株水分和养分运输受阻、光合作用降低，可用 4.5％高效氯氰菊酯乳油 2 000 倍液，或 1.8％齐螨素（阿维菌素）乳油 2 000 倍液进行喷雾防治，保护地栽培可以采用防虫网封闭和悬挂黄板诱杀的方法进行物理防治。

3. 采收

目前主要靠人工采摘，正常情况下每人每小时可采摘 3 000～3 500g。当幼苗长到 7～8 片叶时开始采收植株上部嫩梢，在气候条件合适时豌豆苗生长迅速，应及时采收，防止老化。温度适宜时长速快，4d 就可采收；温度低时，15d 左右可采收分枝嫩梢。豌豆苗脆嫩、易老化、不耐储运，采收时菜苗不能过湿，最好以订单形式有计划生产。每次采收后根据地力情况适当追肥，每亩追施尿素 10～15kg，并浇足水。

4. 留种

根据豌豆苗花色、荚形和坐荚位，选择种性纯正、生长健壮、分枝多的豌豆植株作留种母株。株选后，选植株中间形状规则的豆荚作"种荚"，其他种荚摘除。当豌豆开花结荚时，每亩应追施三元复合肥 30kg，以供豌豆果荚成熟期的养分要求。当藤蔓高 20～30cm 时在畦面设立支柱，拉好绳索以防植株倒伏；在冬季时用稻草覆盖植株保温防冻，当选育的豌豆种荚变硬、颜色变黄时，选择晴天将整株留种豌豆拔起晾晒，待种荚晒干，脱粒扬净后置于阴凉通风处贮藏。收种时要密切掌握天气情况，在早上露水未干时进行（阴天可整天收获），抢晴收获。

第七节 少花龙葵

图 14-7 少花龙葵

一、概述

少花龙葵（*Solanum Photeinocarpum* Nakamura et S. Odashima）别名白花菜、古钮草、扣子草、苦凉菜、野辣椒等，为茄科茄属一年生直立分枝的草本叶菜。主要分布在广东、广西、海南、贵州、福建、台湾等地，多生长在果园、田边、村边路旁等地，群众素有采食习惯，特别是在炎热夏季叶菜类缺乏时更为常见。其嫩梢茎叶可做汤、可炒食、可凉拌，味道甘香、嫩滑可口，深受群众欢迎。少花龙葵在华南地区是一种重要的药用植物，味苦甘，性寒，具有清热解毒，化痰止咳，利水消肿之功效，常用作治疗痢疾、高血压、扁桃体炎、肺热咳嗽、牙龈出血、眼疾及呼吸道疾病等，其根、茎、叶皆可药用。果实还可提取褐、蓝色染料，是提取红色素的原料之一。

嫩茎叶具有很高的营养价值。据测定，每 100g 少花龙葵鲜叶含有水分 87g、碳水化合物 5g、蛋白质 4.3g、脂肪 0.8g、可溶性总糖 0.46g、钙 442mg、磷 75mg、铁 1mg、胡萝卜素 0.93mg、维

生素 B_2 0.12mg、维生素 C137mg 等。少花龙葵具有营养价值高、口味独特、药食两用等特性，而且在生长期病虫害极少，基本不用喷施农药，是一种非常适宜开发利用的药食两用野生蔬菜，目前已有人工栽培。

二、生物学特性

1. 植物学特征

株高 80～100cm，直立。根系发达，细根多，耐旱。茎圆、光滑，绿色或淡紫色无毛。侧芽萌发力强，主茎高约 20cm 时即按叉状分枝形式萌发新芽。叶片卵形或长椭圆形，先端渐尖，基部楔形，叶薄近全缘，单叶互生，叶柄纤细，两面具疏柔毛。花为两性花，常异花授粉，伞形花序，腋外生，白色。果实为浆果，圆球形，皮光滑，果实成熟后呈紫黑色，果汁紫红色，熟果易自行脱落。种子细小，黄褐色，单果含种子 50 粒以上。

2. 对环境的要求

性喜温暖湿润、光照充足，不耐霜冻。生长适温 22～30℃，开花结实期适温 15～20℃，种子无休眠性。对土壤要求不严，在有机质丰富、保水保肥力强的壤土中生长良好，在缺乏有机质、透气性差的黏质土生长根系发育不良，植株长势差，商品性差。适宜的土壤 pH 为 5.5～6.5。

三、栽培技术

1. 育苗及种植方法

（1）育苗。选择肥沃、疏松、富含有机质、前茬未种过茄果类蔬菜的黏质土作苗床，苗床宽 1.5m、高 20cm。每亩施 1 000kg 有机肥作基肥。气温在 15℃ 左右时即可播种，一般以 3—11 月播种为宜。播种前苗床浇 1 次透水，将种子掺细沙拌均匀，进行撒播，播种后覆土 0.5cm 厚，然后在畦面上覆盖稻草或麦秆，以保持土壤湿润、利于出苗，5～7d 出苗后揭去稻草或麦秆。冬春季要在小拱棚内育苗，夏秋季可在小拱棚上覆盖遮阳网育苗。种子发芽出土后淋水动作要轻，以免伤到细嫩幼苗，当幼苗有 3～4 片真叶时进行间苗除草。

（2）整地。选择肥沃、疏松、富含有机质的黏质土，按畦宽 1.5m（含沟）作畦，每亩施入优质有机肥 3 000kg、过磷酸钙 50kg。

（3）种植。当幼苗长出 5～6 片叶时进行移栽，常规种植株行距为 30cm×40cm，亦可按株行距 20cm×20cm 进行密植。定植后浇足定根水，以确保幼苗成活。

2. 田间管理

（1）适时摘心打顶。当植株长到 8～10 节时，需进行摘心打顶，促进侧芽生长。当侧芽长到 20cm 时，可将侧芽沿 15cm 处采收，留下 5cm 带 2～3 个节间以促萌发新枝梢，不断采摘嫩梢上市。采收盛期冬春季可有 3 个多月，夏秋季有 2 个多月，直至开花为止。

（2）合理追肥。为保证植株嫩梢鲜嫩，并不断萌发新芽形成商品嫩梢，每次采收后都要进行追肥，每次每亩兑水浇施尿素 10kg、高效复合肥 15kg。植株生长进入中期后，每隔 7～10d 叶面喷施 1 次奥普尔 600 倍液，或 0.2%～0.3%磷酸二氢钾溶液，以促进植株的生长发育，增强植株的抗病能力，提高产品品质。

（3）病虫害防治。少花龙葵抗病性强，基本上没病害，虫害主要有蚜虫、28 星瓢虫、螟虫。蚜虫可用 3%啶虫脒（莫比朗）乳油 2 000 倍液防治，28 星瓢虫可用甲氨基阿维菌素苯甲酸盐（5%乳油）6 000 倍液防治，螟虫可选用苏云金芽孢杆菌（Bt）可湿性粉剂、甲氨基阿维菌素苯甲酸盐（甲维盐）乳油 8 000 倍液、20%氰戊菊酯 3 000 倍液等农药交替轮换防治。

3. 采收

播种后 60～70d、株高 30cm 以上时，即可采收嫩茎叶。每次采收后，留下嫩梢基部 5cm 带 2～3 个节间，促进新梢生长。一般每 15d 可采收 1 次，直至开花为止。

4. 留种

如用于采种，宜按 30cm×40cm 株行距栽培，不采收主茎，多施氮肥，以促进植株健壮，果多，种子饱满。开花后 40d，果皮由绿转为紫黑色时，即可采收。采收后将浆果弄烂，种子搓洗干净、晒干，置于阴凉处贮藏备用。亦可在野外选择长势好、抗病性强、嫩梢苦味较浓的少花龙葵植株果实作种。

第八节　香　椿

一、概述

香椿〔*Toona sinensis* (A.Juss.) Roem.〕别名红香椿、椿花、椿甜树、香椿头、香椿芽、香椿树等，为楝科香椿属多年生落叶乔木，作为蔬菜食用其嫩梢、嫩茎叶（即俗称的香椿芽）。原产于中国，是我国特有树种，栽培历史达 2 000 年以上，分布于华北、华南和西南各省，尤以河北、山东、河南、安徽、湖北西部等地出产较多。在我国，

图 14-8　香椿

香椿嫩叶早已成为深受广大消费者喜爱的可口食材。

香椿顶端嫩芽、嫩叶脆嫩多发，芳香馥郁，风味独特，营养丰富，是我国人民喜食的传统名贵木本蔬菜之一。据测定，每 100g 香椿芽，含蛋白质 9.8g、钙 143mg、维生素 C115mg、磷 135mg、胡萝卜素 1.36mg，还含有铁和 B 族维生素等营养物质。除供食用，香椿的叶、皮、根、果实都具有一定的医疗作用。把鲜香椿芽与等量大蒜加少许食盐捣碎，敷于患处，可治疮痈肿毒；香椿皮性凉，具有除热、燥湿、止血等功能；用于治疗风寒感冒、胃肠塞滞、脘腹胀闷、风湿性关节炎等症。生长期一般不会出现病害或者病害发生较少，不需要施用或者很少施用农药，可以作为无公害食

品生产。

二、生物学特性

1. 植物学特征

株高 3～7m，最高在 10m 左右。叶互生，偶数羽状复叶，6～10 对小叶，为长椭圆形，叶端尖锐。圆锥花序顶升，下垂，两性花，花小，有香味，白色，开花时间在 6 月。果实成熟时间为10—11 月。种子椭圆形，上有木质长翅，种粒小，褐色，含油量高。

香椿可分为紫香椿和绿香椿两大类，属紫香椿的有黑油椿、红油椿、焦作红香椿、西牟紫椿等品种；属绿香椿的有青油椿、黄罗伞等品种。紫香椿一般树冠都比较开阔，树皮灰褐色，芽苞紫褐色，初出幼芽紫红色，有光泽，香味浓，纤维少，含油脂较多；绿香椿，树冠直立，树皮青色或绿褐色，香味稍淡，含油脂较少。

2. 对环境的要求

平均气温 10～15℃最适其生长，随着树龄的增加抗寒能力增强。在－10℃用种子直播一年生幼苗可能受冻。香椿吸光，耐湿，在宅院、河边周围肥沃湿润的土壤中适合生长。

三、栽培技术

1. 育苗及种植方法

香椿的繁殖分播种育苗和分株繁殖（也称根蘖繁殖）两种。

（1）播种育苗。播种前，先将种子在 30～35℃温水中浸泡24h，捞起后，置于 25℃环境条件下催芽。出苗后长至 2～3 片真叶时间苗，4～5 片真叶时定苗，行株距为 25cm×15cm。香椿苗育成后在早春发芽前定植。大片营造香椿林的，行株距 7m×5m。植于河渠、宅后的，都为单行，株距 5m 左右。定植后要浇水 2～3次，以提高成活率。

（2）矮化密植栽培。育苗方法与普通栽培相同，只是在栽植密度和树型修剪方面不同。一般每亩栽 6 000 株左右。树型可分为多层型和丛生型两种：多层型是当苗高 2m 时摘除顶梢，促使侧芽萌发，形成 3 层骨干枝，第 1 层距地面 70cm，第 2 层距第 1 层 60cm，第 3 层距第 2 层 40cm。这种多层型树干较高，木质化充分，产量较稳定。丛生型是当苗高 1m 左右时即摘除顶梢，新发枝只采嫩叶不去顶芽，待枝长 20～30cm 时再抹头。

（3）保护地栽培。保护地栽培也可分为两种：一种是将栽植在温室（或管棚）的矮化密植香椿，到 11 月中旬进行扣膜；另一种是将已通过休眠的二、三年苗木假植于温室（或管棚）内，室（棚）内温度白天保持 18～24℃、夜间不低于 12℃，经 40～45d，即可采食嫩叶。

2. 管理技术

香椿的田间管理虽属粗放，但为了使之生长快、产量高，还要注意肥水和病虫害防治工作。

（1）水肥管理。如天气干旱，应及时浇水。每年要中耕松土，在行间最好套种绿肥，5 月间翻压入土或浇施人畜粪尿。

（2）病虫害防治。香椿较少发生病虫害，适当针对性防治即可。幼苗期容易发生根腐病、白粉病、毛毛虫、红蜘蛛等，防治时尽量以农业防治为主，适当辅助化学防治方法。根腐病防治，要求田间不要积水，施肥时与香椿苗根系保持一段距离，避免烧根；要及时拔除根腐病植株、集中烧毁，并用 50％多菌灵可湿性粉剂 800 倍液等对准根系喷洒，必要时灌根。对于日光温室栽培中可能发生的其他根部病害，可在移栽前将苗浸在 0.15％高锰酸钾 200 倍液中消毒，20min 后捞出冲洗干净再进行移栽，并在每行香椿苗之间喷施波尔多液 200 倍液；如果发现根部有萎蔫发病情况，要及时挖除，并用石灰水对挖苗后留下的穴进行消毒处理。白粉病防治，要将大棚内落叶、发病的叶片全部清除，并加强水肥管理，增强植株的抗病性；发病初期，选用粉锈宁可湿性粉剂 800 倍液 1 500kg/hm² 对准病部进行喷施，每隔 14d 左右喷 1 次，连喷 3 次。虫害有桑剑纹夜蛾、云斑天牛、红蜘蛛等。桑剑纹夜蛾防治可选用 10％高效氯氰菊酯 2 600 倍液、90％敌百虫 1 000 倍液等交替喷雾防治。去斑天牛可用 40％噻虫啉微囊悬浮剂稀释 900～1 300 倍液防治。红蜘蛛可用 1.8％阿维菌素乳油 2 000～3 000 倍液，或 1％阿维菌素（杀虫素）乳油 2 500～3 000 倍液，或 75％炔螨特（克螨特）乳油 1 000 倍液，或 3.3％阿维·联苯菊酯（天丁）乳油 1 000～1 500 倍液轮流防治。

3. 采摘

一般在清明前发芽，谷雨前后就可采摘顶芽，这种第一次采摘的称头茬香椿芽，不仅肥嫩，而且香味浓郁，质量上乘；以后根据生长情况，隔 15～20d，采摘第二次。新栽的香椿，每年最多收 2 次，三年后每年可收 2～3 次。

4. 采种

深秋季节，香椿蒴果由绿色转变为黄褐色至深褐色，即可采种。选择树龄 15 年以上、分枝高、树干笔直、生长健壮、没有病虫害老树，用 8 号铁丝做一个大小适宜的圆圈，在圆圈上缝一个布袋兜，固定在长度适宜的竹竿上，采种的时候将竹竿举起，在果实串上左右摇动布袋兜，种子便会从开裂的蒴果中掉到布袋兜中。将种子晾晒 3～4d，去除杂质，置于 3～5℃的冷藏室贮藏即可。

R e f e r e n c e s　　　参考文献

蔡火车，2005. 绿青葙的引种试验及栽培技术［J］. 福建热作科技，30
　（4）：17.

曹华，杜会军，2016. 叶用甘薯栽培技术［J］. 北京农业（5）：20-23.

车晋滇，2013. 二百种野菜鉴别与食用手册［M］. 北京：化学工业出版社.

陈金寿，叶爱贵，2012. 黄花菜品种"冲里花"栽培技术［J］. 福建农业科技
　（1）：37-38.

陈秀明，李华东，赖正锋，2012. 可四季栽培的时兴蔬菜新种类：紫背天葵
　［J］. 福建热作科技，27（1）：23-24.

陈泽长，2003. 茭白优质高产栽培技术［J］. 上海农业科技（5）：86.

崔著明，2019. 芦笋覆盖育苗与栽培技术分析［J］. 现代农业（5）：16-17.

董昕瑜，周淑荣，郭文场，等，2019. 中国茭白的栽培管理、贮藏和食用方法
　［J］. 特种经济动植物，22（3）：37-44.

杜青林，2019. 温室香椿高效栽培技术［J］. 现代农业科技（17）：93-94.

范仲先，2006. 地参的特性及其栽培技术［J］. 科学种养（9）：17.

符小发，高强，周勃，等，2019. 探究四棱豆栽培技术要点［J］. 农民致富之
　友（4）：20.

傅迎军，1995. 石刁柏及其栽培技术［J］. 中国林副特产（2）：11-12.

龚玉秀，2019. 城固县张家庵村鱼腥草栽培模式与发展策略［J］. 种子科技
　（7）：78-79.

顾奎勤，高永瑞，1991. 老年食养食疗［M］. 北京：金盾出版社.

顾庆华，姚愚，严志衡，等，2005. 少花龙葵新品种：夏凉菜［J］. 中国蔬菜
　（1）：53.

韩正国，屈春侠，2016. 大棚鱼腥草栽培技术［J］. 现代园艺，18（9）：
　36-37.

胡平，鲁旭东，2006. 名贵蔬菜：芦笋［J］. 农业与技术（5）：110-111.

黄见心，2004. 天绿香的大棚栽培［J］. 上海蔬菜（5）：42.

黄亮华，林春华，贺东方，等，2001. 人参菜的特征特性及深液流无土栽培技
　术［J］. 广东农业科学（6）：21-22.

黄秋婵，韦友欢，韦良兴，2008. 天绿香的营养成分及食用安全［J］. 安徽农业科学，36（13）：5313-5314，5319.

黄寿祥，2015. 马齿苋的特征特性及栽培技术［J］. 现代农业科技（8）：106.

黄显进，曹毅，任吉君，等，2005. 天绿香的扦插繁殖试验研究［J］. 佛山科学技术学院学报：自然科学版，23（4）：78-80.

赖正锋，李华东，吴水金，等，2009. 出口黄秋葵栽培技术［J］. 中国园艺文摘，25（1）：99.

赖正锋，李华东，2007. 番杏的生物学特征及其栽培新技术［J］. 福建热作科技，32（3）：22.

赖正锋，李华东，2008. 龙须菜的产业化栽培和保鲜技术［J］. 长江蔬菜（8）：27-28.

赖正锋，李华东 .2002. 名优蔬菜：一点红［J］. 蔬菜（4）：16.

赖正锋，张少平，李跃森，等，2013. 南方菜用枸杞周年栽培技术［J］. 中国蔬菜（17）：63-64.

赖正锋，张少平，李跃森，等，2013. 山苦瓜栽培技术［J］. 现代农业科技（1）：93.

赖正锋，张少平，吴水金，等，2010. 几个菜用枸杞品种的生长特性及营养品质分析［J］. 热带作物学报，31（10）：1706-1709.

赖正锋，张少平，吴水金，2010. 不同品种豌豆苗的比较试验［J］. 江西农业学报，22（2）：53-54.

赖正锋，周红玲，张少平，等，2015. 南方设施龙须菜生产技术［J］. 蔬菜（8）：44-45.

蓝云龙，2012. 不同种源鱼腥草产量和质量评价［J］. 中草药（6）：1195-1198.

李本波，2014. 春季蔬菜之王芦笋［J］. 中国果菜，34（5）：14-19.

李刚凤，杨天友，高健强，等，2016. 土人参不同部位营养成分分析与评价［J］. 食品工业，37（7）：295-298.

李丽，周荣菊，罗平刚，2016. 土人参的营养价值及加工利用现状［J］. 安徽农学通报，23（20）：31，40.

李品汉，2005. 土人参及其丰产栽培技术［J］. 四川农业科技（8）：21.

李淑芝，2011. 土人参简介及栽培技术［J］. 现代农村科技（19）：25.

李文举，2013. 芦笋生物学特性及优质高产栽培技术［J］. 农业科技通讯（10）：232-235.

李玉琦，王雅丽，李秋丽，2019. 芦笋高效栽培技术［J］. 现代农业科技（13）：72-74.

李跃森，吴水金，赖正锋，等，2013. 菜用枸杞周年生产技术 [J]. 福建农业科技（10）：22-24.

李芸瑛，黄丽华，陈雄伟，2006. 野生少花龙葵营养成分的分析 [J]. 中国农学通报，22（2）：101-102.

李正应，2002. 稀有蔬菜栽培技术 [M]. 北京：科学技术文献出版社 .

厉广辉，于继庆，李书华，等，2016. 中国芦笋栽培研究进展 [J]. 中国农学通报，32（7）：37-42.

梁萍，晏卫红，邓一芝，2008. 野生蔬菜一点红的病虫害发生与防治 [J]. 农业科技通讯（12）：170-172.

廖健，阳丽，魏敏芝，等，2018. 茭白高产高效栽培技术 [J]. 现代农业科技（1）：61-62.

林碧珍，赖正锋，练冬梅，等，2019. 山苦瓜研究进展 [J]. 农业科学，9（10）：4.

林碧珍，赖正锋，张少华，等，2018. 闽南地区四棱豆栽培技术 [J]. 福建农业科技（8）：29-31.

金水虎，吕华军，李根有，等，2002. 白花败酱繁育技术初步研究 [J]. 浙江林业科技，22（3）：84-85.

刘洪明，万述伟，吕宝村，等，2019. 菜用型甘薯的特点、主要栽培技术与产业展望 [J]. 安徽农学通报，25（15）：40-42.

刘卫红，2017. 茼蒿高产栽培技术 [J]. 现代农业（2）：5.

刘晓珍，汤艳姬，陈斯钊，等，2012. 土人参黄酮类化合物的提取及其抗氧化性 [J]. 贵州农业科学，40（11）：192-195.

刘扬，李亚峰，李宏杨，等，2019. 青葙组培快繁与试管内开花的研究 [J]. 热带林业，47（4）：37-43.

刘中华，刘雪莹，贾东珍，等，2016. 豌豆苗（尖）菜专用品种及其栽培技术 [J]. 中国蔬菜（10）：101-102.

龙丽春，2012. 特菜香椿栽培管理技术 [J]. 吉林蔬菜（2）：2.

鲁自芳，王红丽，王贞，等，2019. 芦笋生产技术规程 [J]. 河南农业（26）：13-17.

鹿海林，王萌，2001. 马齿苋的栽培及开发利用 [J]. 中国野生植物资源，20（4）：44.

罗开梅，黄轶群，张国广，等，2011. 紫背天葵提取物的抑菌活性研究 [J]. 闽南师范大学学报：自然科学版，24（4）：83-86.

罗孟禹，董开居，2006. 浅析名特珍稀野菜"地参"种植与开发 [J]. 中国野生植物资源，25（5）：64-65.

缪晓玲，2013. 叶用甘薯高产高效栽培技术 [J]. 上海蔬菜 (5)：46-47.

潘奇，2002. 少花龙葵保护地栽培技术 [J]. 中国蔬菜 (2)：50.

漆小雪，2006. 药食兼用的保健型蔬菜：土人参 [J]. 上海蔬菜 (5)：29-30.

覃艳，2013. 野生蔬菜一点红的保健功能及栽培技术 [J]. 现代农业科技 (13)：104，108.

冉金，杨艺博，2010. 长寿菜栽培技术 [J]. 农村实用科技信息 (3)：10.

饶璐璐，2000. 叶用甘薯 [J]. 蔬菜 (6)：14-15.

邵春荣，周蔚，齐梅，等，2015. 药食同源植物紫背天葵周年设施栽培技术 [J]. 江苏农业科学，43 (11)：226-227.

沈笑媛，杨小生，杨波，等，2007. 苗药土人参的化学成分研究 [J]. 中国中药杂志，32 (10)：980-981.

宋锐，林熊，唐卫东，2015. 川南丘区虫草参栽培技术 [J]. 四川农业科技 (9)：13-14.

孙伟，2003. 土人参的栽培技术 [J]. 特种经济动植物，6 (10)：25-25.

谭亮萍，2018. 石刁柏高产高效栽培技术 [J]. 科学种养 (5)：31-32.

谭雄斯，王景，2012. 紫背天葵研究进展 [J]. 中国民族民间医药 (14)：40-41.

唐慧，邓正春，吴平安，等，2013. 番杏富硒生产栽培技术 [J]. 湖南农业科学 (15)：173-174.

陶佩琳，张莹，2019. 药食两用虫草参大田栽培技术 [J]. 现代园艺 (4)：75-76.

郑洪建，顾卫红，张燕，2001. 观赏羽衣甘蓝栽培管理及自交留种技术 [J]. 上海农业科技 (5)：96，33.

汪李平，2019. 长江流域塑料大棚茼蒿栽培技术 [J]. 长江蔬菜 (2)：11-15.

王彩君，2012. 特菜马齿苋的无公害栽培技术 [J]. 河北农业 (12)：20-21.

王承芳，2019. 无须豌豆苗大田高产高效栽培技术 [J]. 农家科技 (5)：31-32.

王德槟，张德纯，2001. 台湾新兴蔬菜：三 [J]. 中国蔬菜 (6)：50-51.

王金合，2004. 茼蒿栽培技术要点 [J]. 农村科技开发 (4)：10.

王峻森，2013. 石刁柏丰产栽培技术 [J]. 现代农业 (11)：15.

王兰生，兰春霞，马晓燕，等，2017. "临芦 1 号" 芦笋制种技术 [J]. 北方园艺 (8)：65.

吴东根，方卫东，雷会鑫，2007. 水生蔬菜茭白的田间管理及其栽培技术 [J]. 中国农业信息 (4)：31-32.

吴水金，张少平，赖正锋，等，2011. 福建省野菜资源开发利用与研究现状

［J］. 吉林蔬菜（1）：58-60.

吴松海，何云燕，郑家祯，等，2014. 特菜马齿苋高产栽培管理技术［J］. 福建农业科技，45（9）：40-41.

吴松海，郑家祯，赖正锋，等，2014. 闽南地区黄花菜生产概况及高产栽培技术［J］. 福建农业科技（12）：33-34.

吴松海，何云燕，郑家祯，等，2014. 原生蔬菜"天绿香"高产栽培技术［J］. 福建农业科技（10）：36-37.

相成，2011. 茭白的营养与食疗［J］. 烹调知识（13）：65.

肖咏梅，2018. 芦笋高产高效栽培技术［J］. 新农业（21）：12-13.

谢伟平，陈胜文，黄亮华，等，2009. 春菊在广州地区的种植观察与营养分析［J］. 广东农业科学（6）：37-38.

熊玮彦，李白玉，郑兵福，等，2013. 四棱豆营养特性及加工特性研究［J］. 湖南农业科学（13）：77-79.

徐丽萍，2006. 保健蔬菜土人参的栽培技术［J］. 长江蔬菜（9）：29.

徐淑元，孙怀志，谭雪，2002. 保健野生蔬菜——少花龙葵的栽培技术［J］. 广西园艺（4）：30-31.

许良政，刘惠娜，杨和生，等，2005. 母本珍稀野菜——天绿香及其露地栽培技术［J］. 现代园艺（6）：26-27.

闫强，2013. 黄花菜高产栽培技术［J］. 种子世界（10）：52-53.

羊海军，魏蜜，崔大方，2009. 菊科植物一点红的资源价值及市场前景［J］. 中国野生植物资源杂志，28（6）：44-45，51.

杨暹，郭巨先，2002. 华南主要野生蔬菜的基本营养成分及营养价值评价［J］. 食品科学，23（11）：121-125.

杨月欣，2018. 中国食物成分表标准版：第一册［M］. 6 版. 北京：北京大学医学出版社.

杨子仪，张源，杨颜颜，等，2014. 野生型与栽培型马齿苋种子、萌发特性及萌发阶段抗逆性比较［R］. 南京：第五届长江三角洲地区植物学学术研讨会.

尹家峰，李日新，王普民，2002. 芦笋产量与水分的关系［J］. 水利天地（6）：40-41.

张超凡，2012. 叶菜用甘薯推荐品种［J］. 湖南农业（5）：8.

张洪磊，刘孟霞，2015. 冰菜特征特性及控盐高产栽培技术［J］. 陕西农业科学，61（3）：122-124.

张菊平，张兴志，肖涛，2003. 紫背天葵的营养保健作用［J］. 蔬菜（2）：41-42.

张赛男，2015. 地参营养成分与药理作用研究进展 [J]. 北京农业（3）：109.

张少平，赖正锋，吴水金，等，2012. 紫背天葵越夏高产栽培研究 [J]. 中国园艺文摘（12）：34-35.

张少平，赖正锋，吴水金，等，2009. 野菜资源的开发利用与研究 [J]. 中国园艺文摘，25（3）：12-14.

张少平，赖正锋，吴水金，等，2014. 药食同源植物紫背天葵研究现状与展望 [J]. 中国农学通报，30（4）.

张万红，2009. 菜用鱼腥草无公害栽培技术 [J]. 农技服务，26（5）：42.

张亚侠，张文顺，吴强，等，2017. 茭白高产高效栽培技术 [J]. 长江蔬菜（22）：24-26.

张勇，2020. 芦笋栽培技术 [J]. 河南农业（10）：47-48.

周超，李臣，2017. 我国茭白的营养与开发利用研究综述 [J]. 长江蔬菜（20）：32-35.

周红玲，郑加协，赖正锋，等，2013. 闽南地区紫背天葵周年栽培生产技术 [J]. 中国热带农业（5）：71-72.

周口芦笋协作组，1980. 名贵蔬菜：芦笋 [J]. 河南农林科技（1）：31-33.

周星明，2009. 茭白优质高产栽培技术 [J]. 现代农业科技（6）：34.

周杨，2016. 茭白不同育苗繁殖技术及其特点 [J]. 浙江农业科学，57（10）：1639-1641.

周长松，舒晓燕，余马，等，2016. 特异性香椿与普通香椿形态特征比较 [J]. 湖北农业科学，55（9）：2299-2300，2315.

朱立新，2002. 中国野菜开发与利用 [M]. 北京：金盾出版社.

朱苗，王启平，陈万婷，等，2019. 土人参绿茶复合饮料的研制 [J]. 食品研究与开发，40（19）：136-140.

朱文斌，植石灿，李育军，等，2020. 广东省四棱豆高产优质栽培技术 [J]. 长江蔬菜（8）：41-44.

杨少宗，陈家龙，柳新红，等，2018. 不同品系食用木槿花瓣营养、功能成分组成及营养价值评价 [J]. 食品科学，39（22）：213-219.

张以莉，2017. 菜用木槿高效生产技术 [J]. 农村百事通（16）：33.